大气污染特征和成因研究
——以四川盆地为例

罗 彬 著

U0263656

科学出版社

北京

内 容 简 介

本书较为全面地介绍了四川省近年来在大气污染特征及$PM_{2.5}$来源解析方面开展的研究工作；研究了四川省2004~2020年污染物的时空演变规律和大气污染变化特征；分析了四川盆地的污染气象特征，对四川盆地三大区域的颗粒物进行了采样监测，并分析了其质量浓度、无机水溶性离子组分、碳质组分和无机元素等特征；采用正定矩阵因子(PMF)分解模型分析了$PM_{2.5}$化学组成特征谱和来源贡献，并在四川省"十三五"大气污染防治政策、措施和污染减排成效分析的基础上提出了推动减污降碳协同增效的大气污染防治对策建议。

本书可供环境保护等政府有关部门及企事业单位的相关管理、科研及技术人员，以及大气污染控制领域的研究人员、工程师、研究生和高等院校的学生参考使用。

图书在版编目(CIP)数据

大气污染特征和成因研究：以四川盆地为例 / 罗彬著. —北京：科学出版社，2023.6
ISBN 978-7-03-074780-8

Ⅰ.①大… Ⅱ.①罗… Ⅲ.①四川盆地–空气污染–研究 Ⅳ.①X51

中国国家版本馆 CIP 数据核字(2023)第 019590 号

责任编辑：华宗琪 / 责任校对：郝甜甜
责任印制：罗　科 / 封面设计：义和文创

科 学 出 版 社 出版

北京东黄城根北街16号
邮政编码：100717
http://www.sciencep.com

四川煤田地质制图印务有限责任公司 印刷

科学出版社发行　各地新华书店经销

*

2023 年 6 月第 一 版　　开本：787×1092 1/16
2023 年 6 月第一次印刷　　印张：14 1/4
字数：338 000

定价：159.00 元
(如有印装质量问题，我社负责调换)

前　言

当前，我国的大气污染形势严峻，以$PM_{2.5}$和臭氧为特征污染物的区域性大气环境问题突出。由于成渝城市群城市密度大、人口和产业密集、能源消费集中、污染物排放量大，加之四川盆地处于西部内陆的独特地理条件，深受不利污染扩散的气象条件制约，盆地区域已成为我国除京津冀、汾渭平原以外的第三大灰霾多发区域。成渝城市群秋冬季节的区域性灰霾天气和春夏季节的臭氧污染对经济活动和人民生活造成了极大的影响。

为切实改善空气质量，保障人民群众身体健康，2012 年 2 月，国务院常务会议同意发布新修订的《环境空气质量标准》，新标准增加了$PM_{2.5}$浓度限值监测指标；2013 年 9 月，国务院发布《大气污染防治行动计划》；2018 年 6 月，国务院发布《打赢蓝天保卫战三年行动计划》。得益于《大气污染防治行动计划》和《打赢蓝天保卫战三年行动计划》的接续实施，"十三五"期间，四川省优良天数比例提升了 5.5 个百分点，全省$PM_{2.5}$、PM_{10}、SO_2、CO 平均浓度大幅下降，分别下降 26.2%、26.9%、50.0%、21.4%，NO_2浓度下降 7.4%，环境空气质量达标城市数量由 5 个增至 14 个。这些成绩表明四川省的大气污染防治走出了成功的第一步。

为贯彻《中华人民共和国环境保护法》和《中华人民共和国大气污染防治法》，保护和改善环境空气质量，防治大气污染，保障公众健康，推进生态文明建设，促进经济社会可持续发展，2013 年，四川省环境保护厅启动了四川省环境保护科技重大专项"川西平原城市群大气污染(灰霾)特征和成因研究"。2014 年，四川省科学技术厅启动了四川省科技支撑计划项目"南充市大气细颗粒物($PM_{2.5}$)污染现状与来源研究"。2015 年，四川省环境保护厅启动了四川省环境保护科技计划项目"川南地区城市群灰霾污染防控研究"。三个研究课题分别对四川盆地内的成都平原地区、川东北地区(四川省东北部的简称)和川南地区(四川盆地南部的简称)三个经济发展活跃区、人口分布稠密区、污染排放集中区、气象条件复杂区，针对性地开展了$PM_{2.5}$的污染特征和来源成因研究。本书对三项研究课题进行汇总和凝练，以期集中反映四川省近年来在大气污染特征及$PM_{2.5}$来源解析方面开展的研究工作。

本书共 9 章。第 1 章主要介绍研究背景、研究内容和研究路线。第 2 章对四川省 2004～2020 年 21 个市(州)城市环境空气质量自动监测数据进行分析，揭示污染物的时空演变规律和大气污染变化特征。第 3 章分析四川盆地的污染气象特征，探明污染物在盆地内的传输影响通道。第 4 章分析四川盆地三大区域的颗粒物质量浓度特征，对其化学组成进行重构分析。第 5 章分析四川盆地三大区域的颗粒物中无机水溶性离子的时空变化特征和粒径分布特征，探讨离子的相关性、离子平衡与存在形式，分析二次无机气溶胶体系。第 6 章分析四川盆地三大区域的颗粒物中碳质组分即有机碳(OC)、元素碳(EC)浓度水平、时空变化特征、二次有机碳、无机元素等特征。第7章采用正定矩阵因子(PMF)分解模型分析四川盆地三大区域的 $PM_{2.5}$ 化学组成特征谱，并进行污染源源谱的时间序列解析。第8章采用正定矩阵因子分解模型解析四川盆地三大区域的 $PM_{2.5}$ 来源贡献，分析烟花爆竹、秸秆焚烧、浮尘等典型污染事件的影响，并应用单颗粒气溶胶质谱仪开展 $PM_{2.5}$ 在线来源解析。第9章对四川省"十三五"期间出台的大气污染防治政策、措施和污染减排成效进行分析，提出推动减污降碳协同增效的大气污染防治对策建议。

本书第1章由罗彬、张巍撰写，第2章由贺光艳、曹攀撰写，第3章由罗彬、赵域圻撰写，第4章由贺光艳、饶芝菡撰写，第5章由贺光艳、蒋燕撰写，第6章由贺光艳、蒋燕撰写，第7章由王聪、张巍撰写，第8章由王聪、杜云松撰写，第9章由罗彬、王聪撰写。全书由罗彬负责审核与最终定稿工作。

本书的顺利出版，得益于"川西平原城市群大气污染(灰霾)特征和成因研究""南充市大气细颗粒物($PM_{2.5}$)污染现状与来源研究"和"川南地区城市群灰霾污染防控研究"三个科研项目的支持，感谢原四川省环境保护厅、四川省科学技术厅有关领导的大力支持，感谢北京大学环境科学与工程学院谢绍东教授及其团队在研究过程中的悉心指导。在本书付梓之际，谨向为本书付出辛勤劳动的全体撰写人员表示诚挚的感谢，本书的出版离不开他们卓有成效的工作。最后，我代表各位作者向所有为本书出版作出贡献和提供帮助的朋友和同仁表示衷心的感谢。

由于作者的专业水平和认知有限，书中难免存在疏漏或不足之处，恳请广大读者批评指正。

目　　录

第1章 绪 论

1.1 研 究 背 景

随着工业化、城市化进程的高速发展，我国大气污染的特征已经发生了本质性的转变，大气污染已经由单纯的煤烟型向复合型转变，呈现出以 $PM_{2.5}$、O_3 为主要污染物的快速蔓延性、污染综合性和影响区域性的复合型大气污染特征。特别是近年来，区域性大气污染问题发生频率之高，影响范围之大，污染程度之重，严重威胁到人民群众的身体健康和生态安全。

四川省委省政府认真贯彻落实党中央、国务院决策部署，将生态环境保护摆在更加突出的战略位置，落实了一系列大气污染防治重大政策文件，不断加大统筹力度，持续推进治污减排，深化区域联防联控，强化科技支撑力量，大气污染防治工作取得积极成效，人民群众蓝天获得感、幸福感明显增强。

"十三五"期间，全省深度调整产业结构，三次产业比例由 2015 年的 12.4 : 50.9 : 36.7 调整为 11.4 : 36.2 : 52.4；调整能源结构，全省清洁能源消费占比达 53.7%，煤炭消费总量减少到 6000 万 t，比 2015 年降低 8.37 个百分点；优化交通运输结构，公路运输占比降至 91.7%，铁路、水路运输占比分别升至 4.5%、3.8%；用地结构调整，持续开展"工地蓝天行动"；加大城市道路养护管理力度，城市道路机械化清扫率达到 72.8%；加强秸秆综合利用，全省秸秆综合利用率达到 91%；开展露天矿山综合整治；连续三年实现化肥使用量负增长。各项措施减排成效显著，$PM_{2.5}$、SO_2、NO_x 和 VOCs 排放量较 2015 年分别下降 15.0 万 t(25.9%)、34.7 万 t(48.3%)、9.3 万 t(17.5%) 和 8.6 万 t(8%)。

"十三五"期间，全省优良天数比例提高 5.5 个百分点，重污染天数平均不到 1 天，未达标地级以上城市 $PM_{2.5}$ 浓度下降 28.6%，全面超额完成国家下达的目标任务。达标城市个数增加至 14 个，较 2015 年增加 9 个，SO_2 浓度稳定进入个位数轨道，氮氧化物浓度实现波动下降。卫星遥感数据显示，全省 $PM_{2.5}$ 浓度改善约三成。全省环境空气质量得到了显著改善，稳居全国中上游。但对标先进，$PM_{2.5}$ 浓度与发达国家、世界卫生组织标准仍有较大差距，O_3 浓度呈上升态势，进一步提升环境空气质量任务艰巨。

近年来四川省大气环境领域的科学研究取得了一些进展，但面对快速发展变化的大气复合型污染和四川省特殊的地理气象环境问题，已经暴露出系统性和针对性研究的不足，特别是存在相关科学研究、技术开发与环境管理及经济、社会发展结合不密切的一系列问题。为解决以上所面临的诸多问题，切实改善四川省城市环境空气质量，保障人民群众身体健康，护航经济、社会的和谐发展，亟待开展相关研究工作。2013 年，四川省环境保护厅启动了四川省环境保护科技重大专项"川西平原城市群大气污染(灰霾)特征和成因研究"。2014年,四川省科学技术厅启动了四川省科技支撑计划项目"南充市大气细颗粒物($PM_{2.5}$)污染现状与来源研究"。2015年,四川省环境保护厅启动了四川省环境保护科技计划项目"川南地区城市群灰霾污染防控研究"。三个研究课题分别对四川盆地内的成都平原地区、川东北地区、川南地区这三个经济发展活跃区、人口分布稠密区、污染排放集中区、气象条件复杂区,针对性地开展了细颗粒物的污染特征和来源成因研究。本书主要就三个研究课题进行汇总和凝练,以期集中反映近年来在大气污染特征及细颗粒物来源解析方面开展的研究工作。

1.2　研　究　内　容

本书研究内容如下:

(1)研究四川省的大气污染特征。在整理国内外相关研究资料和文献的基础上,结合四川省实际,收集和利用空气质量监测数据,研究分析四川全省的城市环境空气质量现状与污染特点,同时结合自2004年以来稳定可靠的空气质量自动监测数据,分2004～2014年和2015～2020年两个时间段研究分析四川全省城市环境空气质量的时空变化趋势。

(2)研究四川盆地污染气象特征。分析东亚大气环流特征和东亚季风对四川盆地的影响,研究700hPa、850hPa、925hPa三个高度的流场特征,分析污染物在盆地内的传输影响通道,研究大气稳定度、逆温、混合层高度等边界层污染气象特征。

(3)研究颗粒物质量浓度及质量重构特征。在2013～2016年,对成都平原地区、川南地区和川东北地区环境空气中的PM_{10}和$PM_{2.5}$进行了采样监测,分析颗粒物的质量浓度特征,对其化学组成进行重构,探讨颗粒物的区域一致性,开展相关比较研究。

(4)研究颗粒物中水溶性离子组分特征。对成都平原地区、川南地区、川东北地区的$PM_{2.5}$和$PM_{2.5\sim10}$中无机水溶性离子组成进行分析,研究时空变化特征和水溶性离子粒径分布特征,探讨离子的相关性、离子平衡与存在形式,分析二次无机气溶胶体系。

(5)研究细颗粒物中碳质和无机元素组分特征。对成都平原地区、川南地区和川东北地区$PM_{2.5}$中碳质组分进行分析,研究OC、EC浓度水平、时空变化特征,OC与EC比值、二次有机气溶胶、无机元素等特征。

(6)开展细颗粒物污染源源谱解析。严格依照原环境保护部《大气颗粒物来源解析技术指南(试行)》要求,应用PMF分解模型分析成都平原地区、川南地区和川东北地区各采样点$PM_{2.5}$的化学组成特征谱,进行污染源源谱的时间序列分析。

(7)研究细颗粒物污染源特征。严格依照原环境保护部《大气颗粒物来源解析技术指南(试行)》要求,应用PMF分解模型解析成都平原地区、川南地区和川东北地区各采样点$PM_{2.5}$的来源贡献,分析烟花爆竹、秸秆焚烧、浮尘等典型污染事件的影响。应用单颗粒气溶胶质谱仪开展细颗粒物在线来源解析,研究细颗粒物的组分和来源贡献,并对不同城市、不同时间段的细颗粒物来源进行重构和比较。

(8)提出大气污染防治对策建议。评估四川省"十三五"期间大气污染防治成效,结合《大气污染防治行动计划》和《打赢蓝天保卫战三年行动计划》分析自 2013 年以来的空气质量改善成效,基于"美丽中国"建设要求提出四川省环境空气质量改善"三步走"战略建议。

(9)注重监测及研究全过程的质量保证和质量控制,严格按照原环境保护部发布的有关技术规范和技术指南开展工作,确保研究所取得数据的可靠性。按照《环境空气质量自动监测技术规范》(HJ/T 193—2005)要求进行数据审核,依据《环境空气质量手工监测技术规范》(HJ/T 194—2005)开展颗粒物离线采样,依据《环境空气颗粒物源解析监测技术方法指南(试行)》(第二版)要求进行颗粒物化学组分分析测试,确保 $PM_{2.5}$ 的来源解析研究符合《大气颗粒物来源解析技术指南(试行)》要求。

1.3 研 究 路 线

大气污染(灰霾)特征和成因研究技术路线如图 1-1 所示。

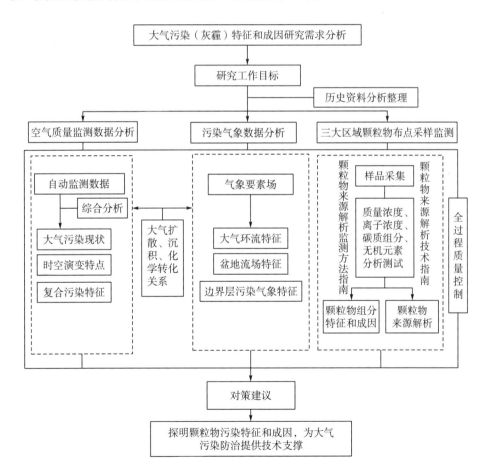

图 1-1 大气污染(灰霾)特征和成因研究技术路线图

第2章 空气质量特征及时空变化规律

本章整理四川省 2004~2020 年 21 个市(州)城市环境空气质量自动监测站数据,运用数据统计方法对 SO_2、NO_2、CO、O_3、PM_{10}、$PM_{2.5}$ 的质量浓度、优良天数率、相关污染物浓度比值等进行分析,揭示污染物的时空演变规律和大气污染变化特征。

2.1 2020 年四川省环境空气质量特征

2.1.1 环境空气质量概况

2020 年,四川省优良天数率为 90.7%,其中优占 44.5%,良占 46.2%;总体污染天数率为 9.3%,其中轻度污染为 8.1%,中度污染为 1.1%,重度污染为 0.1%,如图 2-1 所示。同比 2019 年优良天数率上升 1.6 个百分点。重度污染天数平均为 0.6 天,同比 2019 年减少 0.2 天。优良天数率较低的城市依次为成都市、德阳市、自贡市。

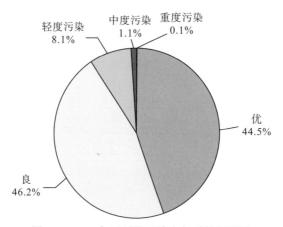

图 2-1 2020 年四川省环境空气质量级别图

2020 年,四川省六项污染物年均浓度全部低于标准限值。$PM_{2.5}$ 平均浓度为 $31\mu g/m^3$,较 2019 年下降 8.8%。PM_{10} 平均浓度为 $49\mu g/m^3$,较 2019 年下降 7.5%。SO_2 平均浓度为 $8\mu g/m^3$,较 2019 年下降 11.1%。NO_2 平均浓度为 $25\mu g/m^3$,较 2019 年下降 10.7%。CO 第 95 百分位浓度为 $1.1mg/m^3$,与 2019 年持平;O_3 第 90 百分位浓度为 $135\mu g/m^3$,较 2019 年上升 0.7%。2020 年 14 个市(州)(攀枝花市、绵阳市、广元市、遂宁市、内江市、乐山市、眉山市、广安市、雅安市、巴中市、资阳市、阿坝藏族羌族自治州(阿坝州)、甘孜藏族自治州(甘孜州)、凉山彝族自治州(凉山州))空气质量达标,较 2019 年增加 3 个市(州)。主要超标污染物为 $PM_{2.5}$,其中成都市和自贡市 $PM_{2.5}$ 浓度超过 $40\mu g/m^3$,超标 20%左右;宜宾市、达州市、泸州市、德阳市、南充市 $PM_{2.5}$ 浓度在 37~40$\mu g/m^3$,超标 6%~14%。成都市 O_3 第 90 百分位浓度超标,超标 6%。

2020 年,$PM_{2.5}$ 浓度前三的城市依次为自贡市、成都市和宜宾市,19 个市(州)同比 2019 年有不同程度的下降,降幅前三的市(州)依次为甘孜州(18.2%)、乐山市(16.7%)和达州市(15.2%),阿坝州同比持平,仅凉山州同比上升 10%。

PM_{10} 浓度前四的城市依次为成都市、自贡市、德阳市和达州市,19 个市(州)同比 2019 年有不同程度的下降,降幅前三的市(州)依次为达州市(16.4%)、甘孜州(15.8%)和巴中市(11.8%),凉山州和阿坝州分别同比上升 8.8%和 4.5%。

SO_2 浓度前四的市(州)依次为攀枝花市、凉山州、广元市和泸州市,13 个市(州)同比 2019 年有不同程度的下降,降幅前三的市(州)依次为甘孜州(30.8%)、宜宾市(30.0%)和凉山州(26.7%),德阳市、内江市分别同比上升 20.0%、14.3%,成都市、绵阳市、南充市、巴中市、资阳市和阿坝州同比持平。

NO_2 浓度前三的城市依次为成都市、眉山市和达州市,19 个市(州)同比 2019 年有不同程度的下降,降幅前三的城市依次为广安市(26.9%)、达州市(23.3%)和遂宁市(21.7%),阿坝州和自贡市分别同比上升 25.0%和 3.8%。

O_3 第 90 百分位浓度前三的城市依次为成都市、德阳市和眉山市,8 个市(州)同比 2019 年有所下降,降幅前三的市(州)依次为凉山州(13.1%)、南充市(11.6%)和达州市(11.1%);13 个市(州)有不同程度的上升,升幅前三的城市依次为广元市(20.8%)、绵阳市(9.5%)和乐山市(9.1%)。

CO 第 95 百分位浓度前六的城市依次为攀枝花市、达州市、眉山市、宜宾市、乐山市和内江市,13 个市(州)CO 第 95 百分位浓度同比 2019 年有不同程度的下降,降幅前四的市(州)依次为广元市(28.6%)、达州市(25.0%)、雅安市(10.0%)和凉山州(10.0%),遂宁市、攀枝花市分别同比上升 11.1%、8.7%,泸州市、绵阳市、宜宾市、资阳市、阿坝州、甘孜州同比持平。

优良天数率最低的三个城市依次为成都市、德阳市和自贡市,16 个市(州)同比 2019 年有所上升,升幅前三的城市依次为达州市(6.8 个百分点)、雅安市(5.5 个百分点)、南充市(5.0 个百分点);三个市同比有所下降,降幅由大到小依次为德阳市(3.0 个百分点)、成都市(2.1 个百分点)、绵阳市(0.5 个百分点);阿坝州、甘孜州同比持平。

2.1.2　$PM_{2.5}$污染特征

$PM_{2.5}$ 污染特征如下:

(1)$PM_{2.5}$超标现象仍然严重,重点城市、重点区域贡献仍然突出。如图 2-2 所示,自贡市、成都市、宜宾市、达州市和泸州市 5 市对全省 $PM_{2.5}$ 浓度的污染负荷约占 1/3(30.5%),8 市(加上德阳市、南充市、乐山市)污染负荷接近一半(47.0%)。重点区域中的川南地区浓度最高的 3 市(自贡市、宜宾市、泸州市)污染负荷最大,占 18.4%;成都平原地区浓度最高的 3 市(成都市、德阳市、乐山市)污染负荷次之,占 17.1%;川东北地区浓度最高的 3 市(达州市、南充市、广安市)污染负荷为 16.4%。

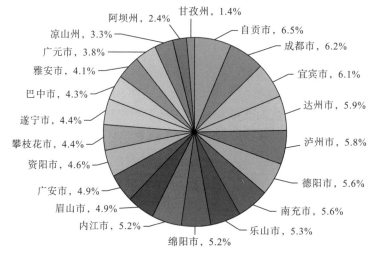

图 2-2 2020 年 21 个市(州)对四川省 PM$_{2.5}$ 浓度的污染负荷

各数相加不等于 100%,是因为有些数进行过舍入修约,下同

(2)PM$_{2.5}$ 高浓度中心为川南地区,颗粒物的二次转化依然突出。川南地区 PM$_{2.5}$ 浓度为 39μg/m³,成都平原地区为 33μg/m³,川东北地区为 32μg/m³,川南地区与其他区域差异较明显(1.2:1.0:1.0),与 2019 年(1.2:1.0:1.0)持平。川南地区 PM$_{2.5}$/PM$_{10}$(PM$_{2.5}$ 浓度与 PM$_{10}$ 浓度比值,下同)为 72.2%,成都平原地区为 62.3%,川东北地区为 62.7%,川南地区和川东北地区该比例较 2019 年略有升高,成都平原地区略有降低。

(3)颗粒物区域性污染天数减少明显。2020 年、2019 年区域性污染天数对比如表 2-1 所示。

表 2-1 2020 年、2019 年区域性污染天数对比

月份	2020 年天数	2019 年天数	同比变化天数
1	6(颗粒物污染)	15(颗粒物污染)	-9
2	3(颗粒物污染)	4(颗粒物污染)	-1
3	0	0	0
4	3(臭氧污染)	3(臭氧污染)	0
5	7(臭氧污染)	0	7
6	1(臭氧污染)	2(臭氧污染)	-1
7	0	0	0
8	2(臭氧污染)	6(臭氧污染)	-4
9	0	0	0
10	0	0	0
11	0	0	0
12	6(颗粒物污染)	9(颗粒物污染)	-3
共计	28	39	-11

　　区域性污染过程期间 PM$_{2.5}$ 平均浓度对全年贡献降低,但区域性污染强度有所升高。2020 年全省共发生颗粒物区域性污染 5 次,共计 15 天,同比 2019 年(28 天)减少 13 天,1 月、2 月、12 月分别有 6 天、3 天、6 天。颗粒物区域性污染过程期间,PM$_{2.5}$ 平均浓度为 77.9μg/m^3,高于 2019 年的 74.0μg/m^3,区域性污染强度较 2019 年升高 5.3%。其间 PM$_{2.5}$ 平均浓度对全省 PM$_{2.5}$ 浓度贡献了 10.2%,较 2019 年的 16.5%降低 6.3 个百分点。

　　(4) 重污染影响有所减轻,川南地区、川东北地区减少最为明显。如表 2-2 所示,2020 年全省重度污染天数平均为 0.6 天,同比减少 0.2 天。重度污染最严重的城市依次为成都市、德阳市、宜宾市、达州市、凉山州,均为 2 天。川南地区重度污染影响最为严重,平均为 0.8 天,同比减少 0.5 天,其中自贡市、宜宾市均减少 1 天;成都平原地区、川东北地区重度污染天数平均为 0.6 天,川东北地区同比减少 0.8 天,其中达州市、巴中市减少较多,均减少 2 天;成都平原地区同比不变,其中乐山市减少较多,减少了 2 天。

表 2-2　2020 年、2019 年重度污染天数同比

区域	城市	2020 年天数	2019 年天数	同比变化天数
成都平原地区	成都市	2	0	2
	眉山市	0	0	0
	绵阳市	0	1	−1
	乐山市	1	3	−2
	德阳市	2	1	1
	资阳市	0	0	0
	雅安市	0	0	0
	遂宁市	0	0	0
	平均	0.6	0.6	0.0
川南地区	自贡市	1	2	−1
	宜宾市	2	3	−1
	泸州市	0	0	0
	内江市	0	0	0
	平均	0.8	1.3	−0.5
川东北地区	达州市	2	4	−2
	南充市	0	1	−1
	广安市	1	0	1
	巴中市	0	2	−2
	广元市	0	0	0
	平均	0.6	1.4	−0.8
攀西高原	攀枝花市	0	0	0
	凉山州	2	0	2
川西高原	甘孜州	0	0	0
	阿坝州	0	0	0
全省平均		0.6	0.8	−0.2

2.1.3　O₃污染特征

O₃污染特征如下:

(1)如图 2-3 和图 2-4 所示,2020 年,四川省 O₃第 90 百分位浓度为 135.3μg/m³,同比升高了 0.7%。2020 年 O₃第 90 百分位浓度最高值出现在 5 月,达 173.1μg/m³,同比升高了 30%。同比增幅最大的是 11 月,达 37%。环比增幅最大的是 3 月,达 45.2%;环比降幅最大的是 12 月,达 37.3%。O₃作为首要污染物,占比超过 PM₂.₅,占比较高的月份是 3～9 月,7 个月中 O₃作为首要污染物的占比分别为 42.1%、69.4%、86.7%、94.2%、95.6%、96.4%、63.8%。O₃污染区域仍然以四川盆地为主,成都平原地区、川南地区、川东北地区 O₃第 90 百分位浓度分别为 148.6μg/m³、146.9μg/m³、120.6μg/m³,分别同比升高了 4.3%、0.1%、0.3%。

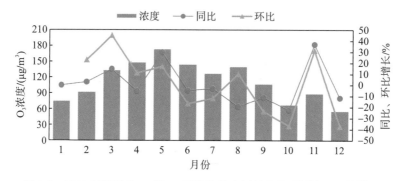

图 2-3　2020 年四川省 O₃第 90 百分位浓度逐月变化及同比、环比情况

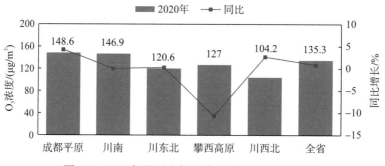

图 2-4　2020 年四川省各区域 O₃第 90 百分位浓度

(2)全省 O₃污染天数共计 317 天,同比增加 16 天。5 月污染天数最多,达 145 天,且同比增加天数也最多,达 135 天。O₃轻度污染、中度污染天数占比分别为 3.9%、0.3%,没有出现 O₃重度污染(图 2-5)。全省 18 个城市出现 O₃轻度污染,共 296 天;6 个城市(成都市、眉山市、德阳市、绵阳市、乐山市、雅安市)出现 O₃中度污染,共 21 天(图 2-6)。全省 O₃轻度污染天数同比增加了 18 天,中度污染和重度污染天数均同比减少了 1 天。盆地内城市出现轻度及以上 O₃污染天数最多的是成都市,达 46 天。

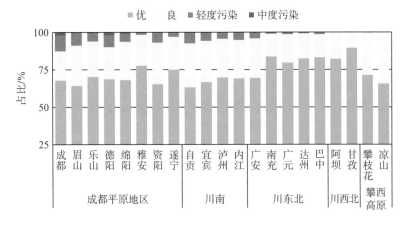

图 2-5　2020 年四川省 21 市(州)O₃ 分级

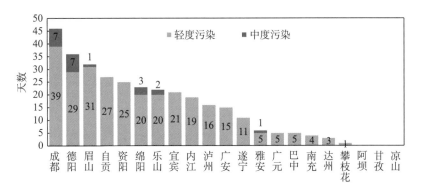

图 2-6　2020 年四川省 21 市(州)O₃ 轻度污染、中度污染天数

(3) O_3 为首要污染物的占比为 43.6%(图 2-7),超过 $PM_{2.5}$。2020 年全省出现首要污染物平均天数为 206 天,同比减少了 16 天。全省 O_3、$PM_{2.5}$、PM_{10}、NO_2、CO、SO_2 作为首

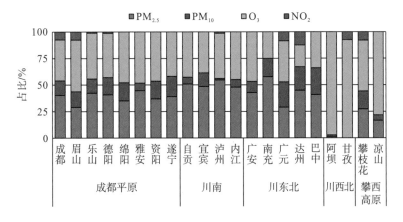

图 2-7　2020 年四川省 21 市(州)首要污染物天数占比

要污染物的占比分别为 43.6%、40.0%、13.5%、2.5%、0.3%、0.07%；O_3 和 CO 分别同比升高了 6.3 个百分比和 0.1 个百分点，$PM_{2.5}$、PM_{10} 和 NO_2 分别同比降低了 3.6 个百分比、0.9 个百分比和 1.9 个百分点，SO_2 同比持平。全省 O_3 为首要污染物的平均天数为 90 天，同比增加 7 天。$PM_{2.5}$ 为首要污染物的平均天数为 82 天，同比减少 14 天。四川盆地中 O_3 为首要污染物的占比从大到小依次为：成都平原地区、川南地区、川东北地区，分别达 44.5%、42.2%、32.7%，分别同比升高了 7.7 个百分点、7.7 个百分点、5.7 个百分点。$PM_{2.5}$ 为首要污染物的占比明显降低，成都平原地区、川南地区、川东北地区分别为 38.3%、50.3%、43.5%，分别同比降低了 6.9 个百分点、7.2 个百分点、2.6 个百分点。全省共 18 个市(州) O_3 为首要污染物的占比同比升高。其中，占比最高的城市是雅安市，达 48.2%，同比升高了 6.9 个百分点；最低的城市是达州市，为 20.3%，同比升高了 0.5 个百分点。

2.2　2015～2020 年时空变化特征

2.2.1　$PM_{2.5}$ 污染特征

图 2-8 为四川省 2015～2020 年 $PM_{2.5}$ 逐年变化情况。

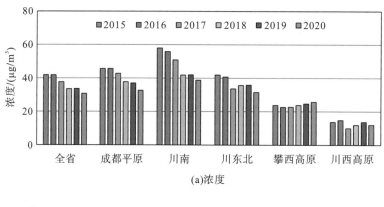

(a)浓度

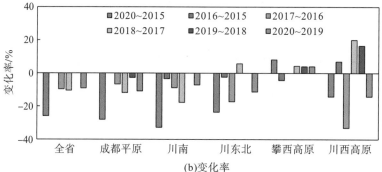

(b)变化率

图 2-8　$PM_{2.5}$ 浓度逐年变化情况

如图 2-8 所示，全省 PM$_{2.5}$ 年均浓度由 2015 年的 42μg/m^3 降至 2020 年的 31μg/m^3，下降 26.2%。盆地内三大区域 PM$_{2.5}$ 浓度均有所下降，2020 年成都平原地区、川南地区、川东北地区 PM$_{2.5}$ 浓度分别为 33μg/m^3、39μg/m^3、32μg/m^3，较 2015 年分别下降 28.3%、32.8%、23.8%。三大区域 PM$_{2.5}$ 浓度基本呈逐年下降的趋势，2020 年达到最低水平。全省 PM$_{2.5}$ 浓度在 2017 年和 2018 年降幅最为明显，降幅为 10% 左右。成都平原地区和川南地区 PM$_{2.5}$ 浓度在 2018 年降幅最大，分别为 12% 和 18% 左右；而川东北地区 2018 年有所反弹。攀西高原略有上升，由 2015 年的 24μg/m^3 上升至 2020 年的 26μg/m^3，升高 8.3%，是唯一上升的区域。川西高原呈波动下降的趋势，由 2015 年的 14μg/m^3 下降至 2020 年的 12μg/m^3，下降 14.3%。2020 年 PM$_{2.5}$ 年平均浓度达到国家二级标准的城市，由 2015 年的 7 个市（州）增至 14 个市（州）。

川南地区一直是 PM$_{2.5}$ 浓度最高的区域，其次是成都平原地区，川东北地区稍低。三大重点区域 PM$_{2.5}$ 浓度差距逐渐缩小，2020 年浓度最高的川南地区（39μg/m^3）与浓度较低的川东北地区（32μg/m^3）仅相差 7μg/m^3，相差 22% 左右；而 2015 年浓度最高的川南地区（58μg/m^3）与浓度较低的川东北地区（42μg/m^3）相差 16μg/m^3，相差 38% 左右。

2.2.2　PM$_{10}$ 污染特征

2015～2020 年 PM$_{10}$ 浓度逐年变化情况如图 2-9 所示。

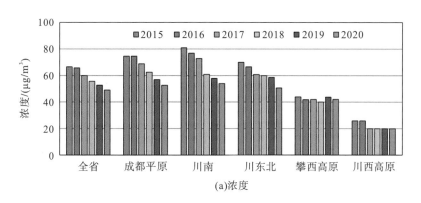

(a)浓度

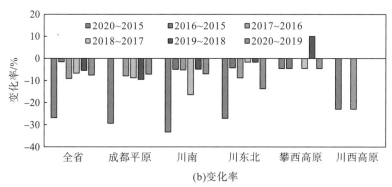

(b)变化率

图 2-9　PM$_{10}$ 浓度逐年变化情况

如图 2-9 所示，全省 PM_{10} 年均浓度由 2015 年的 $67\mu g/m^3$ 降至 2020 年的 $49\mu g/m^3$，下降了 26.9%。四川盆地内三大区域 PM_{10} 浓度均有所下降，2020 年成都平原地区、川南地区、川东北地区 PM_{10} 浓度分别为 $53\mu g/m^3$、$54\mu g/m^3$、$51\mu g/m^3$，分别较 2015 年下降 29.3%、33.3%、27.1%。三大区域 PM_{10} 浓度均呈逐年下降趋势，2020 年达到最低水平。全省 PM_{10} 浓度在 2017 年降幅最为明显，降幅为 9% 左右。成都平原地区 PM_{10} 浓度在 2019 年降幅最大，为 10% 左右；川南地区在 2018 年降幅最大，为 16% 左右；川东北地区在 2020 年降幅最大，为 14% 左右。攀西高原略有下降，由 2015 年的 $44\mu g/m^3$ 下降至 2020 年的 $42\mu g/m^3$，下降 4.5%，是降幅最小的区域。川西高原呈下降后持平的态势，由 2015 年的 $26\mu g/m^3$ 下降至 2020 年的 $20\mu g/m^3$，下降 23.1%。2020 年 PM_{10} 年平均浓度均达到国家二级标准的城市，由 2015 年的 8 个市(州)增到 21 个市(州)。

川南地区一直为 PM_{10} 浓度最高的区域，其次是成都平原地区，川东北地区稍低。三大重点区域 PM_{10} 浓度差距逐渐缩小，2020 年浓度最高的川南地区($54\mu g/m^3$)与浓度较低的川东北地区($51\mu g/m^3$)仅相差 $3\mu g/m^3$，相差 5.9% 左右；而 2015 年浓度最高的川南地区($81\mu g/m^3$)与浓度较低的川东北地区($70\mu g/m^3$)相差 $11\mu g/m^3$，相差 15.7% 左右。

2.2.3　SO_2 污染特征

2015～2020 年 SO_2 浓度逐年变化情况如图 2-10 所示。

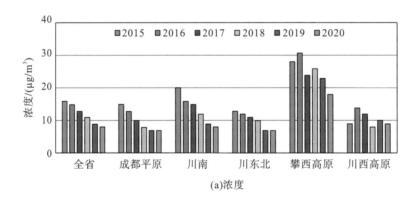

(a)浓度

(b)变化率

图 2-10　SO_2 浓度逐年变化情况

如图 2-10 所示，全省 SO_2 年均浓度由 2015 年的 $16\mu g/m^3$ 降至 2020 年的 $8\mu g/m^3$，下降了 50%。四川盆地内三大区域 SO_2 浓度均大幅下降，2020 年成都平原地区、川南地区、川东北地区 SO_2 浓度分别为 $7\mu g/m^3$、$8\mu g/m^3$、$7\mu g/m^3$，分别较 2015 年下降 53.3%、60%、46.2%。三大区域 SO_2 浓度均呈逐年下降趋势，基本在 2020 年达到最低水平。全省 SO_2 浓度在 2019 年下降最为明显，降幅为 18% 左右。成都平原地区 SO_2 浓度在 2017 年和 2018 年降幅较大，均在 20% 以上；川南地区在 2019 年降幅最大，为 25%；川东北地区在 2019 年降幅最大，为 30%。攀西高原呈波动下降的趋势，由 2015 年的 $28\mu g/m^3$ 下降至 2020 年的 $18\mu g/m^3$，降幅为 35.7%。川西高原总体持平，2016 年浓度最高，为 $14\mu g/m^3$，较 2015 年上升 55.6%，2020 年恢复至 2015 年的浓度水平（$9\mu g/m^3$）。2020 年仅有 2 个市（州）SO_2 年平均浓度超过 $10\mu g/m^3$，即攀枝花市（$25\mu g/m^3$）、凉山州（$11\mu g/m^3$），较 2015 年减少了 17 个市（州）。

攀西高原为 SO_2 浓度最高的区域，是其他区域的 2 倍多，其次是川西高原，川南地区稍低，成都平原地区和川东北地区浓度最低。2019 年开始，三大重点区域 SO_2 浓度已降至个位数水平，且浓度差距逐渐减小。2020 年川南地区（$8\mu g/m^3$）与成都平原地区、川东北地区（$7\mu g/m^3$）仅相差 $1\mu g/m^3$；而 2015 年川南地区（$20\mu g/m^3$）与川东北地区（$13\mu g/m^3$）相差 $7\mu g/m^3$。

2.2.4　NO_2 污染特征

2015～2020 年 NO_2 浓度逐年变化情况如图 2-11 所示。

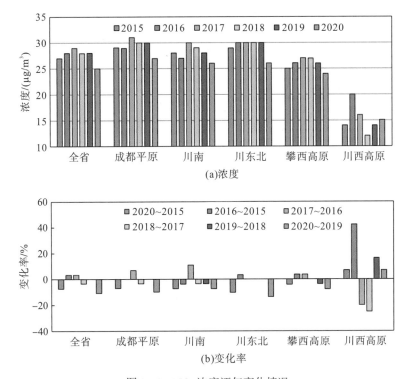

图 2-11　NO_2 浓度逐年变化情况

如图 2-11 所示，全省 NO_2 年均浓度由 2015 年的 27μg/m³ 降至 2020 年的 25μg/m³，下降 7.4%。盆地内三大区域 NO_2 浓度基本呈波动下降的趋势，2020 年浓度最低，成都平原地区、川南地区、川东北地区 NO_2 浓度分别为 27μg/m³、26μg/m³、26μg/m³，较 2015 年下降 6.9%、7.1%、10.3%。全省 NO_2 浓度在 2015～2017 年呈逐年上升趋势，2017 年浓度最高，为 29μg/m³，随后开始下降；2020 年下降明显，较 2019 年下降 10.7%。成都平原地区和川南地区 NO_2 浓度均在 2017 年达到最高值，分别为 31μg/m³ 和 30μg/m³；2020 年下降明显，较 2019 年分别下降 10.0% 和 7.1%。川东北地区在 2016 年略微上升后保持持平，2020 年明显下降，较 2019 年下降 13.3%。攀西高原呈先上升后下降的趋势，2017 年和 2018 年浓度最高，2020 年下降明显，较 2019 年下降 7.7%。川西高原波动上升，2016 年浓度明显升高，由 2015 年的 14μg/m³ 上升至 2020 年的 20μg/m³，上升 42.9%；2017 年和 2018 年明显下降，2018 年浓度最低，仅为 12μg/m³；2019 年和 2020 年又缓慢上升，2020 年浓度为 15μg/m³，较 2015 年上升 7.1%。2020 年 21 个市(州) NO_2 年平均浓度均达到国家二级标准，较 2015 的 20 个市(州)增加了 1 个城市(成都市)。

总体来说，三大重点区域 NO_2 浓度相当，成都平原地区略高 1μg/m³，川南地区和川东北地区次之，川西高原浓度最低。

2.2.5　O_3 污染特征

2015～2020 年 O_3 浓度逐年变化情况如图 2-12 所示。

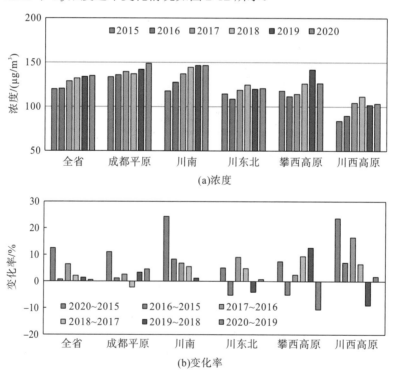

图 2-12　O_3 浓度逐年变化情况

如图 2-12 所示，全省 O_3 第 90 百分位浓度(以下简称 O_3 浓度)由 2015 年的 $120\mu g/m^3$ 升至 2020 年的 $135\mu g/m^3$，上升 12.5%。四川盆地内三大区域 O_3 浓度基本呈波动上升趋势，2020 年成都平原地区、川南地区、川东北地区 O_3 浓度分别为 $149\mu g/m^3$、$147\mu g/m^3$、$121\mu g/m^3$，分别较 2015 年上升 11.2%、24.6%、5.2%，川南地区上升最为明显。全省 O_3 浓度呈逐年上升的趋势，2017 年升幅最大，较 2016 年上升 6.6%。成都平原地区 O_3 浓度基本呈逐年上升趋势，但在 2018 年略有下降，2020 年升幅最大，较 2019 年上升 4.9%。川南地区 O_3 浓度呈逐年上升后持平的趋势，2016 年升幅最大，较 2015 年上升 8.5%，2017 年开始升幅逐渐减小，2020 年持平。川东北地区 O_3 浓度呈波动变化的趋势，2016 年有所下降，2017 年和 2018 年有所反弹，2019 年和 2020 年有所下降，其中 2018 年浓度最高。攀西高原 O^3 浓度也呈波动变化的趋势，2016 年有所下降，2017～2019 年逐年升高，尤其是 2019 年浓度达到最大值($142\mu g/m^3$)，较 2018 年上升 12.7%，升幅最大，2020 年又有明显下降。川西高原 O_3 浓度波动上升，2016～2018 年浓度逐年升高，尤其是 2017 年升幅最大，较 2016 年升高 16.7%；2019 年和 2020 年又有所下降；整体来说，2020 年 O_3 浓度较 2015 年上升了 23.8%，升幅较大。2020 年 20 个市(州) O_3 浓度达到国家二级标准，仅成都市超标，与 2015 年持平。

总体来说，成都平原地区 O_3 浓度最高，川南地区次之，但川南地区升幅最大；其次是攀西高原、川东北地区，川西高原浓度最低。

2.2.6　CO 污染特征

2015～2020 年 CO 浓度逐年变化情况如图 2-13 所示。

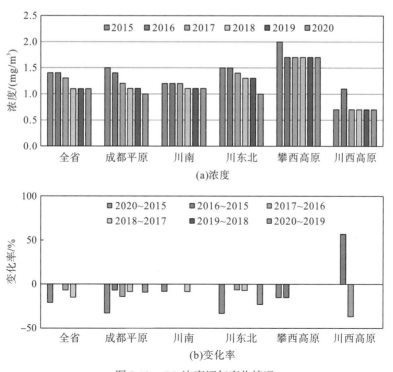

图 2-13　CO 浓度逐年变化情况

如图 2-13 所示,全省 CO 第 95 百分位浓度(以下简称 CO 浓度)由 2015 年的 $1.4mg/m^3$ 降至 2020 年的 $1.1mg/m^3$,下降了 21.4%。四川盆地内三大区域 CO 浓度均有所下降,2020 年成都平原地区、川南地区、川东北地区 CO 浓度分别为 $1.0mg/m^3$、$1.1mg/m^3$、$1.0mg/m^3$,较 2015 年下降 33.3%、8.3%、33.3%,成都平原地区和川东北地区降幅较大。三大区域基本呈逐年下降趋势,基本在 2020 年达到最低水平,川南地区 2018 年开始持平。全省 CO 浓度在 2018 年降幅最为明显,降幅为 15% 左右。成都平原地区 CO 浓度在 2017 年降幅较大,为 14% 左右;川南地区在 2018 年出现下降,降幅为 8.3%;川东北地区在 2020 年降幅明显,为 23.1%。攀西高原自 2016 年出现下降后,一直处于持平态势,由 2015 年的 $2.0mg/m^3$ 下降至 $1.7mg/m^3$,下降 15%。川西高原总体持平,但在 2016 年浓度陡增,由 2015 年的 $0.7mg/m^3$ 上升至 2016 年的 $1.1mg/m^3$,上升 57.1%,2017 年开始又下降至 $0.7mg/m^3$ 的水平。

对比 2020 年数据,攀西高原为 CO 浓度最高的区域,其次是川南地区,而成都平原和川东北地区稍低,川西高原最低。三大重点区域 CO 浓度差距逐渐减小,2020 年川南地区($1.1mg/m^3$)与成都平原、川东北地区($1.0mg/m^3$)仅相差 $0.1mg/m^3$;而 2015 年成都平原、川东北地区($1.5mg/m^3$)与川南地区($1.2mg/m^3$)相差 $0.3mg/m^3$。

2.2.7 优良天数率

2015～2020 年优良天数率逐年变化情况如图 2-14 所示。

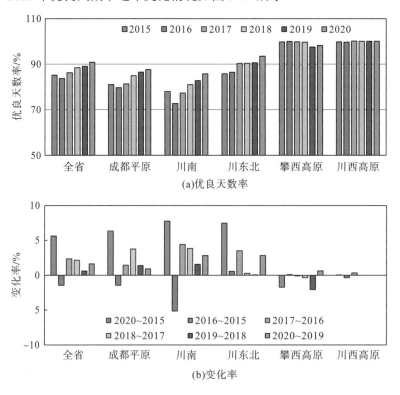

图 2-14　优良天数率逐年变化情况

　　如图 2-14 所示，全省优良天数率由 2015 年的 85.2%升至 2020 年的 90.7%，上升 5.5 个百分点。盆地内三大区域优良天数率均有所上升，2020 年成都平原地区、川南地区、川东北地区优良天数率分别为 87.5%、85.7%、93.5%，分别较 2015 年上升 6.4 个百分点、7.8 个百分点、7.5 个百分点。除 2016 年，全省及三大区域基本呈逐年上升趋势，2020 年达到最高水平。全省优良天数率在 2016 年下降 1.4 个百分点，2017 年开始逐年上升，2017 年和 2018 年改善较为明显，分别提升 2 个百分点以上。成都平原地区优良天数率也在 2016 年下降 1.4 个百分点，2017 年开始逐年上升，其中 2018 年升幅最为明显，优良天数率较上年提高 3.8 个百分点。川南地区优良天数率在 2016 年显著下降 5.1 个百分点，达到近年来最低水平；2017 年和 2018 年改善较为明显，分别较上年升高 4.5 个百分点和 3.9 个百分点。而川东北地区优良天数率基本呈逐年上升趋势，2017 年和 2020 年升幅最为明显，分别较上年上升 3.6 个百分点和 2.9 个百分点。攀西高原 2019 年和 2020 年优良天数率略有下降，2019 年为近年来最低水平(97.5%)，总体来看由 2015 年的 99.9%下降至 2020 年的 98.2%，下降 1.7 个百分点。川西高原基本维持在 100%左右。

　　川西高原优良天数率最高，基本无污染天出现，攀西高原次之。三大区域中川东北地区优良天数率最高，成都平原地区次之，川南地区最低。

2.2.8　重度污染天数

　　2015~2020 年重度污染天数逐年变化情况如图 2-15 所示。

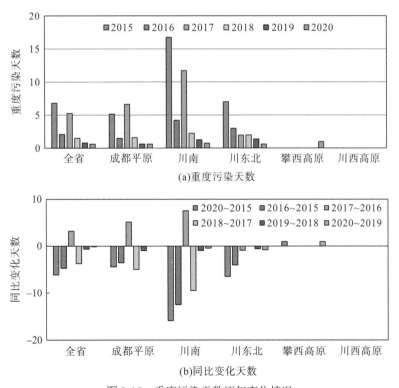

(a)重度污染天数

(b)同比变化天数

图 2-15　重度污染天数逐年变化情况

如图 2-15 所示,全省重度污染天数由 2015 年的 6.8 天降至 2020 年的 0.6 天,减少了 6.2 天。四川盆地内三大区域重度污染天数均明显下降,2020 年成都平原地区、川南地区、川东北地区重度污染天数分别为 0.6 天、0.8 天、0.6 天,较 2015 年减少了 4.5 天、16 天、6.4 天,川南地区减少最为明显。全省重度污染天数在 2016 年明显减少,较 2015 年减少 4.7 天;但在 2017 年有所反弹,重度污染天数较 2016 年增加 3.1 天;2018 年开始又呈逐年下降的趋势,2020 年达到最低水平。成都平原地区重度污染天数也在 2016 年明显减少,在 2017 年明显反弹,且 2017 年为近年来重度污染天数最多的年份,为 6.6 天,较 2016 年增加 5.1 天;2018 年明显下降,2019 年和 2020 年重度污染天数平均已不足 1 天。川南地区重度污染天数也在 2016 年明显减少,较 2015 年减少 12.5 天;在 2017 年明显反弹,较 2016 年又增加 7.5 天,2018 年开始逐年下降,2020 年重度污染天数不足 1 天。川东北地区重度污染天数呈逐年下降的趋势,2016 年减少最为明显,较上年减少 4 天。攀西高原仅在 2020 年出现 1 天重度污染,其余年份均无重度污染天出现。川西高原一直维持无重度污染天气。

总体来看,三大重点区域中川南地区重度污染天数最多,成都平原和川东北地区相当。但三大重点区域重度污染天数差距逐渐缩小,2020 年重度污染天数最多的川南地区(0.8 天)与天数最少的成都平原、川东北地区(0.6 天)仅相差 0.2 天;而 2015 年重度污染天数最多的川南地区(16.8 天)与天数最少的成都平原地区(5.1 天)相差 11.7 天。

2.2.9 大气污染类型转变

进入 21 世纪以来,随着四川省城市化、工业化、区域经济一体化进程的加快,经济社会的高速发展,较为粗放、落后的发展模式致使环境空气质量遭受严重影响。2004～2014 年四川省大气环境质量特征分区 NO_2 与 SO_2 的浓度比例变化如图 2-16 所示。

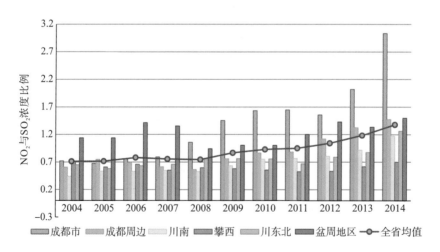

图 2-16　2004～2014 年四川省大气环境质量特征分区 NO_2 与 SO_2 的浓度比例变化

如图 2-16 所示，2004～2014 年，四川省大气环境质量特征分区的 NO_2 与 SO_2 的浓度比例发生了明显变化，除盆周地区和攀西高原外，成都市、成都周边、川南地区和川东北地区的 NO_2 与 SO_2 的浓度比例均有显著升高，分别由 2004 年的 0.72、0.61、0.44、0.65 上升到 2014 年的 3.04、1.48、1.17、1.27，全省平均 NO_2 与 SO_2 的浓度比例在 2008 年超过 0.7 后上升迅速，在 2014 年达到 1.2 以上。NO_2 浓度的逐渐上升和 SO_2 浓度逐渐下降表明传统的煤烟型污染已逐步得到控制，机动车尾气型污染问题逐渐突出，这说明四川的大气污染类型发生了转变：由煤烟型转变为煤烟型、机动车尾气型并存的复合型污染。

2.3　本 章 小 结

本章所得结论如下：

(1) 2020 年，四川省优良天数率为 90.7%，其中优占 44.5%，良占 46.2%，轻度污染占 8.1%，中度污染占 1.1%，重度污染占 0.1%。全省 $PM_{2.5}$ 平均浓度为 31μg/m³，PM_{10} 平均浓度为 49μg/m³，SO_2 平均浓度为 8μg/m³，NO_2 平均浓度为 25μg/m³，CO 第 95 百分位浓度为 1.1mg/m³，O_3 第 90 百分位浓度为 135μg/m³。$PM_{2.5}$ 高浓度中心仍然为川南地区，$PM_{2.5}$ 浓度为 39μg/m³，其次成都平原地区为 33μg/m³，川东北地区为 32μg/m³。2020 年 14 个市(州)空气质量达标，成都市、自贡市、宜宾市、达州市、泸州市、德阳市、南充市 7 个城市 $PM_{2.5}$ 浓度超标，成都 O_3 第 90 百分位浓度超标。臭氧污染有所加重，盆地内 O_3 第 90 百分位浓度从大到小依次为成都平原地区、川南地区、川东北地区，分别为 148.6μg/m³、146.9μg/m³、120.6μg/m³。

(2) 四川省环境空气质量呈逐年向好态势。"十三五"期间，全省优良天数率由 2015 年的 85.2% 升至 2020 年的 90.7%，提升了 5.5 个百分点；$PM_{2.5}$ 年平均浓度由 2015 年的 42μg/m³ 降至 2020 年的 31μg/m³，下降 26.2%；重度污染天数由 2015 年的 6.8 天降至 2020 年的 0.6 天，减少了 6.2 天；但 O_3 第 90 百分位浓度由 2015 年的 120μg/m³ 升至 2020 年的 135μg/m³，上升 12.5%。

(3) 进入 21 世纪以来，随着四川省城市化、工业化、区域经济一体化进程的加快，经济社会的高速发展，较为粗放、落后的发展模式致使环境空气质量遭受严重影响。大气污染特征在"十五"后期(2004～2005 年)、"十一五"期间(2006～2010 年)、"十二五"前期(2011～2014 年)发生了明显变化，由传统的煤烟型污染转变为煤烟型、机动车尾气型并存的复合型污染。

第3章 污染气象特征

本章分析东亚大气环流特征和东亚季风对四川盆地的影响,重点研究 700hPa、850hPa、925hPa 三个高度的流场特征,得出污染物在四川盆地内的传输影响通道,分析大气稳定度、逆温、混合层高度等边界层污染气象特征。

3.1 大 气 环 流

3.1.1 东亚大气环流特征

大气环流作为大范围的空气流动,不仅是影响区域天气和气候的根本因子,也是大气污染物迁移的决定性因子。处于中国西南内陆的四川盆地,大气流场受东亚大气环流的影响,尤其与东亚季风的演化密切相关。东亚季风的演变受到东亚地区四个大气活动中心的影响,包括西伯利亚高压、阿留申低压、印度低压和北太平洋高压。冬季西伯利亚高压基本覆盖整个亚洲大陆,故冬季盛行干冷的西北风,而夏季印度低压则控制了整个中国,故夏季盛行湿热的偏南风。

冬季,西伯利亚高压在整个东亚地区占据主导地位,来自西伯利亚的冷空气受青藏高原的影响分为南北两支。北支气流由西北向东南侵入新疆,经甘肃北部和内蒙古西部,向南流动进入陕西和山西,与翻越蒙古高原的气流汇合,向东和东北方向前进,影响我国的华北和东北地区;南支气流沿喜马拉雅山脉向东南方向流动,由云南和广西的西部入侵我国,向东依次经过贵州、湖南、江西、广东和福建等省;一部分气流越过青藏高原后下沉进入四川盆地和甘肃省东部,并向东侵入我国中部地区。

春季,西伯利亚高压对东亚地区的影响逐渐减弱,但仍占据主导地位。我国位于北纬23°以北的地区都受西伯利亚高压气团控制,一部分冷气流越过天山山脉,进入新疆,在新疆形成环流;青藏高原北支气流经蒙古高原向东流动侵入我国的内蒙古、东北三省和京津冀地区。青藏高原南支气流沿高原南侧由西北向东南流动,印度半岛和中南半岛都受其影响,并由云南和广西侵入我国南部地区;一部分气流越过青藏高原后下沉进入四川盆地和甘肃东部,并向东侵入我国中部地区。

夏季,东亚区域大气环流受东亚夏季风的控制,分为西南季风(印度季风)和东南季风,其在 700hPa 等压面上的分布与 850hPa 等压面十分相似。西南季风由印度半岛向东流经孟加拉湾和中南半岛,最终进入南海形成环流,影响我国的海南、广西、广东、福建、江西、湖南和贵州。由西太平洋副热带高压形成的东南季风由太平洋向西流动,在北纬 27°~37°

范围内沿海侵入我国，一部分气流向西沿浙江、江苏→安徽南部、江西北部→湖北→重庆流动，进入四川盆地；另一部分气流向北和西北方向流动控制华北、东北和内蒙古部分地区。

秋季，东亚夏季风退至北纬 15° 以南，对东亚地区大气流场的影响大为减弱。西伯利亚高压占据主导地位，来自西伯利亚的冷空气主要分为两支，一支由北向南侵入新疆，经甘肃北部和内蒙古西部，沿西北方向进入陕西和山西，与翻越蒙古高原的气流汇合，向东南方向前进，影响我国的华北和东北地区；一部分气流越过青藏高原后下沉进入四川盆地和甘肃东部，并向东侵入我国中部地区。

3.1.2　东亚季风对四川盆地的影响

四川盆地主要受来自南海的季风以及西太平洋副热带高压所控制的东风影响。从 5 月中旬开始，南海夏季风经重庆进入四川，东风从东面进入四川，两股气流在四川盆地独特的地形限制下形成气旋。7 月，南海夏季风从南面和西南面进入四川，全面控制四川盆地，在盆地内形成气旋并持续到 8 月底，9 月初南海季风开始从四川盆地撤退，9 月中旬彻底退出四川。夏季风主要从三条路径进入四川：①东方路径，由西太平洋副热带高压形成的东风从太平洋向西前进，气流在江苏和浙江登陆后继续向西从达州中部进入四川。②东南路径，南海夏季风由南海地区向东偏北方向前进，经中南半岛从福建和浙江南部登陆后进入湖北和湖南，再由湖北南部和湖南北部向西北经重庆进入四川。③南方路径，南海夏季风从南海地区向东北方向经中南半岛，由云南和广西进入我国，经贵州沿云贵高原东侧边缘北上进入四川。

东亚冬季风主要来自西伯利亚，一般盛行于 11 月至次年 3 月。它主要从四个途径入侵四川：①西方路径，冷空气进入新疆天山以南和柴达木盆地，经青海沿青藏高原东侧横断山脉峡谷东南下入侵四川盆地，这种路径的冷空气比较深厚，但持续时间较短。②西北路径，这类冷风自新疆天山以北经河西走廊东南下，进入关中平原，在关中平原堆积到一定强度后再翻越秦岭到达四川盆地和云贵高原。③北方路径，是指从贝加尔湖和蒙古高原来的冷空气经河套地区进入关中平原，在关中平原积累到一定强度后，向南翻越秦岭，到达四川盆地。④东北路径，冷空气从蒙古高原经河套北部到达华北地区，在高空横切变线北侧的东北气流引导下，由华北缓慢入侵四川、贵州地区。北方路径和东北路径冷空气相对较少，约占总数的 13.9%。

夏季，受东亚夏季风影响，夏季风通过南方路径、东南路径和东方路径将孟加拉湾、印度洋和南海及西太平洋充足的水汽向川西盆地输送，加之盆地的热力、动力条件有利于川西盆地的降水，使成都平原夏季多雨，从而有利于洗脱大气中的污染物，降低污染物浓度。冬季，受东亚冬季风影响，北方冷空气向南输送，但受秦巴山区的阻挡，北方冷风到四川盆地时势力大大减弱，因此冬季四川盆地受冬季风影响较弱，不利于大气污染物的扩散，影响环境空气质量。

3.2 四川盆地地形及流场特征

3.2.1 四川盆地地形

四川盆地地处长江上游，是中国四大盆地之一，囊括四川省中东部和重庆大部，海拔在500m左右。它由连接的山脉环绕而成，位于亚洲大陆中南部、中国腹心地带和中国大西部东缘中段，周边地形以青藏高原、云贵高原和秦岭—大巴山为主要特征。省界西面及西北面为绵延上千公里、平均海拔在4000m以上的青藏高原主体及其延伸山地，南面和东南面为海拔1000~2000m的云贵高原，北面和东北面是海拔2000m以上的秦岭—大巴山，东面是华蓥山、巫山等山地岭谷。四川盆地总面积约26万km²，底部分为川东平行岭谷、川中丘陵和川西成都平原三部分。四川盆地独特的地理环境条件，决定了其特有的污染气象条件。

3.2.2 700hPa流场分析

四川盆地上空海拔3000m 700hPa等压面盛行西风，气流来自西伯利亚，当西风气流流经青藏高原时，气流分为南北两支，四川盆地主要受南支气流的控制。高空流场分布受地形影响极小，与地面流场相差甚大。海拔3000m（700hPa）与海拔1500m（850hPa）的交换相对较弱，限制了盆地内污染物向盆地外扩散。

3.2.3 850hPa流场分析

春季，盆地850hPa等压面流场分为三支：①来自东部海洋的气流向西北方向流动，受到太平洋副热带高压的影响，在河南省转为西南风，部分越过秦岭从陕西进入四川与从达州宣汉县、万源市以北侵入四川的东南气流合并，沿达州→巴中→广元，汇集于绵阳；②一支气流受印度低压的影响沿南面云贵高原东侧边缘北上，沿贵州、重庆从内江和资阳安岳县以东进入四川，再沿资阳→内江→自贡→宜宾→泸州流动，并在自贡、宜宾和泸州一带形成涡流；③第三支气流继续向北在湖南受到来自北方气流的影响转向西北越过大娄山，经过重庆，进入达州开江县、大竹县和广安邻水县，沿南充→遂宁、绵阳南部→德阳东部、资阳西部→成都和眉山，最后到达雅安、乐山东部。

夏季，盆地850hPa等压面流场分为三支：①一支气流来自东部沿海，一路向西，经过浙江、江西、湖北和重庆巫溪县，由达州万源市和宣汉县进入四川，沿达州→巴中通江县→广元旺苍县进入绵阳；②一支气流来自南海夏季风，受到位于广东的气旋影响在福建转而向西，经过江西和湖南，从重庆涪陵区进入广安邻水县和达州大竹县，沿广安、达州→南充→遂宁、绵阳→德阳、资阳和成都→眉山，汇集于乐山和雅安；③南面一支源自西南季风，从云贵高原东侧边缘北上从泸州古蔺县和合江县、内江隆昌市和资阳安岳县进入四川，沿泸州→内江→自贡→宜宾，在宜宾和泸州形成涡流。与春季相比，夏季外部气流入侵盆地的途径发生了改变，但盆地内部气流的传输途径却较为相似。

秋季，四川盆地主要盛行东北风，冷空气来自西西伯利亚，越过天山山脉进入塔里木盆地，经甘肃北部和内蒙古西部，沿西南方向进入陕西和山西，南下后分为三支：①一支从湖北、重庆进入达州万源市、宣汉县、开江县，沿达州→巴中通江县、平昌县→广元旺苍县和苍溪县流动，部分汇集于绵阳；②一部分气流继续南下进入湖北和湖南，在湖北南部和湖南北部气流向西北越过武陵山、大娄山，从重庆涪陵区和丰都县进入广安邻水县、遂宁蓬南镇和资阳安岳县，沿广安邻水县→南充嘉陵区→遂宁苍溪县、绵阳盐亭县和三台县→德阳→成都金堂县、资阳简阳市→眉山流动，汇集于雅安和乐山东部；③还有一部分气流从湖南进入贵州沿云贵高原东侧边缘北上从泸州古蔺县和合江县、内江隆昌市和资阳安岳县进入四川，沿资阳→内江→自贡→宜宾→泸州流动，在宜宾、泸州形成涡流。从秋季 850hPa 流场来看，盆地高空扩散条件较冬、春、夏季要好。

冬季，850hPa 等压面流场分为三支：①一支来自北方中西伯利亚的冬季风从蒙古高原经河套地区到达华北地区，越过秦岭进入巴中通江县、广元旺苍县与经重庆进入达州宣汉县、开江县的一支气流合并，沿达州→巴中→广元市市区、旺苍县和青川县，汇集于绵阳江油市；②一部分气流继续南下进入湖北和湖南，在湖北南部和湖南北部气流向西北越过武陵山、大娄山，从重庆进入广安邻水县和遂宁蓬溪县再进入四川，沿广安→南充→遂宁→德阳和绵阳梓潼县、盐亭县和三台县→成都、眉山，汇集于乐山和雅安；③还有一部分气流从湖南进入贵州沿云贵高原东侧边缘北上，从泸州、内江和资阳安岳县进入四川，沿资阳→内江→自贡→宜宾→泸州流动，在内江、自贡、宜宾、泸州形成涡流。

3.2.4　925hPa 流场分析

春季，四川盆地流场受南海季风和来自北方路径较弱的东亚冬季风共同控制，越过阴山并沿太行山南下，经陕西省越过秦岭和大巴山进入巴中通江县和广元旺苍县，与冬季流向极为相似，沿巴中→广元→绵阳中南部→德阳东部→成都，汇集于雅安；南海季风从广东和广西进入我国，一路北上，一部分气流进入湖北后，受地形影响转向西，同样由重庆涪陵区进入四川达州宣汉县和广安北部，沿南充→绵阳和德阳东南端、遂宁→成都东部、资阳→眉山流动，最后到达乐山；由北向南的气流在湖南分成两支，一支向西南，一支向西北越过武陵山流向重庆，再进入资阳安岳县和内江，沿资阳→内江→自贡→宜宾→泸州流动，并在泸州形成涡流。

夏季，西太平洋副热带高压北移控制长江中下游地区，四川盆地位于其边缘，受到近地表太平洋东南季风的影响，近地面盛行东风，气流从江苏和浙江一路西进：①一部分从广元朝天区进入四川，沿朝天区→绵阳江油市→德阳中部→成都→眉山，最后到达乐山；②一部分经重庆万州区进入达州，沿达州→巴中平昌县→广元苍溪县、南充阆中市及仪陇县→绵阳盐亭县及三台县、遂宁射洪县→德阳中江县和资阳简阳市→眉山仁寿县、内江资中县→自贡和宜宾西部流动；少部分经重庆江津区从广安邻水县和资阳安岳县进入四川，沿广安邻水县→遂宁北部→资阳安岳县→内江隆昌市→自贡富顺县→宜宾流动；③另一部分从内江进入四川，沿内江东部→自贡东部→宜宾东北部，到达泸州形成环流。

秋季，大陆盛行东北风，一部分气流越过河套地区南下，经陕西越过秦岭和大巴山，进入四川，沿达州市宣汉县、开江县→巴中→广元和南充阆中市→绵阳梓潼县、绵阳市→德阳中部→成都流动，最终汇集于雅安；另一部分气流继续南下进入湖北后经重庆进入达州大竹县和广安邻水县，沿达州南部和广安→南充南部→遂宁→德阳东端→资阳的中北部→眉山，汇集于乐山；由北进入湖南省的部分气流越过武陵山和大娄山进入重庆，并经广安邻水县南部和资阳安岳县进入四川，沿广安南部→资阳东部→内江到达自贡、宜宾、泸州，并形成小型环流。

冬季，整个区域的流场受来自中西伯利亚的东亚冬季风控制，冷空气由蒙古高原东部由北向南侵入我国，一部分气流经陕西越过秦岭和大巴山，从巴中通江县和广元市旺苍县进入四川，沿巴中通江县→广元苍溪县→绵阳盐亭县和三台县→德阳中江县→成都→雅安流动；一部分气流进入湖北后转向西，经重庆巫山县和奉节县进入四川达州开江县和宣汉县，沿达州→南充仪陇县→遂宁射洪县、绵阳盐亭县和三台县→德阳德江县→成都东部和资阳西部→眉山→乐山流动；由北向南的气流在湖南省分成两支，一支向西南，一支向西北越过武陵山流向重庆涪陵区和丰都县，从广安邻水县进入四川，沿广安→南充蓬安县→遂宁蓬溪县→资阳→内江→自贡→宜宾和泸州，在泸州形成涡流。

3.3　边界层污染气象特征

3.3.1　大气稳定度

在污染气象的研究中针对稳定度类别的判定，多采用修正的 P-T-C 分类法，其将大气稳定度分为 A、B、C、D、E、F 六个等级，依次为极不稳定、中等不稳定、弱不稳定、中性、弱稳定、中等稳定。基于该方法，利用川东北地区(南充市、巴中市、广元市、达州市和广安市)和成都平原地区(成都市、德阳市、绵阳市、眉山市和资阳市) 10 个城市 2004～2012 年的相关观测资料，结合观测时的太阳高度角计算出太阳辐射等级，再根据地面风速确定稳定度状况。

1. 稳定度频率

如表 3-1 所示，成都平原地区五个城市中，成都市、资阳市、眉山市、德阳市的大气稳定度以弱稳定(E)为主，出现频率分别为 42.2%、40.0%、43.6%、41.8%，中性(D)次之，不稳定出现的频率最低；绵阳市的大气稳定度多为中性，其频率为 68.9%，不稳定类和稳定类所占比例较小。

川东北地区五个城市中，南充市、巴中市、广元市、达州市、广安市的大气稳定度以中性(D)为主，出现频率分别为 64.4%、62.5%、68.4%、68.8%、68.4%，中等稳定(F)次之，不稳定出现的频率最低。由于上述地区的云况以总云量≥8 和低云量≤4 为主，且太阳高度角较小(<15°)比例较大，太阳辐射等级多为-1，再加上地面风速较小，使得 D、E、

F 类稳定度出现的频率较高。

表 3-1　2004～2012 年各类稳定度的出现频率　　　　　　（单位：%）

区域	城市	A	B	C	D	E	F
川东北地区	南充	4.8	7.0	4.9	64.4	7.0	11.3
	巴中	5.6	9.8	3.5	62.5	5.0	13.6
	广元	4.5	7.7	3.9	68.4	6.6	8.8
	达州	6.2	6.6	1.9	68.8	2.5	14.2
	广安	4.5	7.7	4.0	68.4	6.6	8.8
成都平原地区	成都	1.8	16.4	6.7	26.4	42.2	6.6
	绵阳	1.6	9.1	5.2	68.9	5.5	9.8
	资阳	2.3	15.3	7.5	26.4	40.0	8.5
	眉山	4.2	18.6	2.5	24.8	43.6	6.3
	德阳	4.3	15.1	5.3	26.6	41.8	7.0

2. 稳定度频率的季节变化

如表 3-2 所示，成都平原地区城市中，成都市、资阳市、眉山市和德阳市这四个城市稳定度的季节变化一致表现为：稳定类在冬季出现的频率最高，春季、秋季次之，夏季最低；而中性类和不稳定的变化趋势基本一致，在夏季出现频率较高，冬季最低。以成都市为例，稳定类的出现频率在冬季为 60.1%；在春季、秋季约为 48.8%和 49.8%；夏季最低，为 36.8%。对于绵阳市，其中性类各季节占比都很高，具体表现为在冬季出现频率最大，为 78.9%；夏季最小，为 57.1%；春季、秋季居中，分别为 65.8%、73.9%。

川东北地区城市中，南充市、巴中市、广元市、达州市和广安市这五个城市稳定度的季节变化一致表现为各季节中性类出现频率最高，其次冬季和春季稳定类出现的频率最高，而夏季不稳定类出现频率高于稳定类。以南充市为例，四季中中性类出现的频率最高，除夏季外，其他三季频率均在 60%以上，其次是稳定类，冬季和春季出现频率分别为 15.1%和 20.6%，夏季不稳定出现频率为 31.5%。

表 3-2　2004～2012 年各季节不同稳定度的出现频率　　　　　　（单位：%）

城市	类别	春季	夏季	秋季	冬季
成都	不稳定	27.6	29.3	23.6	18.6
	中性	24.6	34.0	26.5	21.3
	稳定	48.8	36.8	49.8	60.1
绵阳	不稳定	19.0	22.6	11.3	10.4
	中性	65.8	57.1	73.9	78.9
	稳定	15.2	20.4	14.8	10.7

城市	类别	春季	夏季	秋季	冬季
	不稳定	27.5	29.6	23.4	19.7
资阳	中性	24.7	29.1	24.7	27.2
	稳定	47.8	41.3	51.9	53.1
	不稳定	26.6	29.4	23.4	21.7
眉山	中性	22.8	31.8	25.6	18.9
	稳定	50.5	38.9	51.1	59.4
	不稳定	26.6	31.3	22.8	17.8
德阳	中性	22.8	32.3	27.5	23.6
	稳定	50.5	36.4	49.7	58.6
	不稳定	18.1	31.5	15.9	6.1
南充	中性	61.3	47.1	70.1	78.9
	稳定	20.6	21.4	13.9	15.1
	不稳定	19.9	32.1	18.0	6.8
巴中	中性	56.6	46.1	68.4	79.0
	稳定	23.5	21.8	13.6	14.2
	不稳定	16.8	28.4	11.7	8.7
广元	中性	64.6	54.6	78.3	76.5
	稳定	18.7	17.0	10.0	14.8
	不稳定	13.7	28.6	11.9	5.0
达州	中性	66.7	49.9	76.3	81.7
	稳定	19.6	21.5	11.8	13.4
	不稳定	22.1	44.3	18.4	4.3
广安	中性	59.9	36.3	72.7	89.4
	稳定	18.0	19.4	9.0	6.3

上述大气稳定度的季节变化与区域气候特征密切相关。夏季太阳辐射强,地面温度高,对流旺盛,所以湍流活动比较强,加之夏季风速较大,故大气多处于不稳定状态。冬季太阳辐射弱,风速小,致使湍流活动减弱;另外,冬季逆温强度大、出现频率高,也在很大程度上抑制了湍流的发展,故冬季大气相对稳定,即稳定类出现频率较高。

3. 稳定度频率的日变化

如表3-3所示,成都平原地区城市中,成都市、资阳市、眉山市和德阳市四个城市的日变化特征一致表现为2时和20时稳定类频率很高,8时则以中性为主,而14时,大气层结以不稳定为主。由于绵阳市各个时次的云况多为总云量≥8/低云量≥8,所以其日变化为14时不稳定频率最高,占55.2%,20时和2时中性类和稳定类的出现频率增加,并以中性为主，对应 8 时，中性类的出现频率达到最大值，为 84.4%。

表 3-3　2004～2012 年各时次不同稳定度的出现频率　　　　（单位：%）

城市	类别	2 时	8 时	14 时	20 时
成都	不稳定	0.0	8.4	90.7	0.0
	中性	4.4	77.2	9.3	14.9
	稳定	95.6	14.5	0.0	85.1
绵阳	不稳定	0.0	8.2	55.2	0.0
	中性	76.5	84.4	44.8	69.7
	稳定	23.5	7.4	0.0	30.3
资阳	不稳定	0.0	10.1	90.1	0.0
	中性	4.9	78.9	9.9	12.1
	稳定	95.1	11.0	0.0	88.0
眉山	不稳定	0.0	11.5	92.1	0.0
	中性	2.2	79.3	8.0	11.2
	稳定	97.8	9.1	0.0	88.8
德阳	不稳定	0.0	12.1	86.6	0.0
	中性	4.1	73.7	13.4	15.1
	稳定	95.9	14.3	0.0	84.9
南充	不稳定	0.0	13.4	52.9	0.0
	中性	66.5	81.0	47.1	64.3
	稳定	33.5	5.6	0.0	35.7
巴中	不稳定	0.0	12.4	57.3	0.0
	中性	65.1	80.4	42.7	63.2
	稳定	34.9	7.3	0.0	36.8
广元	不稳定	0.0	12.2	47.6	0.0
	中性	70.9	79.3	52.4	72.1
	稳定	29.1	8.6	0.0	27.9
达州	不稳定	0.0	14.1	40.3	0.0
	中性	69.9	78.8	59.7	67.2
	稳定	30.1	7.0	0.0	32.8
广安	不稳定	—	15.2	46.2	0.0
	中性	—	78.0	53.8	66.8
	稳定	—	6.9	0.0	33.2

　　川东北地区城市中，南充市、巴中市、广元市、达州市和广安市这五个城市的日变化特征一致表现为夜间 2 时和 20 时中性和稳定类频率高，无不稳定类出现，8 时则以中性为主，而 14 时，大气层结以不稳定为主，其次是中性类，无稳定类出现。

　　针对上述稳定度的日变化规律，结合气象条件的分析表明：20 时和 2 时，湍流活动弱，且多辐射逆温，故大气层结最为稳定，E 类稳定度出现频率高，未统计出不稳定类。14 时，太阳辐射强，地面温度高，正是湍流活动最旺盛的时期，故大气层结最不稳定，B

类稳定度出现频率达到最大值。而 8 时处于过渡时期，这时湍流逐渐发展起来，由弱变强，大气稳定度因此也由稳定逐渐向不稳定发展，故出现中性类的频率较高，稳定类和不稳定类也有出现，但是频率比较低。

3.3.2　逆温

温度场是诸多因素共同作用的结果，是大气热力状况的集中体现。一般而言，对流层温度随高度增加是降低的，但在某些特殊条件下，也可能会出现不变乃至升高的情况。作为污染气象最为关注的一个方面，逆温能在很大程度上决定污染物的扩散形态。因此，根据研究区的探空资料，本节对川东北地区和成都平原地区多层次的逆温特征、贴地逆温层出现的天数、强度、厚度、生消等进行系统研究。

1. 贴地逆温层出现的天数

成都市 7 时贴地逆温层出现的天数呈夏季和秋季多、春季和冬季少，19 时贴地逆温层出现的天数呈秋季和冬季多、春季和夏季少。统计温江站各月出现贴地逆温层的天数（图 3-1），2008～2013 年每月 7 时观测到出现贴地逆温层的天数平均达到 21.75 天，占72.5%，而 19 时观测到出现贴地逆温层的天数平均为 15.8 天。各月 7 时观测到出现贴地逆温层的天数在春季最多，达 23.7 天；其次是夏季和秋季，为 21 天；而各月冬季观测到出现贴地逆温层的天数较少，为 20.6 天；各月中仅有 2 月出现天数略低于 20 天(19.2 天)，其余均在 20 天以上，在 3 月达到 25.2 天。19 时观测到出现贴地逆温层的天数平均每月15.8 天，秋季和冬季贴地逆温层出现天数略多，为每月 18 天和 17 天；而春季和夏季则为每月 14.78 天和 13.28 天；仅在 11 月和 12 月 19 时观测到出现贴地逆温层达到每月 20 天以上，其余的在每月 13～18 天。各个月份中仅在冬季 7 时和 19 时的贴地逆温层的天数相差不大，其余月份 7 时出现贴地逆温层天数比 19 时多 3～10 天，且差值最大出现在 3 月，表征春季和夏季早晚温差较大，而在秋季和冬季早晚温差较小。

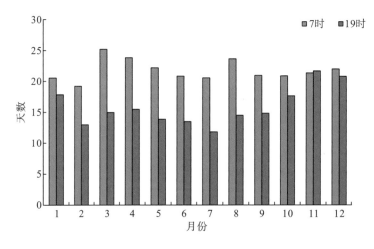

图 3-1　成都市贴地逆温层在各个月份出现的天数

川东北地区 8 时贴地逆温层出现天数呈冬季多、春季和夏季少, 20 时贴地逆温层出现天数呈秋季和冬季多、春季和夏季少。统计南充市各月出现贴地逆温层的天数(图 3-2), 在 2015 年每月 8 时观测到出现贴地逆温层的天数平均达到 22.5 天, 占 72.5%; 而每月 20 时观测到出现贴地逆温层的天数平均为 21 天。各月 8 时观测到的贴地逆温层平均天数在冬季最多, 达 25.3 天; 其次是春季和夏季, 达 23.7 天; 最少的是秋季, 为 19.3 天。2015 年各月中仅有 5、6 月出现贴地逆温层的天数最少, 少于 20 天; 其余月份均在 20 天以上, 1～3 月出现贴地逆温层的天数平均超过 25 天。20 时观测到出现贴地逆温层的天数平均为每月 21 天, 春季和冬季出现贴地逆温层天数略多, 为每月 22 天和 27 天; 而秋季和夏季则为每月 19 天和 16 天; 在冬季达到每月 20 天以上。

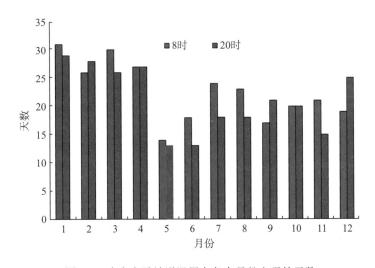

图 3-2 南充市贴地逆温层在各个月份出现的天数

2. 近地逆温层的高度

近地逆温层即从地面向上的第一个逆温层, 逆温层底部高度与地面距离的大小, 对地面大气污染物的扩散与传播有直接的影响。

成都市 7 时和 19 时的近地逆温层高度, 在冬季均大于春季、夏季、秋季, 图 3-3 是成都市近地逆温层的月平均底高和顶高。温江站 7 时近地逆温层的高度平均值在 85～113.3m。7 时的逆温层底高为 16～54.3m, 平均为 28.9m; 冬季(46m)远大于春季(26.4m)、夏季(18m)和秋季(25m); 各月中以 1 月的 54.3m 为最大, 6 月的 16m 为最小。19 时近地逆温层底高各月均比 7 时大, 冬季的大于春季、夏季和秋季; 其中以 1 月的 134.6m 为最大, 11 月的 45.9m 最小; 19 时近地逆温层底高月平均值为 79.1m, 且 19 时近地逆温层高度的平均值为 54.5m, 比 7 时高得多。

川东北地区 8 时和 20 时的近地逆温层的高度在夏季最高, 冬季最低, 图 3-4 是南充市近地逆温层的月平均底高和顶高。南充市 8 时的近地逆温层底高在 400～800m, 平均为 590m, 在夏季(716.7m)远大于春季、秋季和冬季。20 时近地逆温层底高各月均比 8 时高; 夏季的大于春季、秋季和冬季; 冬季底高各月平均值为 535.8m, 而夏季可超过 1000m。

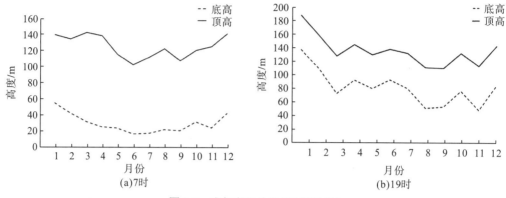

图 3-3 成都市近地逆温层的高度

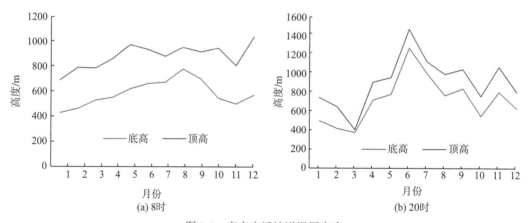

图 3-4 南充市近地逆温层高度

3. 逆温层层数

成都市 7 时逆温层层数均多于 19 时，月平均逆温层层数夏季和秋季均多于冬季和春季，而 19 时秋季和冬季多于春季和夏季。图 3-5 是 2008～2013 年 7 时和 19 时从地面起到 1500m 高空出现逆温层层数的月平均值。

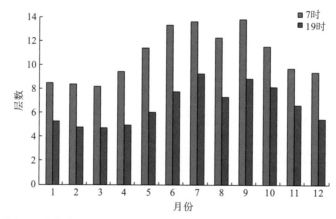

图 3-5 7 时和 19 时从地面起到 1500m 高空出现逆温层层数的月平均值(2008～2013 年)

2008～2013 年 7 时的月平均逆温层层数为 10.7 层，在夏季和秋季逆温层层数较多，分别为 13.0 层和 11.6 层；而春季和冬季略少，为 9.6 层和 8.6 层。在 5～10 月逆温层层数月平均值均大于 11 层，9 月最高，达 13.7 层。而 19 时观测的逆温层层数月平均值仅为 6.5，秋季和冬季逆温层层数较多，分别为 8 层和 7.8 层，而春季和夏季逆温层层数均为 5 层，19 时观测的逆温层层数在 6～10 月均多于 7 层，且在 7 月最多，达到 9.16 层。各个月在 7 时观测到的逆温层层数均大于 19 时，且 7 时和 19 时逆温层层数差值在 3～5.5，同时 4～9 月逆温层层数的差值在 4 层以上。

川东北地区 8 时逆温层层数均大于 20 时，月平均值夏季和秋季均少于冬季和春季，而 20 时秋季和冬季多于春季和夏季。图 3-6 为从地面到高空 8 时和 20 时出现逆温层层数的月平均值。2015 年的逆温层层数月平均值为 1.6，在夏季和秋季较少，分别为 1.1 层和 1.3 层；而春季和冬季较多，为 1.7 层和 2.4 层；1～3 月逆温层层数月平均值均大于 2，1 月最高。8 时夏季和秋季节逆温层层数较少，平均值为 1.5；而冬季和春季逆温层层数月平均值超过 2。绝大多数月份逆温层层数 8 时均大于 20 时，且 8 时和 20 时层数差值为 1～1.5。

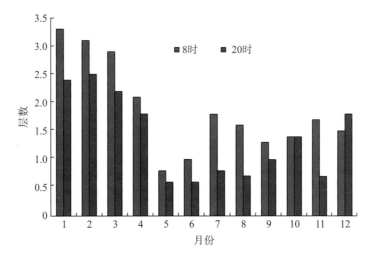

图 3-6　从地面到高空 8 时和 20 时出现逆温层层数的月平均值(2015 年)

4. 贴地逆温层厚度

如表 3-4 所示，成都市贴地逆温层厚度月平均值在 7 时均高于 19 时，其中 7 时春季最厚，其他季节从高到低依次为秋季、冬季和夏季；脱地逆温层总厚度在 7 时和 19 时均为夏季最大，冬季最小；7 时脱地逆温层单个厚度为春季最大，秋季最小；19 时为夏季最大，冬季最小。2008～2013 年 7 时贴地逆温层厚度平均为 108.3m，19 时为 62.6m，贴地逆温层厚度在晚间有明显的下降。7 时贴地逆温层厚度在春季最厚，达 118.4m；其次是秋季和冬季，为 108.9m 和 109.0m，仅比春季低 10m 左右；贴地逆温层厚度最小的出现在夏季，为 96.8m。19 时贴地逆温厚度平均值为 62.6m，四季中秋季的贴地逆温层厚度最大，达到 67.1m；冬季和春季的较小，为 62.5m 和 63.3m；夏季的最小，为 57.4m。7 时较 19 时贴地逆温层厚度平均高 30.7～66.3m。

表 3-4 2008～2013 年成都市贴地层逆温层和脱地逆温层的平均厚度　　　（单位：m）

月份	贴地逆温层		脱地逆温层			
	7时厚度	19时厚度	7时		19时	
			总厚度	单个厚度	总厚度	单个厚度
1	100.5	62.3	350.9	41.7	177.4	34.1
2	112.4	57.6	358.6	43.3	160.3	34.1
3	123.1	65.6	404.4	50.2	167.1	36.4
4	127.5	61.2	442.4	47.7	180.2	36.9
5	104.6	63.1	497.6	44.3	222.8	38.0
6	97.1	50.5	560.5	42.7	275.8	36.4
7	84.8	54.1	596.2	44.5	348.2	38.4
8	108.5	67.5	545.7	45.1	286.2	39.9
9	103.5	63.0	558.8	40.9	324.7	37.3
10	104.0	65.5	467.0	41.0	273.2	34.2
11	119.1	72.9	420.1	44.3	251.1	38.6
12	114.2	67.5	407.1	43.7	199.9	37.2

　　从 7 时和 19 时脱地逆温层的总厚度来看，2008～2013 年脱地逆温层总厚度平均值在 7 时为 467.4m，各季以夏季的脱地逆温层总厚度的平均值最大，为 567.5m；冬季的最小，为 372.2m；春季和秋季分别为 448.1m 和 482.0m。各月的脱地逆温层总厚度 1 月最小，为 350.9m；7 月最大，为 596.2m。19 时脱地逆温层总厚度平均值为 238.9m，各季以夏季脱地逆温层总厚度平均值最大，为 303.4m；冬季的最小，为 179.2m；春季和秋季分别为 190.0m 和 283.0m。各月的脱地逆温层总厚度以 2 月的 160.3m 为最小，以 7 月的 348.2m 为最大。7 时较 19 时脱地逆温层总厚度平均高 169.0～284.7m。

　　从单个脱地逆温层的平均厚度来看，2008～2013 年单个脱地逆温层平均厚度在 7 时为 44.1m，各季以春季的平均厚度最大，为 47.4m；秋季和冬季的平均厚度较小，分别为 42.1m 和 42.9m；夏季为 44.1m。各月的脱地逆温层厚度以 3 月的 50.2m 为最大，9 月的 40.9m 为最小。2008～2013 年单个脱地逆温层厚度的平均值 19 时为 36.8m，明显比 7 时的小，各季以夏季的平均厚度最大，为 38.2m；冬季的平均厚度最小，为 35.1m；春季和秋季分别为 37.1m 和 36.7m。各月的脱地逆温层厚度以 1 月和 2 月的 34.1m 为最小，8 月的 39.9m 最大。7 时较 19 时脱地逆温层厚度平均高 3.6～13.8m。

　　川东北地区 8 时和 20 时的贴地逆温层厚度冬季最大，其次为春季、秋季和夏季，说明秋季和冬季贴地逆温层增温强度明显大于夏季。表 3-5 给出了 2015 年川东北地区贴地逆温层的厚度及强度。8 时贴地逆温层的厚度平均值为 317.2m，而 20 时为 321.5m，春季、夏季和秋季贴地逆温层厚度在晚间有明显的下降，冬季贴地逆温层厚度在晚间增厚，特别是 1～3 月。8 时贴地逆温层厚度在冬季最厚，达 428.4m；其次是春季，为 386.5m；贴地逆温层厚度较小，出现在夏季和秋季，分别为 207.0m 和 246.7m。20 时，四季中仍旧是冬季的贴地逆温层厚度最大，达到 481.5m；其次是春季，厚度达到 377.1m；夏季和秋季厚度分别为 190.4m 和 237.1m。8 时及 20 时贴地逆温层温差均表现出夏季最低，冬季和春季高的趋势。8 时及 20 时冬季贴地逆温层温差分别达到 2.23℃和 2.63℃；夏季贴地逆温层温差分别达到 1.53℃及 1.47℃。8 时的贴地逆温层强度为 1.18℃/100m，各月在 0.9～1.8℃/100m 变化，其中 10 月最小，9 月最大。四季来看，夏季最小，达到 1.03℃/100m，冬季和春季达到 1.15℃/100m 左右，秋季最大。20 时的贴地逆温层强度为 1.11℃/100m，略小于 8 时的贴地逆温层强度，其中以 4 月的 0.7℃/100m 最小，9 月的 1.3℃/100m 最大，各季节中以春季最大，达到 1.17℃/100m；秋季和冬季次之，达到 1.1℃/100m 左右，最小的为夏季的 1.03℃/100m。

表 3-5　川东北地区逆温层厚度、温差及强度（2015 年）

月份	厚度/m		温差/℃		强度/(℃/100m)	
	8 时	20 时	8 时	20 时	8 时	20 时
1	327.5	514.6	2.1	2.5	1.0	1.0
2	447.6	500.3	2.7	3.2	1.3	1.2
3	401.7	422.8	2.6	2.7	1.3	1.1
4	495.1	457.3	2.3	1.9	1.0	0.7
5	262.7	251.2	1.8	2.1	1.2	1.7
6	231.6	183.0	1.8	1.5	1.1	1.1
7	214.0	177.2	1.4	1.5	1.0	1.1
8	175.4	210.9	1.4	1.4	1.0	0.9
9	185.9	214.3	1.9	2.1	1.8	1.3
10	254.5	221.2	1.7	1.6	0.9	1.1
11	299.6	275.7	2.0	2.2	1.5	1.0
12	510.2	429.7	1.9	2.2	1.1	1.1

3.3.3　混合层高度

1. 频率分析

秋季和冬季出现灰霾天气的频率较春季和夏季高，因此本节着重分析混合层高度特征。成都秋季和冬季混合层高度出现频率如图 3-7 所示。

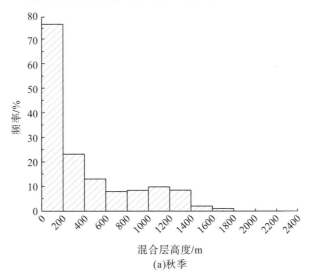

(a)秋季

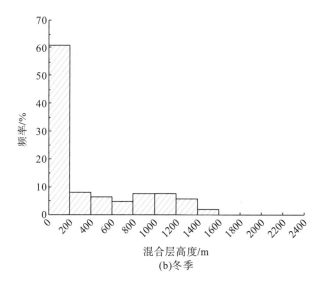

图 3-7   成都秋季和冬季混合层高度出现频率

成都市混合层高度出现最多的是 0～400m，约占一年中的 55%。在夜间，下垫面容易形成逆温层，导致混合层高度较低。秋季混合层高度平均值为 378m，标准差为 406m，0～200m 的出现频率达 76%。冬季混合层高度平均值为 358m，标准差为 435m，0～200m 的出现频率约为 61%。

由表 3-6 所示，川东北地区秋季和冬季混合层高度均分布在 0～600m 的频率占一年中的 50%以上。川东北城市群中，广元市各季节混合层高度最高，这可能与广元市风速较大有关。除广元市以外，南充市、巴中市、达州市和广安市均表现出春季和夏季混合层厚度高于秋季和冬季，两者差异在 200m 左右。

表 3-6   2004～2014 年川东北城市群各季节混合层高度   (单位：m)

城市	春季	夏季	秋季	冬季
南充	844.8	834.6	632.8	610.7
巴中	735.4	705.6	577.1	526.7
广元	897.9	772.2	681.4	771.1
达州	707.6	677.2	498.8	505.3
广安	615.0	699.2	455.6	398.6

2. 季节及日变化特征

从图 3-8 中可以看出，成都市混合层高度具有明显的日变化规律。清晨混合层高度在 200m 左右，8 时前后开始升高，白天下垫面加热作用强，混合层高度抬高。混合层高度的增加，有利于污染物在垂直方向上扩散，使得污染物浓度减小。从图 3-9 中可以看出，秋季和冬季混合层高度最高都能达到 1000～1200m，且都在 16 时左右达到最高值。

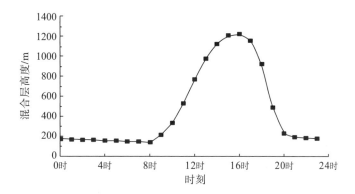

图 3-8　成都市 2013 年混合层高度日平均分布特征

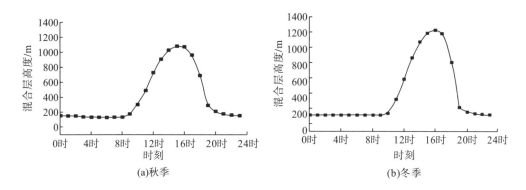

(a)秋季　　　　　　　　　　(b)冬季

图 3-9　成都市 2013 年秋季和冬季混合层高度日平均分布特征

从图 3-10 中可以看出，川东北地区五个城市 2 时、8 时、14 时、20 时的混合层高度均表现为春季和夏季高于秋季和冬季。以南充市为例，2 时，春季和夏季的混合层高度大致为 650m，而秋季和冬季的混合层高度低于春季和夏季，大致为 550m。14 时，春季和夏季、秋季和冬季的混合层高度分别为 1200m 和 800m。14 时秋季和冬季、春季和夏季混合层高度的差异最大，春季和夏季混合层高度约为秋季和冬季的 1.5 倍，其他时次，春季和夏季混合层高度约高于秋季和冬季 100m。

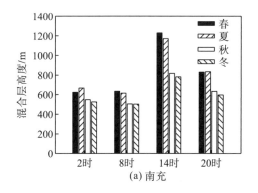

(a) 南充

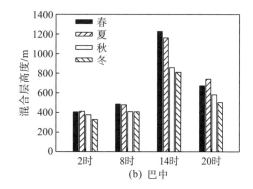

(b) 巴中

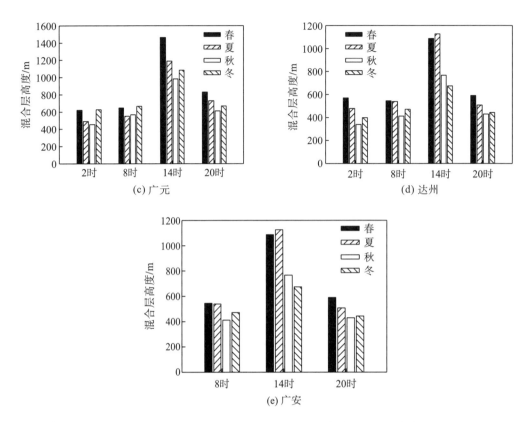

图3-10　川东北地区2004～2012年各时次各季节混合层高度

从图 3-11 中可以看出，在早晨和夜间混合层高度较低，而午后达到最大。例如，南充市混合层高度的最小值出现在早晨 8 时，平均高度不足 600m；最大值出现在 14 时，平均高度为 1005m。这主要取决于大气热力因素，因为早晨及夜间大气层结比较稳定，并且近地层多逆温存在，所以湍流很弱，致使混合层高度较小，午后是太阳辐射最强的时候，大气层结最不稳定，湍流活动最为旺盛，因此混合层高度相应较高。

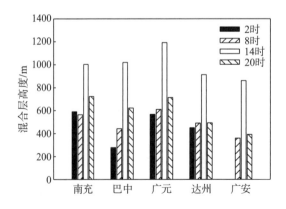

图3-11　川东北地区2004～2012年各时次混合层高度

3.4　本 章 小 结

本章所得结论如下：

(1) 大气流场与东亚季风的演化密切相关，东亚夏季风主要从三条路径影响四川，夏季风将充足的水汽向川西盆地输送，有利于川西的降水，使成都平原夏季多雨，从而有利于降低污染物浓度，提高环境空气质量。东亚冬季风主要从四条路径影响四川，北方冷空气向南输送，但受秦巴山区的阻挡，四川盆地受冬季风影响较弱，不利于大气污染物的扩散。

(2) 四川盆地处于西南内陆的独特盆地地理条件，决定了其污染物极难扩散，且气流易形成回旋，从而造成大气污染物在盆地内部传输影响。高空 700hPa 流场分布受地形影响极小；850hPa 流场分布受到地形限制，在盆地内形成环流；925hPa 流场和 850hPa 流场分布类似，但环流中心的位置略有移动。925hPa 流场和 850hPa 流场的垂直交换程度比较强烈，有利于污染物在垂直方向的扩散，850hPa 流场和 700hPa 流场的交换相对较弱，限制了盆地内污染物向盆地外扩散。

(3) 盆地大气稳定度以弱稳定或中性为主，冬季稳定类出现频率高，2 时和 20 时中性和稳定类频率高。夏季逆温出现频率虽高，但逆温层底高高，对污染物扩散影响小；冬季逆温出现频率高，逆温层底高低，强度大，极不利于污染物的扩散。成都市混合层高度分布在 0～400m，约占一年中的 55%。川东北地区秋季和冬季混合层高度分布在 0～600m 的频率，占一年中的 50% 以上。

第4章　颗粒物质量浓度及质量重构特征

本章在对成都平原地区、川南地区和川东北地区环境空气中 PM_{10} 和 $PM_{2.5}$ 采样监测的基础上，对颗粒物的质量浓度特征进行分析，对其化学组成进行重构，并探讨颗粒物的区域一致性，开展比较研究。

4.1　监测与分析测试

4.1.1　监测点与时间

综合考虑污染源分布、污染物排放特征等因素，在四川省现有空气自动监测点的基础上，将颗粒物的离线监测点布设在城区和大气环流及污染物传输的主要通道上，以反映城市及城市群间污染物传输的相互影响。四川盆地主要分为成都平原、川南、川东北三个地区，成都平原地区选取成都市、德阳市和眉山市，川南地区选取自贡市、宜宾市、泸州市、内江市和乐山市，川东北地区选取南充市为代表城市。成都平原地区离线监测点布设在成都人民南路、西南交通大学(西南交大)、成都双流、德阳沙堆和眉山牧马；川南地区布设在自贡春华路、自贡檀木林、乐山市监测站、乐山三水厂、泸州兰田宪桥、泸州市监测站、内江市监测站、内江日报社、宜宾四中和宜宾市政府；川东北地区布设在南充桂花乡政府、高坪区环境保护局、嘉陵区政府和顺庆区政府新区 3 号楼。采样点具体情况如表 4-1 所示。

表 4-1　各监测点性质及周边情况表

城市	所在区域	监测点名称	监测日期	监测点周边环境
德阳	广汉市	沙堆	2013/8/1～2014/7/31	郊区，周边均为农田
成都	武侯区	人民南路	2013/8/1～2014/7/31	城区，周围是居民生活区，紧邻人民南路主干道
成都	金牛区	西南交大	2013/8/1～2014/7/31	城区，周边 250m 内均为教学楼，毗邻二环路
成都	双流区	双流	2013/8/1～2014/7/31	城区，距离棠湖公园 220m，紧邻步行街
眉山	彭山县	牧马	2013/8/1～2014/7/31	郊区，周边均为农田
乐山	市中区	市监测站	2015/9/14～2016/10/26	城区，500m 范围内有 2 条城市主干道
乐山	市中区	三水厂	2015/9/14～2016/10/26	城区，500m 范围内有 2 条城市主干道
自贡	自流井区	春华路	2015/9/14～2016/10/26	城区，500m 处有 1 条交通主干道，站点周边主要有居民楼和农贸市场

续表

城市	所在区域	监测点名称	监测日期	监测点周边环境
自贡	大安区	檀木林	2015/9/14～2016/10/26	城区，紧邻 2 条交通主干道
宜宾	翠屏区	四中	2015/9/14～2016/10/26	城区，周围是学校和居民区
宜宾	翠屏区	市政府	2015/9/14～2016/10/26	城区，紧邻 1 条交通主干道
内江	东兴区	市监测站	2015/9/14～2016/10/26	城区，紧邻 2 条交通主干道
内江	市中区	日报社	2015/9/14～2016/10/26	城区，紧邻 2 条交通主干道，2km 内有工厂
泸州	江阳区	兰田宪桥	2015/9/14～2016/10/26	城区，有 1 条交通主干道，周边为居民区和农田
泸州	江阳区	市监测站	2015/9/14～2016/10/26	城区，紧邻 1 条交通主干道，毗邻西南医科大学校区和忠山公园
南充	桂花乡	桂花乡政府	2014/12/22～2016/4/27	郊区，周围为农田和村镇
南充	顺庆区	政府新区 3 号楼	2014/12/22～2016/4/27	城区，周围以办公楼和居民楼为主
南充	高坪区	高坪区环境保护局	2014/12/22～2016/4/27	城区，紧邻 1 条交通主干道
南充	嘉陵区	嘉陵区政府	2014/12/22～2016/4/27	城区，紧邻 1 条交通主干道

在成都平原地区(2013 年 8 月 1 日至 2014 年 7 月 31 日)、川南地区(2015 年 9 月 14 日至 2016 年 10 月 26 日)、川东北地区(2014 年 12 月 22 日至 2016 年 4 月 27 日)开展研究，冬季重度污染(12 月至次年 1 月)、秸秆焚烧频发季(5 月)不定期进行加密监测。

4.1.2　采样仪器与滤膜

为保证监测采样及结果的可比性，统一采用的是武汉天虹 TH-16A 四通道大气颗粒物智能采样器，该采样器可同时实现四个颗粒物样品的采集。

TH-16A 大气颗粒物采样器的气路工作原理为：通过仪器底部抽气泵的作用，使气流经总颗粒悬浮物(total suspended particulate，TSP)切割头和连接杆后进入 PM_{10} 切割头，去除大颗粒，进一步经过分流五通进入流量相同的四个通道，并进行二次切割，以满足采集不同粒径颗粒物的需要。气流最后流经膜托所在处，颗粒物被膜托处所固定的采样膜所采集。通过采样器流量压力的检测和控制模块，控制四个通道的采样流量均为 16.7L/min，四个通道中的一个采集 PM_{10} 样品，不进行二次切割，另三个通道加装 $PM_{2.5}$ 切割头进行二次切割，即每次采样共采集一个 PM_{10} 样品和三个 $PM_{2.5}$ 样品，如表 4-2 所示。

表 4-2　采集样品、采样膜及分析目的

采样通道	采集样品	采样膜	采样膜规格	分析目的
1	$PM_{2.5}$	石英膜	Millipore 公司	$PM_{2.5}$ 碳质组分分析
2	$PM_{2.5}$	47mmTeflon 膜	2μm 微孔，Whatman 公司	$PM_{2.5}$ 质量浓度、元素分析
3	$PM_{2.5}$	47mmTeflon 膜	2μm 微孔，Whatman 公司	$PM_{2.5}$ 质量浓度、离子分析
4	PM_{10}	47mmTeflon 膜	2μm 微孔，Whatman 公司	PM_{10} 质量浓度、离子分析

4.1.3 颗粒物化学组分分析

对采集的 PM_{10} 和 $PM_{2.5}$ 颗粒物样品进行质量浓度、水溶性离子分析，同时还对 $PM_{2.5}$ 的碳质组分，即有机碳(OC)和元素碳(EC)、无机元素进行分析。其中质量浓度通过采样前后采样膜的差重计算；水溶性离子(包括 Na^+、NH_4^+、K^+、Mg^{2+}、Ca^{2+}、Cl^-、SO_4^{2-}、NO_3^-)采用离子色谱分析；OC 和 EC 采用 Sunset 公司光热透射(TOT)法碳分析仪分析；无机元素采用 ICP-MS(电感耦合等离子体质谱)法分析，共测量了包括 Na、Mg、Al、P、K、Ca、Ti、V、Cr、Mn、Fe、Co、Ni、Cu、Zn、As、Se、Mo、Ag、Cd、Ba、Tl、Pb、U、Sr、Bi 在内的 26 种元素。颗粒物质量浓度及其各组分的具体分析方法如下。

1. 质量浓度分析

1)采样膜平衡

采样膜称重前，首先放在恒温恒湿(T=20±1℃，RH=50%±5%)的超净实验室内进行平衡处理，以减小采样膜上水分对称重准确度的影响，保证称量的准确性。采样膜放置在实验台上平衡 24h；采样后的采样膜分开装在膜盒中，平衡时将膜盒平放在平衡室的实验台上，按顺序排好，将盒盖轻轻打开一条缝，使得盒子内部和外部连通，平衡时间不长于 24h，以防止采样膜上易挥发组分的损失。

2)采样膜称重

待采样膜平衡完成后，在 MTL(Measurement Technology Laboratories)滤膜自动称重系统上进行称重，天平精度为千万分之一(0.0000001g)。采样膜称重前，通过在除静电器的电极之间轻轻运动两次，除掉样品上的电荷。每张采样膜至少称量两遍。每组称量完毕后，再称第二遍，两次的称量结果之间的相差需小于或等于 0.000004g，否则需要重新对膜进行第三次称量。称量记录表上同时记录采样前后的称重时间、平衡时间、超净实验室的温湿度、采样膜编号及所对应的膜盒流水号。

3)质量浓度计算

确定采样膜在采样前后的质量差 Δm，根据采样记录表上记录的采样体积 V，计算得出采样膜上所采集颗粒物的质量浓度为 $c=\Delta m/V$，单位为 $\mu g/m^3$。

2. 离子分析

颗粒物中水溶性离子分析过程如下。

1)样品前处理

将膜盒倒扣在烧杯口，使膜正面朝下，倒入烧杯底部。将烧杯少许倾斜，用剪刀将膜边缘的压环剪断。用移液枪准确移取 10mL 去离子水加入烧杯中，使膜正面完全与水面接触并漂浮在水面上，且接触面没有气泡；若有气泡，可用干净的针头将膜面扎破，以使膜面和水面良好接触。然后在烧杯顶部加盖铝箔，并在滤膜表面和烧杯侧面编号记录膜的流水号和采样号。室温下用超声仪振荡提取膜中的可溶性离子，时间为 30min。为防止超声振荡过程中提取液温度升高和半挥发组分的挥发，需提前在超声仪内放置冰块。超声振荡完毕，将烧杯取出，用一次性注射器吸取提取液，将烧杯内的溶液完全吸入注射器内，再在注射器头上加上 0.45μm 水系微孔过滤头，将提取液过滤，并按照顺序移至离心管中，离心管上粘贴标签记录膜的流水号和采样号。每提取一个烧杯中的样品提取液，要更换一个注射器和过滤头，以避免交叉污染。过滤完毕将离心管管盖盖严，放在试管架上；最后，用封口胶将离心管密封，并放入冰箱中进行保存，等待离子色谱测量。

2）离子色谱测量

阳离子标准溶液：含有 Na^+、NH_4^+、K^+、Mg^{2+}、Ca^{2+} 的标准溶液，浓度分别为 0.1μg/g、0.2μg/g、0.5μg/g、1μg/g、2μg/g、5μg/g、10μg/g、20μg/g。20μg/g 标准溶液中 NH_4^+ 浓度为 40μg/g，其余离子浓度为 20μg/g，其他浓度的溶液中离子含量按浓度比递减。所使用的离子色谱仪为 Dionex ICS 2000，阳离子分析柱为 CS12A（Dionex Ionpac，4mm），保护柱为 CG12A（Dionex Ionpac，4mm），淋洗液为 20mmol/L 的甲基磺酸溶液（99%，超纯，Acros Organics 生产）。

阴离子标准溶液：含有 Cl^-、SO_4^{2-}、NO_3^- 离子的混标溶液，浓度分别为 0.05μg/g、0.1μg/g、0.4μg/g、2μg/g、10μg/g、20μg/g、40μg/g、100μg/g。其中 100μg/g 溶液中 SO_4^{2-} 浓度为 100μg/g，NO_3^- 浓度为 80μg/g，Cl^- 浓度为 60μg/g，其他浓度的溶液中离子含量按浓度比递减。所使用的阴离子分析柱为 AS11-HC（DionexIonpac，4mm），保护柱为 AG11-HC（Dionex Ionpac，4mm），淋洗液为 30mmol/L 的 KOH 溶液。

用于配制标准溶液的母液购置于中国计量科学研究院国家标准物质中心。实验标准曲线的相关性均大于 0.999。每测 10 个样品插入一个标准样品，以检验仪器是否正常，测量误差是否合理。Cl^-、NO_3^-、SO_4^{2-}、Na^+、NH_4^+、K^+、Mg^{2+}、Ca^{2+} 的检测限分别为 0.03μg/g、0.03μg/g、0.01μg/g、0.03μg/g、0.06μg/g、0.03μg/g、0.03μg/g、0.03μg/g。

3. 碳质组分分析

颗粒物中碳质组分的测量采用 Sunset 实验室的光热透射法碳分析仪，其基本过程和操作原理为：清洗铳子并晾干，将石英采样膜用铳子截取 1.45cm² 大小的面积，并放置在加热炉中，在通入 He 载气的非氧化条件下逐级升温，其间挥发出的碳被认为是 OC（包括在 310℃下挥发出的 OC_1、475℃下挥发出的 OC_2、615℃下挥发出的 OC_3、850℃下挥发出的 OC_4），同时有一部分被炭化为 EC（PC）；切换载气为 98%He/2%O_2，逐级升温，在此阶段挥发的组分包括 EC1（550℃）、EC2（625℃）、EC3（700℃）、EC4（750℃）、EC5（800℃）和 EC6（850℃）。挥发出的碳质组分被后续氧化炉氧化为 CO_2，并进一步被甲烷炉转换为甲烷，并经由火焰离子化检测仪（flame ionization detector，FID）检测器进行检测。在整个过程都有一束激光打在石英膜上，其透射光随着 OC 的炭化而减弱。随着 He 切换成 He/O_2 和 EC 的氧化分解，透射光强度逐渐增强。当恢复到最初的透射光强的时刻就认为是 OC、EC 的分割点，此时刻之前检出的碳都认为是 OC，之后检出的碳都认为是 EC。仪器的最低检测限为 0.2μgC/cm²。实验所采用的标准样品为蔗糖溶液。实验空白石英膜的碳质组分含量低于 0.1μgC/cm²。

4. 无机元素分析

1)样品前处理

样品前处理过程如下:

(1)在 Teflon 消解罐中加入 6mL 的 65% HNO_3 和 4mL 的 38% HCl,拧紧盖子后,置于微波炉中进行加热,清洗消解罐;待清洗结束、消解罐冷却后,将清洗液倒出,并用去离子水将罐子冲洗干净。

(2)将 Teflon 采样膜边缘的塑料压环去除,放入消解罐中,加 3mL 的 5% HNO_3、1mL 的 38% HCl 和 0.2mL 的 HF,拧紧盖子,置于炉中微波消解。

(3)待消解罐冷却至室温后,打开盖子,将消解液转移至称量洗净的 PE 样品瓶中,用去离子水冲洗消解罐内壁,也转移至样品瓶,并加水定容至 100mL,准备测量。

2)ICP-MS 测量

ICP-MS 法以电感耦合等离子体(ICP)为激发源,采用独特的接口技术将电感耦合等离子体的高温(7000K)电离特性与质谱的灵敏快速扫描的优点相结合的一种元素和同位素分析技术。该方法具有检测限低、动态线性范围宽、干扰少、分析精密度高、分析速度快等优点。ICP-MS 由电感耦合等离子体离子源和质谱仪两个主要部分构成。样品由载气(氩气)带入雾化系统进行雾化,并以气溶胶形式进入炬管的中心通道,在高温和惰性气体场中电离,离子经透镜系统提取、聚焦后进入四极杆质谱仪,在电场力作用下,可以让特定质荷比(m/e)离子通过四极场而分离,离子信号由电子倍增器接收,经放大后进行检测。根据元素的离子流强度与该元素的浓度成正比,对样品中元素含量进行定量计算。

标准样品为国家土壤标准样品 GBW07403(GSS-3),使用的仪器型号为 Agilent 7500C 电感耦合等离子体质谱仪(Agilent Technologies Co.Ltd,美国),仪器的主要配置和使用参数如表 4-3 所示。

表 4-3　Agilent 7500C 电感耦合等离子体质谱仪参数表

参数	设定值
正向功率	1200W
气体流量	等离子气(氩气):15L/min 载气(氩气):1.26L/min 氢气:4.5mL/min 氦气:3mL/min
雾化器	Agilent 巴比顿雾化器
雾化室	石英双通道,Piltier 半导体控温于 2±0.1℃
矩管	石英一体化,2.5mm 中心通道
采样深度	8mm
采样锥孔径	1.0mm
截取锥孔径	0.4mm

4.1.4 质量控制与质量保证

质量控制与质量保证措施如下：

(1)采样器均置于建筑物顶部，采样口离地面高度大于 1.5m，周围 100m 范围内地形开阔，无高大建筑物的影响和明显的局地污染源。

(2)每两个月采用皂膜流量计(Gilian Gilibrator 2，Sensidyne，美国)对采样器各通道的流量进行校准，保证采样器流量处于允许的波动范围内，即 16.7±0.5L/min；定期检查仪器流量，保证仪器正常采样和及时发现仪器故障。保证采样器插头与电源良好接触，并置于密闭安全环境内，避免雷、雨、风等天气的影响。仪器具有断电保护功能，如遇短暂停电后，能自动重启仪器继续采样。

(3)石英膜使用前在 550℃的马福炉中灼烧 5.5h，以消除膜上有机物对碳质组分测量带入的正误差影响。采样前的石英膜放置在铝箔袋中，包裹石英膜的铝箔也在马福炉中灼烧；普通膜盒经灼烧的铝箔包裹后，放置采样后的石英膜。

(4)实验过程中所使用的镊子，分别用去离子水和二氯甲烷进行超声洗涤，晾干后用烧过的铝箔包好镊子尖头与膜接触的部分并装入密封袋中放置，防止镊子上黏附污染物。

(5)每一个月将采样器的切割头、采样头连接管、采样膜托拆下用清水洗涤后，并用去离子水冲洗三遍，置于干净处自然晾干。

(6)每两个月在各采样点进行一次空白样品的采集，空白样品的采集过程和环境样品的采集过程操作相同，区别在于不打开采样器电源，抽气泵不工作，无气流经过滤膜。所收集的空白样品滤膜，质量没有发生显著变化，碳质组分含量小于 $0.1\mu gC/cm^2$，离子组分浓度均低于检测限。

(7)采样前的干净滤膜置于密闭干燥保险箱中，避免采样膜保存环节引入污染。

(8)采集环境样品的滤膜在采样结束后尽快收集到膜盒中，并在分析前保存在各监测站的实验室冰箱内，保存温度为-18℃左右。样品运送环节采用放有冰块的保温箱，运回实验室及时完成分析。

(9)采样滤膜的称重、提取、分析均在密闭干净的实验室内完成，避免灰尘落入采样膜引入误差。

(10)采样和分析全程均填写实验记录，及时、准确地记录各环节所出现的问题，以便后续分析误差来源。

4.2 颗粒物质量浓度特征

4.2.1 颗粒物浓度水平

成都平原地区，在 2013 年 8 月 1 日至 2014 年 7 月 31 日观测期间，德阳沙堆、成都西南交大、成都人民南路、成都双流、眉山牧马的年均 PM_{10} 浓度分别为 80.3(±53.8)μg/m³、

132.3 ($\pm$76.8) $\mu g/m^3$、112.6 ($\pm$65.2) $\mu g/m^3$、111.0 ($\pm$64.6) $\mu g/m^3$、105.8 ($\pm$64.1) $\mu g/m^3$，年均 $PM_{2.5}$ 浓度分别为 65.5 ($\pm$46.1) $\mu g/m^3$、92.0 ($\pm$56.2) $\mu g/m^3$、78.1 ($\pm$45.3) $\mu g/m^3$、74.6 ($\pm$44.6) $\mu g/m^3$、86.8 ($\pm$50.6) $\mu g/m^3$。5 个监测点的颗粒物日均浓度变化范围较大，$PM_{2.5}$ 最高日均浓度与最低日均浓度比值分别为 12、12、12、15、18。上风向德阳沙堆的 PM_{10} 和 $PM_{2.5}$ 浓度最低，西南交大 PM_{10} 和 $PM_{2.5}$ 浓度最高，下风向眉山牧马 $PM_{2.5}$ 浓度次之，比上风向人民南路和成都双流站点高，详见表 4-4。

表 4-4 PM_{10} 和 $PM_{2.5}$ 的年均值

城市	站点	$PM_{10}/(\mu g/m^3)$	$PM_{2.5}/(\mu g/m^3)$
德阳	沙堆	80.3	65.5
成都	西南交大	132.3	92.0
	人民南路	112.6	78.1
	双流	111.0	74.6
眉山	牧马	105.8	86.8
自贡	春华路	89.5	77.2
	檀木林	84.3	70.7
乐山	市监测站	87.7	68.2
	三水厂	88.3	70.2
泸州	兰田宪桥	88.8	75.1
	市监测站	83.5	70.2
内江	市监测站	82.1	69.0
	日报社	74.7	61.8
宜宾	四中	74.4	61.5
	市政府	75.3	61.8
南充	顺庆政府新区 3 号楼	64.6	49.7
	嘉陵区政府	69.6	52.6
	高坪环保局	77.7	60.3

川南地区，在 2015 年 9 月 14 日至 2016 年 10 月 26 日观测期间，自贡春华路、自贡檀木林、乐山市监测站、乐山三水厂、泸州兰田宪桥、泸州市监测站、内江市监测站、内江日报社、宜宾四中、宜宾市政府的年均 PM_{10} 浓度分别为 89.5 ($\pm$60.1) $\mu g/m^3$、84.3 ($\pm$61.4) $\mu g/m^3$、87.7 ($\pm$50.0) $\mu g/m^3$、88.3 ($\pm$53.2) $\mu g/m^3$、88.8 ($\pm$52.4) $\mu g/m^3$、83.5 ($\pm$50.7) $\mu g/m^3$、82.1 ($\pm$60.7) $\mu g/m^3$、74.7 ($\pm$49.3) $\mu g/m^3$、74.4 ($\pm$45.8) $\mu g/m^3$、75.3 ($\pm$52.2) $\mu g/m^3$，年均 $PM_{2.5}$ 浓度分别为 77.2 ($\pm$52.7) $\mu g/m^3$、70.7 ($\pm$50.8) $\mu g/m^3$、68.2 ($\pm$36.8) $\mu g/m^3$、70.2 ($\pm$36.6) $\mu g/m^3$、75.1 ($\pm$45.4) $\mu g/m^3$、70.2 ($\pm$44.2) $\mu g/m^3$、69.0 ($\pm$52.5) $\mu g/m^3$、61.8 ($\pm$41.5) $\mu g/m^3$、61.5 ($\pm$38.6) $\mu g/m^3$、61.8 ($\pm$43.6) $\mu g/m^3$。PM_{10} 浓度范围为 74.4～89.5 $\mu g/m^3$，$PM_{2.5}$ 浓度范围为 61.5～77.2 $\mu g/m^3$。每个城市内两个站点的颗粒物浓度基本相当，详见表 4-4。

川东北地区，在 2014 年 12 月 22 日至 2016 年 4 月 27 日观测期间，南充市 PM_{10} 平均浓度为 70.6μg/m³，PM$_{2.5}$ 平均浓度为 54.2μg/m³。顺庆、嘉陵、高坪 PM$_{10}$ 浓度分别为 64.6μg/m³、69.6μg/m³、77.7μg/m³，PM$_{2.5}$ 浓度分别为 49.7μg/m³、52.6μg/m³、60.3μg/m³，详见表 4-4。

　　表 4-5 比较了 2003～2016 年成都平原地区、川南地区、川东北地区与文献中报道的历史 PM$_{2.5}$ 浓度的观测值。成都平原地区 PM$_{2.5}$ 浓度范围是 65.5～92.0μg/m³，川南地区 PM$_{2.5}$ 浓度范围是 61.7～76.4μg/m³，川东北地区各监测点 PM$_{2.5}$ 浓度范围是 49.7～60.3μg/m³。川东北地区最低，成都平原地区的眉山牧马和西南交大监测点浓度较高，成都平原地区其他监测点和川南地区的 PM$_{2.5}$ 浓度接近。其中成都平原地区 PM$_{2.5}$ 浓度与成渝灰霾研究结果接近，低于 Tao 等（2013a）、Wang 等（2013）在成都市的观测值，这与之前的研究者关注的是污染较重的季节和月份有关，其时间覆盖率较低（监测时间段是 1 月、4 月、7 月、10 月）。与其他城市相比，成都市的 PM$_{2.5}$ 浓度高于成渝研究在内江市、Bao 等（2010）在杭州市、Zhang 等（2011a）在厦门市等地的观测值，低于北京市、重庆市前几年的观测值。川南地区 PM$_{2.5}$ 浓度比成都市（包括川西项目、成渝项目、Tao 等（2013a）、Wang 等（2013））低；与川外各城市相比，川南地区 PM$_{2.5}$ 浓度比重庆市、北京市、沈阳市、厦门市、杭州市、上海市观测值都低。川东北地区南充市的 PM$_{2.5}$ 浓度均低于最近时间段主要城市的文献研究值。

表 4-5　2003～2016 年以来典型城市 PM$_{2.5}$ 浓度对比

	地点	PM$_{2.5}$ 浓度/(μg/m³)	采样时间	文献来源
成都平原地区	德阳沙堆（郊区监测点）	65.5	2013.8～2014.7	本书
	眉山牧马（郊区监测点）	86.8	2013.8～2014.7	本书
	成都西南交大（城区监测点）	92.0	2013.8～2014.7	本书
	成都人民南路（城区监测点）	78.1	2013.8～2014.7	本书
	成都双流（城区监测点）	74.6	2013.8～2014.7	本书
川南地区	自贡（城区监测点）	73.9	2015.10～2016.10	本书
	乐山（城区监测点）	76.4	2015.10～2016.10	本书
	泸州（城区监测点）	72.6	2015.10～2016.10	本书
	内江（城区监测点）	65.4	2015.10～2016.10	本书
	宜宾（城区监测点）	61.7	2015.10～2016.10	本书
川东北地区	南充顺庆	49.7	2014.12～2016.4	本书
	南充嘉陵	52.6	2014.12～2016.4	本书
	南充高坪	60.3	2014.12～2016.4	本书
	内江（城区监测点）	78.3	2012.2～2013.6	成渝研究
	成都（城区监测点）	88.6	2012.2～2013.6	成渝研究
	成都	165.1	2009～2010	Tao 等（2013a）
	成都	77.9～283.3	2009～2010	Wang 等（2013）
	成都	165	2009.4～2010.1	Tao 等（2013a）
	重庆江北	134	2005.1～2006.5	He 等（2011）

地点	PM$_{2.5}$浓度/(μg/m^3)	采样时间	文献来源
重庆大渡口	129	2005.1～2006.5	He 等(2011)
重庆北碚	126	2005.1～2006.5	He 等(2011)
北京大学(城区)	135	2009～2010	Zhang 等(2013)
北京(城区)	123.4	2009～2010	Zhao 等(2013)
北京上甸子(背景)	71.8	2009～2010	Zhao 等(2013)
中国环境科学研究院(北京城区)	176.6	2006	Zhou 等(2012)
沈阳工业区	103	2004～2005	Han 等(2010)
沈阳居民区	81	2004～2005	Han 等(2010)
厦门	70.9	2009.4～2010.1	Zhang(2011)
杭州	77.5	2006.1～2006.12	Bao(2010)
上海	53.9	2007.4～2008.12	Geng 等(2013)
上海嘉定区监测站(城区)	95.5	2005.10～2006.7	Feng 等(2009)

4.2.2 颗粒物浓度时空分布特征

成都平原地区 PM$_{10}$ 和 PM$_{2.5}$ 质量浓度(为简化表述，本节后面都用浓度表述)的季节变化如图 4-1 所示，PM$_{2.5}$ 浓度均值春季、夏季、秋季、冬季分别为 67.5μg/m^3、43.6μg/m^3、68.4μg/m^3、122.6μg/m^3；PM$_{10}$ 浓度均值春季、夏季、秋季、冬季分别为 99.7μg/m^3、63.2μg/m^3、90.4μg/m^3、164.9μg/m^3。5 个监测点 PM$_{2.5}$ 和 PM$_{10}$ 浓度最高的季节均为冬季，夏季均最低；PM$_{2.5}$ 浓度春季和秋季相当，而 PM$_{10}$ 浓度春季比秋季高出 10.3%(9.3μg/m^3)。如图 4-2 所示，成都平原地区观测期间，各监测点颗粒物浓度在 1 月和 12 月较高，7 月和 8 月较低。

从空间分布上看，PM$_{2.5}$ 和 PM$_{10}$ 浓度最高的是成都西南交大，PM$_{2.5}$ 浓度次之的是眉山牧马，其次为成都双流和成都人民南路，最低的为德阳沙堆。这说明德阳沙堆地处成都市的上风向，空气质量相对较好；成都西南交大、成都人民南路位于主城区，人口密集、活动频繁，一次排放量大，PM$_{10}$ 污染较重；而眉山牧马受污染物输送中二次转化影响，PM$_{2.5}$ 污染较重。

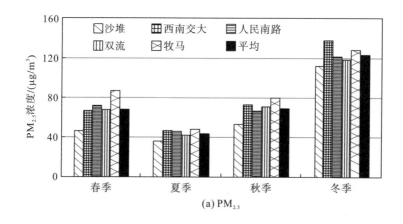

(a) PM$_{2.5}$

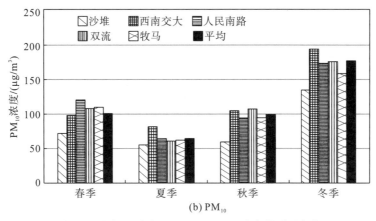

图 4-1　成都平原地区 $PM_{2.5}$ 和 PM_{10} 浓度的季节变化

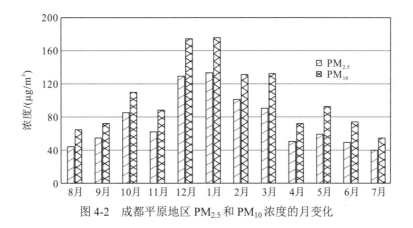

图 4-2　成都平原地区 $PM_{2.5}$ 和 PM_{10} 浓度的月变化

川南地区 $PM_{2.5}$ 和 PM_{10} 季节变化如图 4-3 所示。$PM_{2.5}$ 浓度均值春季、夏季、秋季、冬季分别为 72.2μg/m³、34.1μg/m³、55.7μg/m³、106.3μg/m³；川南地区 PM_{10} 浓度均值春季、夏季、秋季、冬季分别为 86.9μg/m³、40.7μg/m³、66.4μg/m³、123.9μg/m³。5 个城市 $PM_{2.5}$ 和 PM_{10} 浓度最高的季节均为冬季，夏季均最低，而 $PM_{2.5}$ 和 PM_{10} 浓度春季比秋季高出 30%。如图 4-4 所示，川南地区 $PM_{2.5}$ 和 PM_{10} 浓度在 1 月和 12 月较高，6~8 月较低。

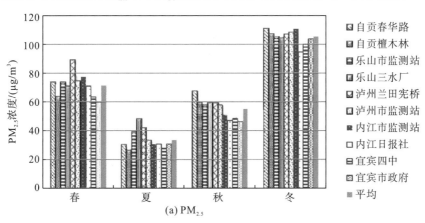

(a) $PM_{2.5}$

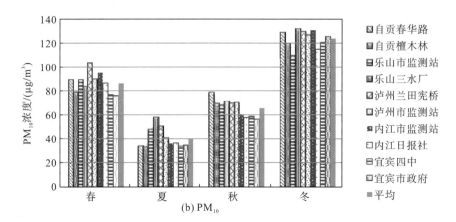

(b) PM$_{10}$

图 4-3　川南地区 PM$_{2.5}$ 和 PM$_{10}$ 浓度的季节变化

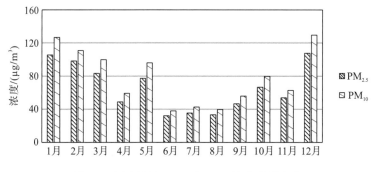

图 4-4　川南地区 PM$_{2.5}$ 和 PM$_{10}$ 浓度的月变化

南充市顺庆、嘉陵、高坪和桂花乡 PM$_{2.5}$ 和 PM$_{10}$ 浓度的季节变化如图 4-5 所示。由图可以看出，南充市顺庆、嘉陵、高坪和桂花乡监测点 PM$_{2.5}$ 和 PM$_{10}$ 浓度在冬季最高，PM$_{2.5}$分别为 83.3μg/m^3、93.4μg/m^3、94.2μg/m^3、78.6μg/m^3，PM$_{10}$ 分别为 99.6μg/m^3、111.5μg/m^3、119.1μg/m^3、100.3μg/m^3。夏季顺庆、嘉陵、高坪和桂花乡颗粒物浓度最低，PM$_{2.5}$ 浓度分别为 33.3μg/m^2、31.3μg/m^2、34.9μg/m^2 和 30.0μg/m^3，PM$_{10}$ 浓度分别为 45.7μg/m^2、41.4μg/m^2、44.3μg/m^2 和 41.6μg/m^3。

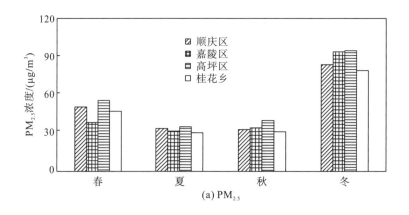

(a) PM$_{2.5}$

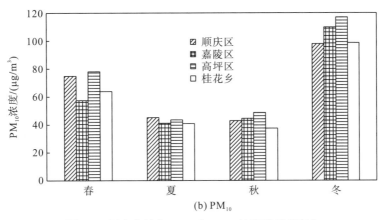

(b) PM₁₀

图 4-5　川东北城市 PM$_{2.5}$ 和 PM$_{10}$ 浓度的季节变化

　　如图 4-6 所示，川东北地区城市采样期间，4 个采样点 PM$_{2.5}$ 和 PM$_{10}$ 浓度均在 6 月或 9 月达到最低，顺庆、嘉陵和高坪 PM$_{2.5}$ 浓度在 9 月最低，分别为 27.6μg/m³、26.4μg/m³ 和 26.1μg/m³，桂花乡 PM$_{2.5}$ 浓度在 6 月最低，为 18.9μg/m³；顺庆、高坪和桂花乡 PM$_{10}$ 浓度在 9 月最低，分别为 35.2μg/m³、32.3μg/m³ 和 26.9μg/m³，嘉陵 PM$_{10}$ 浓度在 6 月最低，为 32.2μg/m³。4 个采样点 PM$_{2.5}$ 和 PM$_{10}$ 浓度较低的时段为 4～11 月，其余月份浓度较高，特别是在 1 月和 2 月。除了高坪外，其他三个站点 PM$_{2.5}$ 和 PM$_{10}$ 浓度均在 2015 年和 2016 年有一个峰值；在 2015 年，顺庆、嘉陵和桂花乡 PM$_{2.5}$ 和 PM$_{10}$ 浓度在 1 月最高，PM$_{2.5}$ 浓度为 106.3μg/m³、109.5μg/m³ 和 87.2μg/m³，PM$_{10}$ 浓度为 126.8μg/m³、135.6μg/m³ 和 129.7μg/m³；在 2016 年，4 个采样点颗粒物(PM$_{2.5}$ 和 PM$_{10}$)浓度在不同月份达到峰值，顺庆颗粒物浓度在 1 月达到最高，嘉陵和高坪 PM$_{2.5}$ 和 PM$_{10}$ 浓度在 2 月达到最高，桂花乡颗粒物浓度在 3 月达到最高。与 2015 年同月份相比，2016 年各采样点颗粒物浓度偏低，这说明南充市的颗粒物控制政策有一定效果。4 个采样点的 PM$_{2.5}$ 和 PM$_{10}$ 具有一样的月变化，这说明南充市的 PM$_{2.5}$ 和 PM$_{10}$ 具有相同的来源。

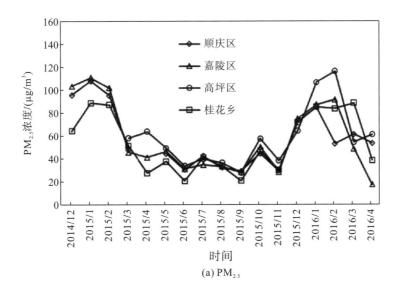

(a) PM$_{2.5}$

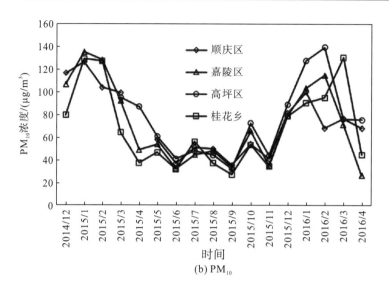

(b) PM$_{10}$

图 4-6　川东北地区城市 PM$_{2.5}$ 和 PM$_{10}$ 浓度的月变化

成都平原地区、川南地区、川东北地区 PM$_{2.5}$ 和 PM$_{10}$ 浓度的季节变化具有一定的相似性。观测期间，PM$_{2.5}$ 和 PM$_{10}$ 浓度均表现为冬季最高、春季和秋季次之且基本相当、夏季最低的特点。颗粒物浓度的季节变化特征主要受污染源排放和气象因素的共同影响：①冬季逆温多发，大气层结稳定、静风频率高、边界层低，导致垂直扩散能力下降以及水平输送能力极差，污染物累积效应和细颗粒物的二次转化明显；同时由于火电的燃煤消耗等能耗增加，污染物的排放量也有所增加。②春季和秋季污染气象条件好于冬季，颗粒物浓度高于夏季，油菜、小麦、稻谷等主要农作物秸秆露天焚烧现象集中在 4~5 月和 9~10 月，是颗粒物浓度升高的主要诱因；3~5 月和 11 月的北方浮尘入川对颗粒物浓度升高也有所影响。③夏季垂直方向的空气对流非常活跃，地面温度随太阳暴晒升高，逆温层会被破坏，边界层抬高，利于污染物扩散，颗粒物不易积累；同时 70% 左右的降水集中在 6~8 月，夏季频繁和充足的降雨对颗粒物起到了有效的清除作用，特别是在风速较低的四川盆地，雨水冲刷的湿沉降作用是去除颗粒物的主要途径。

4.2.3　PM$_{2.5}$ 与 PM$_{10}$ 浓度比值时空变化特征

1. PM$_{2.5}$ 与 PM$_{10}$ 浓度比值

成都平原地区不同季节 PM$_{2.5}$ 与 PM$_{10}$ 浓度比值如表 4-6 所示，春季为 66.7%，夏季为 71.6%，秋季为 73.7%，冬季为 73.7%，存在着季节差异：冬季、夏季、秋季 PM$_{2.5}$ 与 PM$_{10}$ 浓度比值相对较高，春季最低。主要是由于春季风速相对较大，受输入性浮尘和建筑、道路扬尘等影响较大，粗颗粒物较多，PM$_{2.5}$ 与 PM$_{10}$ 浓度比值最低；秋季和冬季由于逆温层的频繁出现，大气稳定，污染物存在累积效应，二次生成的细颗粒物贡献明显，所以秋季和冬季 PM$_{2.5}$ 与 PM$_{10}$ 浓度比值高；夏季气温高、湿度大，有利于细颗粒物生成，PM$_{2.5}$ 与 PM$_{10}$ 浓度比值也高。

表 4-6　成都平原地区各监测点不同季节的 PM$_{2.5}$ 与 PM$_{10}$ 浓度比值　　　（单位：%）

监测点	春季	夏季	秋季	冬季	年平均
德阳沙堆	67.2	68.8	80.3	79.9	74.1
成都西南交大	70.3	62.5	68.0	70.7	67.9
成都人民南路	59.8	76.8	72.0	71.7	70.1
成都双流	62.4	69.9	66.0	67.6	66.5
眉山牧马	73.8	80.0	82.1	78.4	78.6
平均	66.7	71.6	73.7	73.7	71.4

　　德阳沙堆、成都西南交大、成都人民南路、成都双流、眉山牧马 PM$_{2.5}$ 与 PM$_{10}$ 浓度比值分别为 74.1%、67.9%、70.1%、66.5%、78.6%，平均为 71.4%；PM$_{2.5\sim10}$ 与 PM$_{10}$ 浓度比值分别为 25.9%、32.1%、29.9%、33.5%、21.4%，平均为 28.6%。其中德阳沙堆、眉山牧马这两个郊区监测点 PM$_{2.5}$ 与 PM$_{10}$ 的浓度比值平均为 76.4%，成都西南交大、成都人民南路、成都双流三个城区监测点 PM$_{2.5}$ 与 PM$_{10}$ 的浓度比值平均为 68.2%，郊区细颗粒物的比重明显高于城区，广州也存在类似情况，表明郊区的细颗粒物中受传输影响二次转化生成的细颗粒物较多，而城区内因为人为活动强烈，道路扬尘和建筑扬尘等一次排放的粗颗粒物对 PM$_{2.5\sim10}$ 影响更为明显。

　　川南地区不同季节 PM$_{2.5}$ 与 PM$_{10}$ 浓度比值见表 4-7。川南地区 PM$_{2.5}$ 与 PM$_{10}$ 浓度比值为 84.0%，其中春季 83.0%，夏季 83.6%，秋季 83.7%，冬季 85.8%，季节差异并不明显：冬季 PM$_{2.5}$ 与 PM$_{10}$ 浓度比值最高，春季、夏季、秋季相当。

　　自贡、乐山、泸州、内江、宜宾 PM$_{2.5}$ 与 PM$_{10}$ 浓度比值分别为 85.5%、84.7%、83.9%、83.6%、82.7%。自贡春华路、自贡檀木林、乐山市监测站、乐山三水厂、泸州兰田宪桥、泸州市监测站、内江市监测站、内江日报社、宜宾四中、宜宾市政府 PM$_{2.5}$ 与 PM$_{10}$ 浓度比值分别为 86.6%、84.3%、86.6%、82.8%、84.4%、83.3%、84.1%、83.0%、82.5%、82.9%。PM$_{2.5}$ 与 PM$_{10}$ 浓度比值自贡、乐山相对较高，宜宾最低。同城市的两个监测点之间差异较小。

表 4-7　川南地区各监测点不同季节 PM$_{2.5}$ 与 PM$_{10}$ 浓度比值　　　（单位：%）

城市	监测点	春	夏	秋	冬	年平均
自贡	春华路	83.4	89.6	86.5	86.9	86.6
	檀木林	81.2	79.4	86.2	90.2	84.3
乐山	市监测站	83.0	81.8	84.8	96.9	86.6
	三水厂	85.1	83.4	82.8	79.8	82.8
泸州	兰田宪桥	86.8	83.0	84.9	82.9	84.4
	市监测站	83.6	80.9	82.4	86.3	83.3
内江	市监测站	81.9	84.8	84.1	85.6	84.1
	日报社	82.9	84.7	81.2	83.1	83.0
宜宾	四中	83.0	81.0	82.4	83.5	82.5
	市政府	79.2	87.5	81.7	83.0	82.9

川南地区 $PM_{2.5\sim10}$ 与 PM_{10} 浓度比值为 16.0%。自贡、乐山、泸州、内江、宜宾 $PM_{2.5\sim10}$ 与 PM_{10} 浓度比值分别为 13.8%、17.2%、15.8%、17.2%、19.6%。自贡春华路、自贡檀木林、乐山市监测站、乐山三水厂、泸州兰田宪桥、泸州市监测站、内江市监测站、内江日报社、宜宾四中、宜宾市政府 $PM_{2.5\sim10}$ 与 PM_{10} 浓度比值分别为 14.4%、13.1%、14.1%、19.7%、15.4%、16.2%、16.1%、18.4%、20.7%、18.5%。$PM_{2.5\sim10}$ 与 PM_{10} 浓度比值自贡、泸州最低，宜宾最高。

表 4-8 给出了采样期间川东北地区各采样点 $PM_{2.5}$ 与 PM_{10} 的浓度及 $PM_{2.5}$ 与 PM_{10} 浓度比值。$PM_{2.5}$ 与 PM_{10} 浓度比值为 77%，其中顺庆、嘉陵、高坪、桂花 $PM_{2.5}$ 与 PM_{10} 浓度比值分别为 78%、77%、77%、77%。$PM_{2.5\sim10}$ 与 PM_{10} 浓度比值为 23%，顺庆、嘉陵、高坪、桂花 $PM_{2.5\sim10}$ 与 PM_{10} 浓度比值分别为 22%、23%、23%、23%。

表 4-8　川东北地区各监测点 $PM_{2.5}$ 和 PM_{10} 浓度及 $PM_{2.5}$ 与 PM_{10} 浓度比值

点位	$PM_{2.5}$ 浓度/($\mu g/m^3$)			PM_{10} 浓度/($\mu g/m^3$)			$PM_{2.5}$ 与 PM_{10} 浓度比值/%		
	最大	最小	平均	最大	最小	平均	最大	最小	平均
顺庆区	154.3	6.9	59.6	178.7	10.4	76.1	99.8	44	78
嘉陵区	191.1	12.2	61.4	225.7	14.8	80.1	99	39	77
高坪区	217.5	12.5	60.3	247.3	15.6	77.7	96	32	77
桂花乡	172.9	8.2	59.4	284.1	11.8	77.0	97	19	77

2. $PM_{2.5}$ 与 PM_{10} 浓度比值与其他地区比较

$PM_{2.5}$ 是大气复合污染的主要污染物之一，主要来自各种前体物在空气中二次反应生成，$PM_{2.5}$ 与 PM_{10} 浓度比值用来表征细颗粒物与粗粒子在颗粒物中的比重大小，能在相当程度上说明颗粒物污染类型和可能的污染源。

表 4-9 为成都平原地区、川南地区、川东北地区及其他地区的 $PM_{2.5}$ 与 PM_{10} 浓度比值。从表中可见，成都平原地区 $PM_{2.5}$ 与 PM_{10} 浓度比值为 71.4%（66.5%～78.6%）；川南地区 $PM_{2.5}$ 与 PM_{10} 浓度比值为 82.8%（78.6%～85.1%）；川东北地区 $PM_{2.5}$ 与 PM_{10} 浓度比值为 77.3%（77%～78%）。四川盆地城市群的 $PM_{2.5}$ 与 PM_{10} 浓度比值均显著高于全国平均水平（60%），其中川南地区最高，其次为川东北地区，成都平原地区最低，与广州郊区（73%）比较接近，但高出北京城区（55%）、广州城区（65%）。南方城市由于湿度大、温度高，易于细颗粒物的二次生成，四川盆地静稳天气多于广州、海峡西岸城市群等滨海城市，这造成了 $PM_{2.5}$ 与 PM_{10} 浓度比值相对较高，说明该区域细颗粒物富集程度强，颗粒物二次生成影响突出。川南地区地处四川盆地南部，气温相对更高，且位于盆地气流涡旋的中心，该区域细颗粒物富集程度最强，颗粒物二次生成影响更为突出。川东北地区 4 个采样点的细颗粒物在粗粒子中占比基本相同，表明颗粒物污染具有相同的变化趋势或相同的来源。

表 4-9　典型城市 $PM_{2.5}$ 与 PM_{10} 浓度比值

	地点	$PM_{2.5}$ 与 PM_{10} 浓度比值/%	观测时间	文献来源
成都平原地区	德阳沙堆(郊区监测点)	74.0	2013.8～2014.7	本书
	成都西南交大(城区监测点)	67.9	2013.8～2014.7	本书
	成都人民南路(城区监测点)	70.1	2013.8～2014.7	本书
	成都双流(城区监测点)	66.5	2013.8～2014.7	本书
	眉山牧马(郊区监测点)	78.6	2013.8～2014.7	本书
川南地区	自贡	85.1	2015.10～2016.10	本书
	乐山	78.6	2015.10～2016.10	本书
	泸州	84.3	2015.10～2016.10	本书
	内江	83.4	2015.10～2016.10	本书
	宜宾	82.4	2015.10～2016.10	本书
川东北地区	南充顺庆区	78	2014.12～2016.4	本书
	南充嘉陵区	77	2014.12～2016.4	本书
	南充高坪区	77	2014.12～2016.4	本书
	南充桂花乡	77	2014.12～2016.4	本书
	广州城区	65	1992～1996	吴国平等(1999)
	广州郊区	73	1992～1996	吴国平等(1999)
	北京城区	55	1999～2001	杨复沫等(2002)
	济南城区	56	2004～2007	杨凌霄(2008)
	济南郊区	43	2004～2007	杨凌霄(2008)

4.3　$PM_{2.5}$ 组成及质量重构特征

4.3.1　$PM_{2.5}$ 质量浓度重构

$PM_{2.5}$ 的组成主要有有机物(OM)、元素碳(EC)、NH_4^+、SO_4^{2-}、NO_3^-、Cl^-、K^+、地壳物质(GM)、微量元素(Trace)及其他组分(Other，未检出或损失组分)。$PM_{2.5}$ 中的水溶性离子、碳质组分和元素含量可占 70%～90%。

$PM_{2.5}$ 的组分重构是利用化学分析手段检测分析出相关组分，采用质量平衡的方法将测定组分转变成实际的组成结构。其中需要进行转化系数的校正，这是质量重构的难点和重点，可以通过大量的实际数据获得。通过 $PM_{2.5}$ 的化学组分重构和质量平衡分析，可以获得对 $PM_{2.5}$ 化学组成全貌及各物质贡献的认识，并有助于其来源的识别。

1. 地壳物质

地壳物质的组成极其复杂，且会随着土壤类型的变化有较大差异，长距离的传输也会影响其组成。因此，估算样品中地壳物质含量和组成是较为困难的工作。颗粒物中的地壳物质是指具有地壳来源，以地壳元素的氧化物为主的无机矿物质，许多研究者假定地壳由 6 种元素的氧化物（SiO_2、Al_2O_3、TiO_2、CaO、Fe_2O_3、FeO、K_2O）组成，所以选其作为地壳物质的示踪元素氧化物构成地壳物质（Andrews et al., 2000），即

$$地壳物质含量 = 1.89w_{Al} + 2.14w_{Si} + 1.4w_{Ca} + 1.43w_{Fe} + 1.67w_{Ti} + 1.2w_{K}$$

部分研究中根据 Al 或 Fe 的平均含量，按一定比例估算地壳物质（Cao et al., 2012; Taylor and McLennan, 1995），但此方法误差较大。也有研究通过地壳中主要氧化物（Al_2O_3、SiO_2、CaO、K_2O、FeO、Fe_2O_3、TiO）的含量，并对其中 MgO、Na_2O、H_2O 和碳酸盐进行校正的方法来估算地壳物质的浓度（Malm et al., 1994）。但该方法的问题是会将部分人为源的 K、Fe、Na、Mn 和 Ti 归入地壳来源而引入误差。

在综合考虑各种方法利弊的基础上，结合成都平原、川南和川东北地区 $PM_{2.5}$ 中地壳元素的变化特征以及有关元素富集因子的实际情况，采用氧化物估算法对地壳物质进行重构：认为 Al、Si、Ca 和 Mg 主要来自道路、建筑扬尘等稳定的地壳来源，可以直接按照其氧化物浓度进行估算；而 Fe、K、Na、Mn 和 Ti 的地壳物质来源部分通过这些元素在地壳中相对于 Al 的含量进行估算，超过该浓度的部分，归入微量元素部分；所采用的 Fe 与 Al、K 与 Al、Na 与 Al、Ti 与 Al 和 Mn 与 Al 质量的比值为地壳平均组成（赵晴，2010；Taylor and McLennan, 1995），其值分别为 0.68、0.25、0.29、0.04 和 0.012。最终，所采用的经验公式为

$$地壳物质含量 = 1.89w_{Al} + 2.14w_{Si} + 1.4w_{Ca} + 1.66w_{Mg} + 1.75w_{Al}$$

$1.75w_{Al}$ 代表按地壳组成折算后的 Fe、K、Na、Mn 和 Ti 的氧化物浓度值之和。由于 ICP-MS 分析不能检测 Si，因此 Si 的浓度根据 Si 与 Al 浓度比值推算所得。成都平原、川南和川东北地区的采样站点使用地壳物质含量的平均值，为 3.43。因此，地壳物质含量计算公式进一步变为

$$地壳物质含量 = 10.98w_{Al} + 1.4w_{Ca} + 1.66w_{Mg}$$

细颗粒物的微量元素包括采用 ICP-MS 测量出的 V、Cr、Co、Ni、Cu、Zn、As、Se、Mo、Cd、Ba、Tl、Pb，以及 Fe、K、Na、Ti 和 Mn 的非地壳物质来源部分。

2. 有机物

有机物代表了大气颗粒的各种有机物，除了 C，还含有大量的 H、O、N 等元素。有机物种类繁杂，组分各异，很难准确计算每一种物质的量，一般粗略地用以下简单线性算式表示：

$$Mom = k \times Moc$$

19 世纪 70～80 年代的大量观测中，常采用 Roc=1.4 来估算有机物含量（Turpin and Lim, 2001），1995 年后进行的多次大型国际观测中，多选择 Roc=1.6（Quinn and Bates, 2005）；近年来，通过对颗粒物中有机物进行分析，Turpin 和 Lim（2001）推荐城市地区（urban）气溶胶采用 Roc=1.6±0.2，非城市地区（non-urban）选用 Roc=2.1±0.2；在我国珠三角地区，建议值为 1.8（Andreae et al., 2008）。成都平原地区采用 1.6 来估算有机物，川南地区和川东北地区的 $PM_{2.5}$ 与 PM_{10} 浓度比值较高，且生物质燃烧影响严重，故采用 1.8 来估算有机物。

3. 元素碳

EC 可以直接测量，虽然 EC 粒子中含有 H 与 O，但由于缺乏对具体组成的了解，因而通常以单质元素对待，即认为化学测量值是大气环境中的数值。

4. 无机离子和微量元素

二次离子 NH_4^+、SO_4^{2-}、NO_3^-，彼此之间相互影响(如 SO_4^{2-} 和 NO_3^- 争夺与 NH_4^+ 结合的机会)而构成一个复杂的二次气溶胶体系(Seinfeld and Pandis,1998)。因此，尽管这三种离子组分是直接测量的，但由于 NH_4NO_3 的不稳定性而未能准确采样与分析，将导致其测量结果以及进而重构的质量平衡存在较大的偏差(Christoforou et al., 2000)。Cl^- 和非土壤来源的 K^+ 浓度较高，且分别是燃煤和生物质燃烧的重要标识物，因此在颗粒物的质量平衡中将其单独归为一类。但鉴于当前技术手段，NH_4^+、SO_4^{2-}、NO_3^-、Cl^-、K^+ 和微量元素(Trace)是通过直接测量得出的，可认为它们代表了大气中的大部分无机粒子质量，微量元素由于含量较少，没有考虑它们的物质形态，直接以元素计算：

$$微量元素含量 = w_P + w_V + w_{Cr} + w_{Co} + w_{Ni} + w_{Cu} + w_{Zn} + w_{As} + w_{Se}$$
$$+ w_{Mo} + w_{Cd} + w_{Tl} + w_{Pb} + w_{Th} + w_U + w_{Ba}$$

5. 其他

一般来说，按照质量平衡的原则，$PM_{2.5}$ 组分重构过程中，测定结果应该小于实际结果，故将无法确定部分均列为其他。由于四川盆地海盐含量较低，同时水的含量确定一直是比较难的研究方向，目前有研究采用特定的方法可以测定 $PM_{2.5}$ 中水的含量，也有利用模型推算水的含量，但准确度也存在一定的问题。所以将水以及未测组分等统一归为其他组分。

6. 重构结果

根据文献整理得出重构 $PM_{2.5}$ 的总体质量为：$PM_{2.5}$ 总体质量=有机物质量(OM)+元素碳质量(EC)+(NH_4^+、SO_4^{2-}、NO_3^-、Cl^-、K^+)质量+地壳物质质量(GM)+微量元素质量

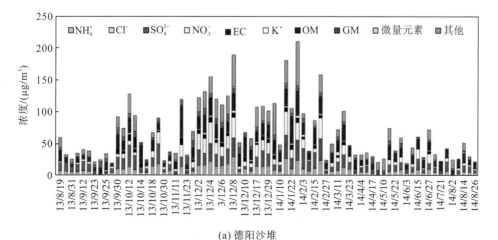

(a) 德阳沙堆

（Trace）+其他组分质量（Other）。成都平原地区、川南地区、川东北地区重构结果如图 4-7～
图 4-9 所示。

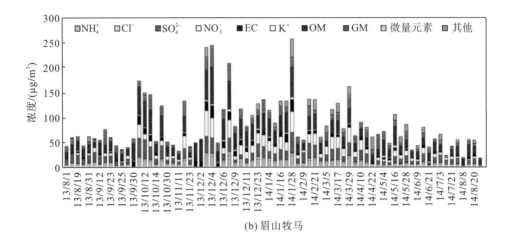

(b) 眉山牧马

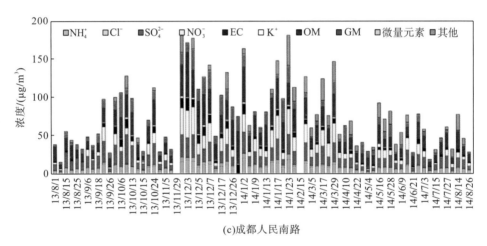

(c)成都人民南路

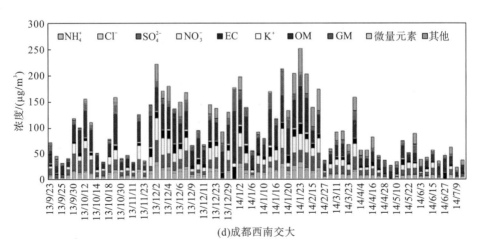

(d)成都西南交大

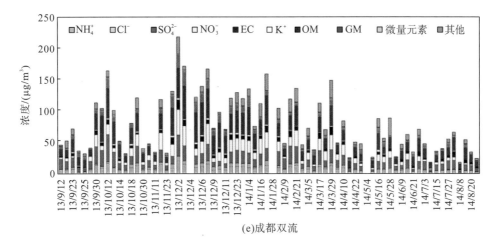

(e)成都双流

图 4-7 成都平原地区各监测点 PM$_{2.5}$ 质量浓度及其组分的时间变化

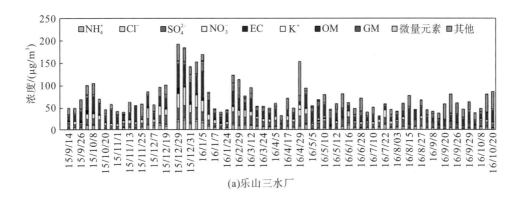

(a)乐山三水厂

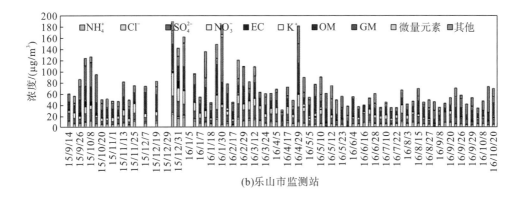

(b)乐山市监测站

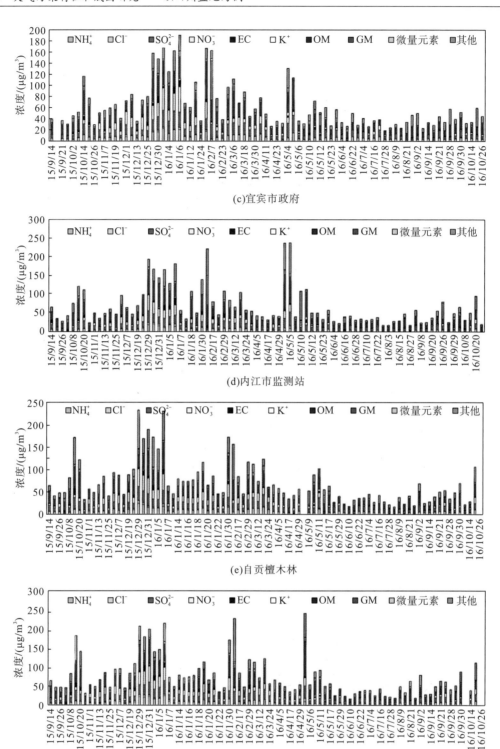

(c)宜宾市政府

(d)内江市监测站

(e)自贡檀木林

(f)自贡春华路

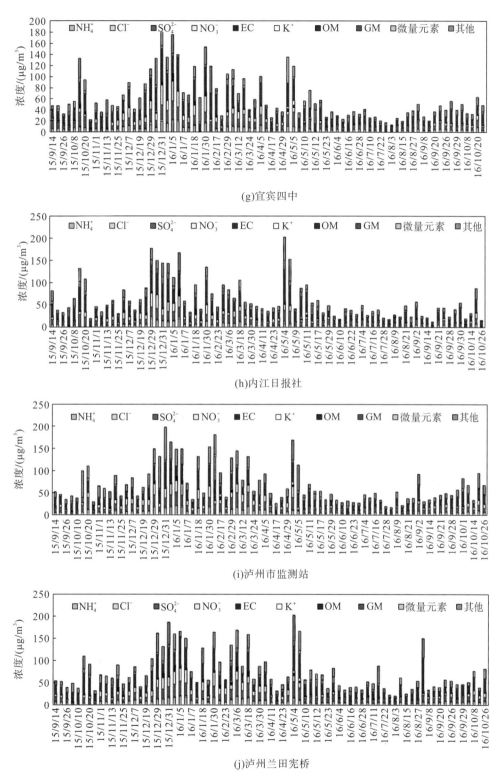

(g)宜宾四中

(h)内江日报社

(i)泸州市监测站

(j)泸州兰田宪桥

图 4-8　川南地区各监测点 $PM_{2.5}$ 质量浓度及其组分的时间变化

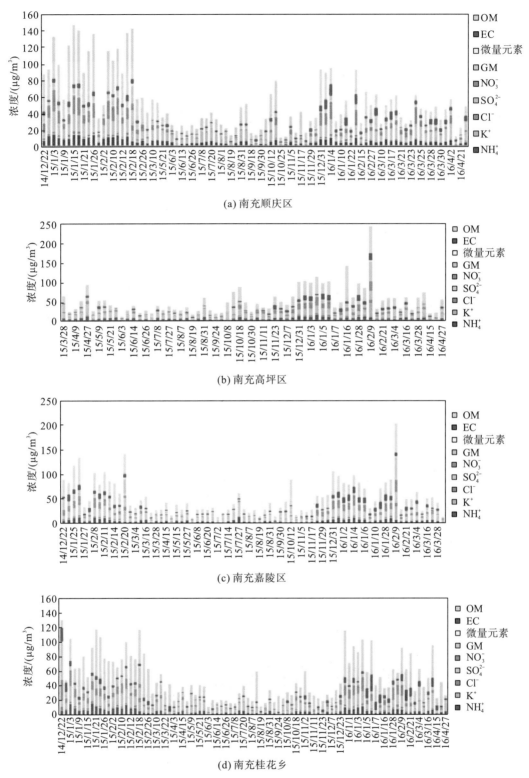

(a) 南充顺庆区

(b) 南充高坪区

(c) 南充嘉陵区

(d) 南充桂花乡

图 4-9　川东北地区各监测点 PM$_{2.5}$ 质量浓度及其组分的时间变化

4.3.2 PM$_{2.5}$组成时空分布特征

1. 成都平原地区

成都平原地区 PM$_{2.5}$平均组成特征如图 4-10 所示，成都西南交大、成都人民南路、成都双流、德阳沙堆、眉山牧马 PM$_{2.5}$化学组分的质量平衡如图 4-11 所示。结果表明，所分析的颗粒物各组分包括 NH$_4^+$、SO$_4^{2-}$、NO$_3^-$、OM、EC、GM、微量元素、Cl$^-$和 K$^+$，较好地重建了 PM$_{2.5}$的质量浓度，平均来看，未检出或损失的组分分别占据了 10.3%、8.7%、11.0%、15.1%、5.5%，主要源于化学组分的测量误差、地壳物质和有机物的估算方法、二次离子的吸湿性等。

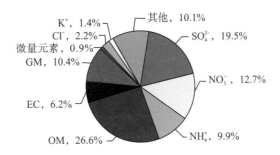

图 4-10 成都平原地区 PM$_{2.5}$平均组成特征

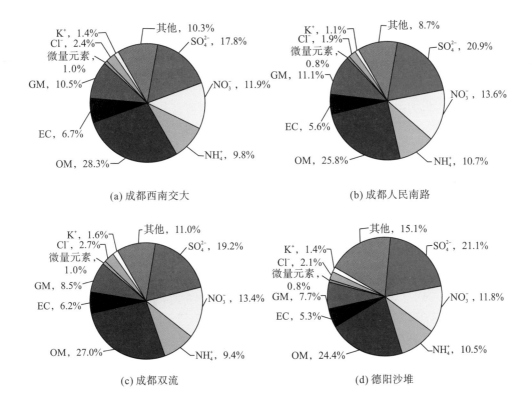

(a) 成都西南交大

(b) 成都人民南路

(c) 成都双流

(d) 德阳沙堆

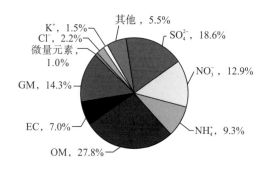

(e) 眉山牧马

图 4-11 成都平原地区各监测点 PM$_{2.5}$ 平均组成特征

如图 4-11 所示，无机组分在成都西南交大、成都人民南路、成都双流、德阳沙堆、眉山牧马 PM$_{2.5}$ 中的比例均高于有机组分，其中二次离子无机组分为主要贡献者。二次无机离子在成都西南交大、成都人民南路、成都双流、德阳沙堆、眉山牧马 PM$_{2.5}$ 中的比例分别是 39.5%、45.2%、42.0%、43.4% 和 40.8%，均比较接近，反映了 PM$_{2.5}$ 中二次无机离子分布比较均匀，且远高于有机组分的比例(分别为 28.3%、25.8%、27.0%、24.4% 和 27.8%)的特点。地壳物质(GM)在成都西南交大、成都人民南路、成都双流、德阳沙堆、眉山牧马 PM$_{2.5}$ 中的比例分别是 10.5%、11.1%、8.5%、7.7% 和 14.3%，说明局地源的一次排放影响较大。

成都平原地区，二次离子在 5 个监测点 PM$_{2.5}$ 中的比例季节规律相同，较高的季节为夏季、秋季，相对较低的是冬季、春季，主要是夏季和秋季的气象条件利于二次无机离子的形成；成都西南交大、成都人民南路、成都双流、德阳沙堆和眉山牧马 PM$_{2.5}$ 的二次离子中，SO$_4^{2-}$ 比例最高(分别是 17.8%、20.9%、19.2%、21.1% 和 18.6%)，其次为 NO$_3^-$(分别是 11.9%、13.6%、13.4%、11.8% 和 12.9%)和 NH$_4^+$(9.8%、10.7%、9.4%、10.5% 和 9.3%)，德阳沙堆、成都人民南路的硫酸盐在 PM$_{2.5}$ 中的比例高于其余 3 个监测点，表明二次污染(特别是硫酸盐污染)贡献显著，成都人民南路硝酸盐高于其他 4 个监测点，可能是由其接近交通主干道，机动车尾气污染影响较大所致。

如表 4-10 所示，德阳沙堆、成都西南交大、成都人民南路、成都双流、眉山牧马的地壳元素在 PM$_{2.5}$ 中占据较大比例(分别是 7.7%、10.5%、11.1%、8.5% 和 14.3%)，在 5 个监测点中，地壳物质在春季和秋季比例较高。K$^+$ 作为生物质燃烧的示踪污染物，在 5 个监测点 PM$_{2.5}$ 中的比例接近(1.4%、1.4%、1.1%、1.6% 和 1.5%)，在春季、秋季和冬季的比例较高；而 Cl$^-$ 在德阳沙堆、成都西南交大、成都人民南路、成都双流和眉山牧马 PM$_{2.5}$ 中的比例分别为 2.1%、2.4%、1.9%、2.7% 和 2.2%。微量元素在各城市 PM$_{2.5}$ 中的比例最低，基本为 0.6%～1.3%。

表 4-10 成都平原地区 PM$_{2.5}$ 中各组分所占比例 （单位：%）

城市	季节	SO$_4^{2-}$	NO$_3^-$	NH$_4^+$	OM	EC	GM	微量元素	Cl$^-$	K$^+$	其他
德阳沙堆	春	19.7	11.4	10.6	28.6	5.6	8.5	0.8	2.2	1.5	11.1
	夏	24.1	9.6	11.5	25.8	5	5.7	1	1.2	1.1	15
	秋	21.6	11.3	10.3	21.3	6	11.3	0.9	2.5	1.4	13.5
	冬	18.8	14.9	9.4	21.8	4.5	5.3	0.6	2.4	1.5	20.8

续表

城市	季节	SO_4^{2-}	NO_3^-	NH_4^+	OM	EC	GM	微量元素	Cl^-	K^+	其他
成都西南交大	春	16	13.6	9.6	25	7	12.4	1	2	1.5	11.9
	夏	21.2	7.1	10.5	26.1	6.9	7.6	0.9	1	1.2	17.5
	秋	19.2	12.7	9.9	33.3	5.3	11.8	1.2	2.8	1.6	2.2
	冬	14.6	14.3	9.3	28.8	7.4	10.2	0.8	3.6	1.4	9.6
成都人民南路	春	17.8	14	9.6	23.8	4.2	12.4	0.7	1.6	1.5	14.4
	夏	23.2	10.1	11.6	27.4	6.2	8.1	0.8	1.1	0.8	10.7
	秋	25.7	12.6	11.5	25.8	6.4	13.6	0.9	1.9	1	0.6
	冬	16.9	17.7	10	26	5.7	10.1	0.6	2.9	1.1	9
成都双流	春	17.2	15.5	8.9	23.6	6.4	8.8	0.8	2.7	1.6	14.6
	夏	22.2	8.8	10.1	28.2	8.3	7.6	1.3	1.2	1.6	10.7
	秋	21.1	13.5	10.2	28.3	4.8	9.2	1.1	3.2	1.6	7.1
	冬	16.2	15.9	8.4	27.7	5.4	8.5	0.8	3.8	1.6	11.7
眉山牧马	春	16.7	16.1	8.4	23.7	5.5	16.5	0.9	2.4	1.6	8.2
	夏	21.9	7.9	10.1	28.2	7.2	13.4	1.1	1.2	1.6	7.4
	秋	20	11.4	9.5	32.5	7.3	14.6	1.2	2.1	1.3	0.1
	冬	15.9	16.2	9.2	26.9	7.9	12.8	0.7	3	1.3	6.1

2. 川南地区

川南地区 $PM_{2.5}$ 化学组分的质量平衡如图 4-12 所示。结果表明，所分析的颗粒物各组分，包括 NH_4^+、SO_4^{2-}、NO_3^-、OM、EC、GM、微量元素、Cl^-、K^+ 和其他组分较好地重建了 $PM_{2.5}$ 的质量浓度，分别占比 9.5%、16.5%、11.3%、28.5%、3.8%、8.0%、0.5%、1.5%、1.3%、19.1%。未检出或损失的组分占比较高。

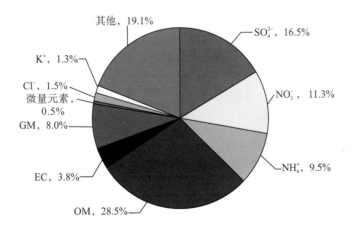

图 4-12　川南地区 $PM_{2.5}$ 平均组成特征

各站点的 $PM_{2.5}$ 化学组分的质量平衡如图 4-13 所示。OM：占比前四的有内江市监测站、内江日报社、宜宾四中、宜宾市政府，分别为 31.8%、31.8%、31.7%、30.2%；占比后三位的有乐山市监测站、乐山三水厂、泸州市监测站，分别为 25.0%、24.8%、24.5%。SO_4^{2-}：占比最高的是宜宾市政府，达 18.2%；占比后两位的是内江市监测站、内江日报社，达 15.0%、15.7%。NH_4^+：占比前两位的有乐山三水厂、宜宾市政府，分别为 10.1%、10.2%；占比最低的是内江市监测站，达 8.6%。NO_3^-：占比前两位的有自贡春华路、自贡檀木林，分别为 12.7%、12.7%。GM：占比最高的是乐山市监测站，达 19.2%；占比后三位的有自贡春华路、泸州兰田宪桥、泸州市监测站，分别为 5.2%、5.2%、5.3%。EC：占比最高的为内江市监测站，占比为 4.7%。微量元素：占比差异很小，在 0.4%~0.6%。Cl^-：占比最高的是乐山三水厂，达 2.3%。K^+：占比差异很小，在 1.2%~1.5%。其他组分：占比前三的是自贡春华路、泸州兰田宪桥、泸州市监测站，分别达 20.1%、22.0%、26.8%；占比最低的是乐山市监测站，为 11.9%。其他组分占比较大，可能来源于化学组分的测量误差、地壳物质和有机物的估算方法、二次离子的吸湿性，也可能由特殊污染现象造成，如大量生物质燃烧等。内江、宜宾站点 OM 占比均较高，说明这两个城市的 $PM_{2.5}$ 中有机细颗粒物污染十分严重。GM 在 $PM_{2.5}$ 中的比例最低达 5.2%，最高达 19.2%（乐山市监测站），较成都平原地区更高，说明川南地区的局地源影响可能更强。

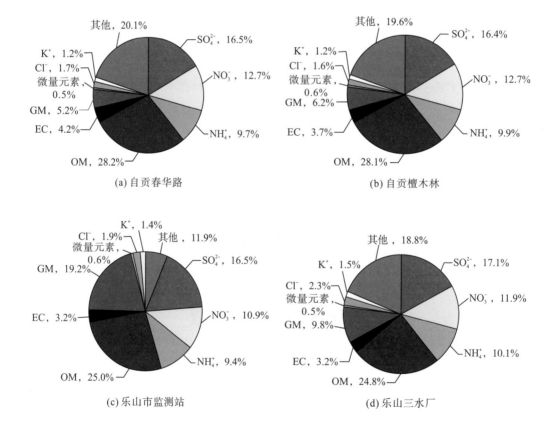

(a) 自贡春华路 (b) 自贡檀木林
(c) 乐山市监测站 (d) 乐山三水厂

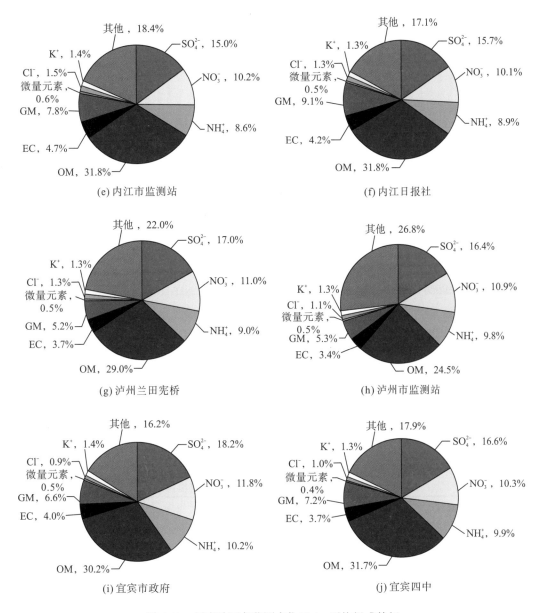

图 4-13　川南地区各监测点位 PM$_{2.5}$平均组成特征

　　川南地区 PM$_{2.5}$中各组分在不同季节的分布如图 4-14 所示，10 个站点表现基本一致。各组分浓度基本都表现为冬季高、夏季低的趋势。OM 浓度表现出春季和冬季高，夏季和秋季低的趋势，其中乐山市监测站、乐山三水厂 OM 浓度在每个季节都高于其他城市站点，大约是其他站点浓度的 3 倍。SNA(即二次无机离子，包括 SO$_4^{2-}$、NO$_3^-$、NH$_4^+$)的浓度在 10 个监测点 PM$_{2.5}$中的占比季节规律相同，且均表现出春季和冬季高于夏季和秋季的变化规律。PM$_{2.5}$中 SNA 主要通过气相和非均相反应生成，冬季前体物浓度高，湿度大，使其转化较多。无机离子和微量元素的浓度基本表现出冬季高、春秋次之、夏季最低的趋势。EC 和 GM 浓度季节变化不明显。

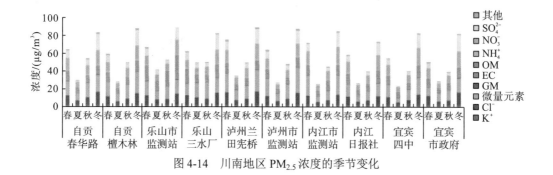

图 4-14 川南地区 PM$_{2.5}$ 浓度的季节变化

如表 4-11 所示，川南地区 5 个城市各组分占比的季节变化比较一致。SO$_4^{2-}$ 占比表现为夏季和春季高，秋季和冬季低。NH$_4^+$ 占比变化幅度较不明显。而 NO$_3^-$ 占比基本表现出冬季最高、春季和秋次之、夏季最低。川南地区这三种二次无机离子的季节变化符合一般性规律，主要是因为 PM$_{2.5}$ 中的 SO$_4^{2-}$ 和 NH$_4^+$ 通常以 (NH$_4$)$_2$SO$_4$、NH$_4$HSO$_4$ 和 H$_2$SO$_4$ 的形式存在，夏季由于辐射强度大，光化学反应活性很强，硫酸盐的生成速度较其他季节更快，因此更容易在 PM$_{2.5}$ 中累积，另外冬季硫酸盐的湿沉降更快。而 NO$_3^-$ 在 PM$_{2.5}$ 中主要以 NH$_4$NO$_3$ 形式存在，冬季虽然光化学反应的活性较弱，但是冬季前体物浓度高、湿度大、低温都有利于硝酸盐物质生成，且较夏季更能够稳定存在。因此，SO$_4^{2-}$ 占比和 NO$_3^-$ 占比的季节变化表现是基本相反的。GM 和微量元素总体表现出夏季高、春季和秋季次之、冬季低的趋势，这些无机组分主要来自土壤、沙尘等，和区域传输相关，夏季风速较大，更有利于这些无机组分的传输。Cl$^-$、K$^+$ 和 OM 的占比季节变化不是很明显。

表 4-11　川南地区各监测点 PM$_{2.5}$ 中各组分所占比例　　　　　　　　　（单位：%）

监测点	季节	SO$_4^{2-}$	NO$_3^-$	NH$_4^+$	OM	EC	GM	微量元素	Cl$^-$	K$^+$	其他
自贡 春华路	春	17.1	10.9	8.8	32.1	2.6	7.0	0.5	1.5	1.6	18.0
	夏	23.9	3.8	11.7	34.8	3.8	9.0	0.8	0.4	1.3	10.2
	秋	16.2	10.0	8.8	28.3	4.6	5.0	0.5	1.4	1.1	24.1
	冬	15.4	16.2	10.2	25.6	4.6	4.0	0.6	2.2	1.1	20.2
自贡 檀木林	春	19.1	11.8	10.7	28.8	2.8	7.4	0.5	1.1	1.7	16.1
	夏	25.0	4.9	12.5	34.8	5.3	9.3	1.1	0.5	1.3	4.9
	秋	15.8	9.0	8.5	30.3	3.8	4.4	0.6	1.3	1.1	25.1
	冬	14.5	16.0	9.9	25.9	3.6	6.1	0.6	2.0	1.0	20.3
乐山市 监测站	春	17.2	10.7	8.6	23.0	2.4	16.7	0.5	1.5	1.8	17.5
	夏	22.3	13.5	9.0	24.0	3.8	17.1	0.9	2.8	1.2	5.4
	秋	16.0	7.0	8.9	23.7	4.1	22.9	0.5	1.1	1.2	15.1
	冬	14.3	13.7	9.0	26.7	2.9	19.1	0.7	2.7	1.3	10.1
乐山 三水厂	春	18.5	11.0	9.4	22.9	2.3	12.9	0.4	1.8	2.3	18.4
	夏	21.9	12.0	13.8	23.8	3.3	11.6	0.7	3.5	1.2	7.9
	秋	15.8	7.5	8.6	26.0	3.9	6.7	0.5	1.4	1.1	28.6
	冬	15.5	16.6	10.7	25.5	3.3	9.6	0.4	3.2	1.2	14.2

监测点	季节	SO_4^{2-}	NO_3^-	NH_4^+	OM	EC	GM	微量元素	Cl^-	K^+	其他
泸州兰田宪桥	春	18.5	10.3	9.0	25.6	3.6	7.4	0.6	1.0	1.7	21.9
	夏	18.3	2.8	9.0	29.8	4.2	5.7	0.9	0.6	0.9	27.6
	秋	15.8	9.0	8.3	32.6	3.6	4.6	0.5	1.2	1.1	23.0
	冬	16.2	15.4	9.6	28.6	3.8	3.8	0.3	1.7	1.2	19.4
泸州市监测站	春	16.9	10.9	10.4	24.3	2.3	5.8	0.4	0.8	1.9	26.1
	夏	20.5	4.2	10.9	26.0	4.7	5.8	0.8	0.6	0.9	25.6
	秋	16.6	9.6	9.4	24.8	3.5	4.7	0.5	1.0	1.1	28.6
	冬	15.0	13.3	9.4	24.0	3.8	5.2	0.5	1.6	1.2	26.3
内江市监测站	春	16.5	9.6	7.4	31.2	3.1	6.3	0.5	1.6	1.7	22.4
	夏	20.5	2.7	9.9	33.3	5.4	9.8	0.7	0.3	1.1	16.0
	秋	15.5	7.6	8.7	35.8	5.0	11.3	0.8	0.8	1.4	13.1
	冬	12.5	13.7	9.1	29.7	5.4	6.2	0.5	2.1	1.2	19.7
内江日报社	春	16.7	8.6	8.0	31.4	3.5	9.7	0.4	1.3	1.8	18.8
	夏	21.4	2.6	10.3	29.7	5.5	13.1	0.7	0.3	1.1	14.6
	秋	16.3	7.9	7.6	34.4	4.0	7.7	0.6	0.9	1.0	19.4
	冬	13.0	14.5	10.0	30.9	4.4	8.6	0.4	1.9	1.1	15.1
宜宾四中	春	18.1	8.8	9.4	32.0	3.3	7.6	0.4	0.7	2.1	17.7
	夏	21.3	3.1	10.9	32.1	4.6	10.9	0.6	0.3	0.9	15.2
	秋	17.3	7.5	10.3	30.1	4.3	6.1	0.4	0.8	1.1	22.1
	冬	14.2	14.6	9.8	32.6	3.5	6.8	0.4	1.6	1.1	15.6
宜宾市政府	春	21.3	8.9	10.3	30.7	3.1	8.4	0.4	0.5	2.3	14.1
	夏	22.3	5.8	12.7	29.5	4.4	6.0	0.6	0.4	0.8	17.3
	秋	16.9	7.3	9.4	33.1	4.4	4.7	0.4	0.5	1.2	22.1
	冬	16.4	17.3	10.1	28.5	4.1	6.9	0.5	1.5	1.2	13.7

川南地区 $PM_{2.5}$ 中有 18.29%的组分未能鉴别, 其浓度为 13.1μg/m³。自贡、乐山、泸州、内江、宜宾 $PM_{2.5}$ 中未鉴别组分占比分别为 17.36%、14.65%、24.81%、17.39%、17.23%, 其中泸州和内江较高。$PM_{2.5}$ 中未鉴别组分直接关系到对 $PM_{2.5}$ 的来源、组分等的研究, 也关系到对大气环境和人体健康等影响的评估。一般来说, 未鉴别组分可能来自测量误差、水溶性成分所吸收的水蒸气、矿物尘与有机物的估算中引入的偏差以及其他未能测量的成分等。

大气颗粒物的含水量取决于相对湿度及其成分。当相对湿度为 70%~80%时颗粒物中水的质量分数可以超过 50%。目前尚无可靠技术对大气颗粒物中的含水量进行直接(化学)测量。Countess 等(1981)曾在美国丹佛对连续 24h 采样的 $PM_{2.5}$ 进行分析, 该 Teflon 滤膜样品在相对湿度为 45%和 0%的条件下平衡后称量差值代表水的含量, 研究结果表明 $PM_{2.5}$ 样品中水的含量平均为 4.8%。另外, $PM_{2.5}$ 中的许多无机物质以及部分有机物均具有吸湿性, 可在滤膜称量的湿度条件下含有高达 25%的水分(Kumar et al., 2008; Tsai and Kuo, 2005)。颗粒物酸度和环境湿度是影响其吸湿性的重要参数, 酸度越高、湿度越大, 颗粒物的吸湿能力就越强。以 SNA 物质的浓度比来定性川南地区的 $PM_{2.5}$ 酸度, 即 NH_4^+ 与

$(SO_4^{2-} + NO_3^-)$ 浓度比值，若该值小于 1，则表明 SO_4^{2-} 和 NO_3^- 未被 NH_4^+ 完全中和，颗粒物呈酸性；若该值大于等于 1，则表明 SO_4^{2-} 和 NO_3^- 已被 NH_4^+ 完全中和，颗粒物呈碱性。川南地区的 NH_4^+ 与 $(SO_4^{2-} + NO_3^-)$ 浓度比值为 0.34，小于 1，说明川南地区的 $PM_{2.5}$ 整体表现为酸性。杨复沫等（2000）曾在北京、重庆对 $PM_{2.5}$ 的酸度进行分析，北京密云、清华大学、重庆江北、重庆北碚的 NH_4^+ 与 $(SO_4^{2-} + NO_3^-)$ 浓度比值分别为 0.90、0.83、0.71、0.70，而川南地区的 NH_4^+ 与 $(SO_4^{2-} + NO_3^-)$ 浓度比值为 0.34，远远小于北京和重庆，说明川南地区的 $PM_{2.5}$ 酸度较高，$PM_{2.5}$ 的含水量也较高。

地壳物质估算方法带来的偏差是未鉴别组分的重要组成部分。在 $PM_{2.5}$ 的质量重构中，GM 是由 Al、Si、Ca、Mg、Fe 和 K 等 6 种元素的氧化物构成的。而实际上地壳物质不仅包括以上 6 种元素的氧化物，以此估算颗粒物中的地壳物质含量存在低估的可能。实际上这些元素不完全来自土壤，而土壤中的金属也并非全部以氧化物形式存在，另外，一些金属氧化物与采样滤膜上的离子成分反应也导致所计算的地壳物质对滤膜样品与环境空气中颗粒物的贡献有所不同（Andrews et al.,2000）。Andrews 等（2000）采用氧化物相加的方法计算地壳物质浓度，结果发现计算值只有土壤样品测量值中的 50%～90%。若按照此研究结果来分析川南地区的地壳物质占比，则假设川南地区的地壳物质占比实际可升高一倍，则此占比可从 8.0% 升高至 16%，那么未鉴别组分的占比可从 19.1% 下降至 11.1%。

$PM_{2.5}$ 质量重构中 OM 质量浓度占比较大，川南地区的有机物占比可达 28.5%。而对于有机物的估算主要通过 OC 的测量值乘以 1.2～2.3 的系数来完成。此方法偏差来源于 OC 浓度值和估算系数的不确定性。目前认为 $PM_{2.5}$ 中含量最高的化学成分来自碳质组分，而碳质组分中对于 OC 和 EC 的分割存在较大的不确定性，因此 OC 的浓度对于估算 $PM_{2.5}$ 中的有机物会造成一定的不确定性。另外，更加直接的不确定性来自估算有机物时所选取的系数，这些系数主要通过对颗粒物的测量而提出，其中大部分系数来自 20 世纪 70 年代在美国少数城市对总悬浮颗粒物（TSP）（直径≤30μm）的测量提出的。Turpin 和 Lim（2001）认为此系数受水溶性和非水溶性颗粒物浓度的影响非常大，研究认为在这两种情况下，该系数分别可取 1.3 和 3.2。并且该研究建议对于生物气溶胶和二次气溶胶贡献较大的地区，该系数可取值 1.9～2.3，尤其是当气溶胶受木材燃烧影响严重时，取值应在 2.2～2.6 更合适。对于川南地区，OC 与 EC 浓度比值为 5.1，而我国许多城市（成都、北京、广州、上海等）的 OC 与 EC 浓度比值为 2.9～5.0，说明川南地区的 OC 与 EC 浓度比值较高。Turpin 和 Lim（2001）推荐城市地区气溶胶采用 Roc=1.6±0.2，鉴于本研究中气溶胶二次氧化性较强，故选择 1.8 来估算有机物。结合监测采样期间的调查来看，川南地区部分时段存在大规模集中焚烧秸秆等生物质燃烧现象，这些时段的 $PM_{2.5}$ 样品若仍然采用 1.8 来估算有机物组成，会造成有机物组成占比偏低。在采样时段，乐山、泸州、内江、宜宾、自贡出现集中焚烧秸秆现象，在此期间 $PM_{2.5}$ 浓度高达 $86.03\mu g/m^3$，较其他时段 $PM_{2.5}$ 浓度高 31.2%，秸秆焚烧期间 OC 与 EC 浓度比值为 5.4。秸秆焚烧期间若仍然以 1.8 估算有机物，则未鉴别组分占比为 23.3%；若以 2.3 估算有机物，则未鉴别组分占比为 21.4%。由此可见，OM 取值系数的不确定性也是未鉴别组分占比较高的原因之一。

3. 川东北地区

川东北地区 PM$_{2.5}$ 化学组分的质量平衡如图 4-15 所示。结果表明，所分析的颗粒物各组分包括 NH$_4^+$、SO$_4^{2-}$、NO$_3^-$、OM、EC、GM、微量元素、K$^+$ 和 Cl$^-$，较好地重建了 PM$_{2.5}$ 的质量浓度。4 个监测点 PM$_{2.5}$ 构成比的共同特征是有机物比例最高，分别为 38.5%、36.3%、31.7% 和 30.8%，其次是硫酸盐、硝酸盐、NH$_4^+$、GM 和 EC，这 7 种化学成分在南充顺庆区排序为 OM＞硫酸盐＞硝酸盐＞NH$_4^+$＞GM＞EC，南充嘉陵区和高坪区的排序为 OM＞硫酸盐＞GM＞硝酸盐＞NH$_4^+$＞EC，南充桂花的顺序为 OM＞硫酸盐＞硝酸盐＞GM＞NH$_4^+$＞EC；其他如、K、Cl$^-$、微量元素占比较少。

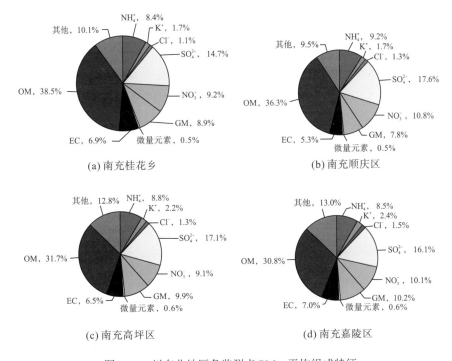

(a) 南充桂花乡　　　　　　　　　　　(b) 南充顺庆区

(c) 南充高坪区　　　　　　　　　　　(d) 南充嘉陵区

图 4-15　川东北地区各监测点 PM$_{2.5}$ 平均组成特征

整体而言，无机组分在南充市顺庆区、嘉陵区、高坪区 PM$_{2.5}$ 中的比例均高于有机组分；而南充市桂花乡的无机组分略低于有机组分。二次无机离子和地壳物质是无机组分的主要贡献者，这说明由前体物经由大气化学转化过程而形成的二次无机离子对细颗粒物的浓度贡献较高，二次无机离子在 4 个监测点 PM$_{2.5}$ 中的比例较接近，分别是 32.3%、37.6%、35.0% 和 34.7%。二次离子中，SO$_4^{2-}$ 比例最高，4 个监测点 PM$_{2.5}$ 中占比分别是 14.7%、17.6%、17.1% 和 16.1%，其次为 NO$_3^-$（分别是 9.2%、10.8%、9.1% 和 10.1%）和 NH$_4^+$（8.4%、9.2%、8.8% 和 8.5%）。地壳元素在 4 个监测点的占比分别是 8.9%、7.8%、9.9% 和 10.2%，嘉陵地壳元素的占比较大。K$^+$ 是生物质燃烧的示踪物，在 4 个监测点 PM$_{2.5}$ 占比较接近，分别为 1.7%、1.7%、2.2% 和 2.4%。南充市 4 个监测点的未知组分较高，为 9.5%～13.0%。

4.3.3　不同空气质量等级 PM$_{2.5}$ 组分特征

成都西南交大、成都双流、德阳沙堆、成都人民南路、眉山牧马在不同空气质量级别（PM$_{2.5}$日均浓度小于 $35\mu g/m^3$、$35\sim75\mu g/m^3$、$75\sim115\mu g/m^3$、$115\sim150\mu g/m^3$、$150\sim250\mu g/m^3$、大于 $250\mu g/m^3$）下各主要组分的平均质量浓度变化趋势如图 4-16 所示。结果表明，随着 PM$_{2.5}$ 质量浓度的增加，各组分的浓度增加幅度有差别，其中 OM、NO$_3^-$、SO$_4^{2-}$ 是颗粒物质量浓度增加的主导因素，NH$_4^+$、EC、GM 和微量元素的质量浓度增加平缓。PM$_{2.5}$ 日均浓度大于 $250\mu g/m^3$ 时，其主要组分 NH$_4^+$、NO$_3^-$、SO$_4^{2-}$、OM 的质量浓度分别是颗粒物质量浓度小于 $35\mu g/m^3$ 时的 7.2 倍、14.4 倍、7.6 倍、7.0 倍。增幅最为明显的为 NO$_3^-$、SO$_4^{2-}$、NH$_4^+$、OM，说明它们是环境空气污染的主要贡献组分。

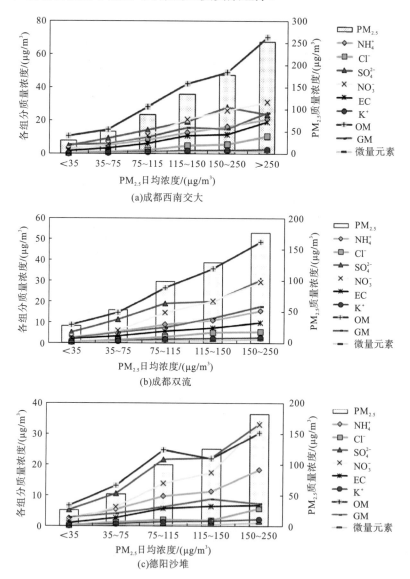

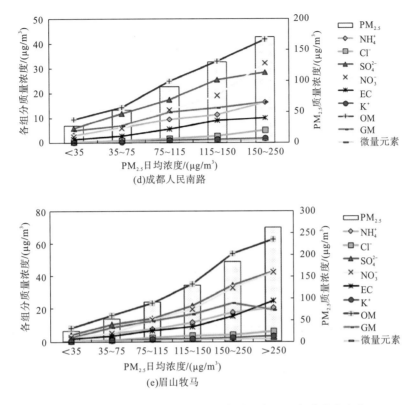

图 4-16　成都平原地区不同空气质量级别 PM$_{2.5}$ 组分浓度变化

　　川南地区 10 个监测点在不同空气质量级别下各主要组分的平均质量浓度变化趋势如图 4-17 所示。结果表明，OM、NO$_3^-$、SO$_4^{2-}$ 是颗粒物质量浓度增加的主导因素，NH$_4^+$、Cl$^-$、EC、GM 和微量元素的质量浓度增加平缓。PM$_{2.5}$ 日均浓度大于 250μg/m^3 时，其主要组分 NH$_4^+$、NO$_3^-$、SO$_4^{2-}$、OM 的质量浓度分别是颗粒物质量浓度小于 35μg/m^3 时的 7.2 倍、14.4 倍、7.6 倍、7.0 倍。增幅最为明显的为 NO$_3^-$、SO$_4^{2-}$、NH$_4^+$、OM，说明重污染期间其贡献更为显著。

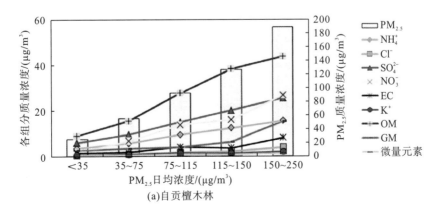

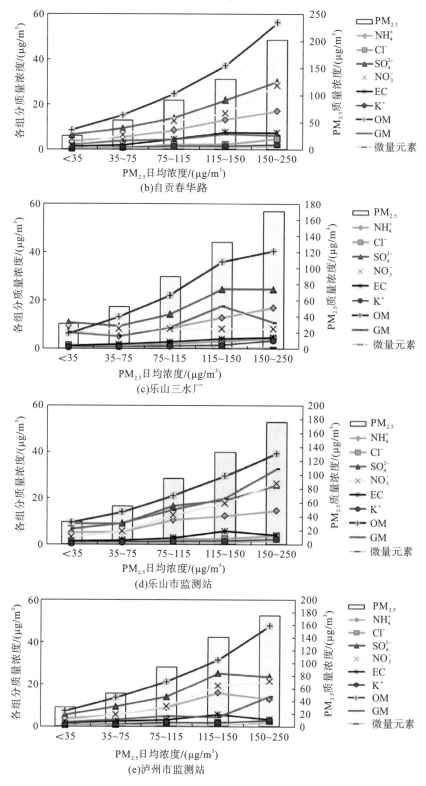

(b)自贡春华路

(c)乐山三水厂

(d)乐山市监测站

(e)泸州市监测站

图 4-17 川南地区不同空气质量级别 PM$_{2.5}$ 组分浓度变化

川南地区普遍表现为 $PM_{2.5}$ 浓度小于 $35\mu g/m^3$ 时，SO_4^{2-} 的占比约为 20%，是 $150\sim250\mu g/m^3$ 时的 2 倍；NH_4^+ 的占比约为 11%，是 $150\sim250\mu g/m^3$ 时的 1.5 倍，都相比其他空气质量级别高，主要是因为 $PM_{2.5}$ 浓度小于 $35\mu g/m^3$ 主要集中在夏季，而 $PM_{2.5}$ 中的 SO_4^{2-} 和 NH_4^+ 通常以 $(NH_4)_2SO_4$、NH_4HSO_4 和 H_2SO_4 的形式存在，夏季辐射强，温度高，光化学反应活性强，硫酸盐的生成速度较其他季节快，因此更容易在 $PM_{2.5}$ 中累积。而重污染时期 $PM_{2.5}$ 浓度为 $150\sim250\mu g/m^3$，K^+ 占比增加明显，表明此期间生物质焚烧现象严重，川南地区受生物质焚烧影响大。

成都平原地区和川南地区在不同空气质量级别下的 $PM_{2.5}$ 重构特征较为相似。伴随污染等级增加，NO_3^-、Cl^-、其他组分的比例呈总体增加趋势，而 OM、GM、NH_4^+、SO_4^{2-} 的比例总体呈下降趋势，EC 等比例相对稳定。表明污染越重，NO_3^- 比例大幅度增加，与重污染主要发生在低温的冬季，与其稳定性好这一特征相符；冬季火电耗煤增加，示踪污染物 Cl^- 随之增加；冬季污染物长时间累积，化学反应复杂，成分多种多样，污染越重其他组分越高。低污染浓度条件下，风速较大，易于受到沙尘或扬尘污染的影响，地壳元素的比例增大。

4.3.4　颗粒物的区域一致性

为比较不同监测点 $PM_{2.5}$ 化学组成的相似程度，引入发散系数 (coefficient of divergence，CD) 来表征不同监测点化学组分数据的偏离程度 (Zhang and Friedlander，2000；Wongphatarakuol et al., 1998)。CD 是一种自归一化参数，定义为

$$CD_{jk} = \sqrt{\frac{1}{P}\sum_{i=1}^{P}\left(\frac{x_{ij}-x_{ik}}{x_{ij}+x_{ik}}\right)^2}$$

式中，j 和 k 代表两个观测点；P 是所考察化学组分的个数；x_{ij} 和 x_{ik} 分别为第 i 组分在 j 和 k 两个观测点的平均质量浓度。若 CD 接近 0，则说明两个观测点的化学组分相似；若 CD 接近 1，则说明两个观测点的化学组分相差很大 (Wongphatarakuol et al.,1998)。Wilson 等 (2005) 对 $PM_{2.5}$ 质量浓度的空间分布做了详细分析，并指出 0.082<CD<0.27 的美国中部和东部城市间呈现区域一致性，而其他城市间呈现较大的区域波动 (0.20<CD<0.48)。本章采用 0.27 作为区域间颗粒物污染是否具有一致性的判别标准，计算结果如表 4-12 所示。

成都平原地区结果表明，德阳沙堆、成都西南交大、成都人民南路、成都双流和眉山牧马 PM_{10}、$PM_{2.5}$、NH_4^+、SO_4^{2+}、OM 的 CD 值大部分小于 0.27，说明这些组分的区域一致性较好；Cl^-、K^+、EC、GM 和微量元素的区域一致性稍差，NO_3^- 的区域一致性适中。

川南地区结果表明，内江、宜宾、自贡 3 个城市相互间 PM_{10}、$PM_{2.5}$、NH_4^+、SO_4^{2+}、OM 的 CD 值均小于 0.27，说明这些组分的区域一致性好；NO_3^-、Cl^-、K、EC、GM 和微量元素的区域一致性稍差。乐山与泸州间的区域性一致性最差，PM_{10}、$PM_{2.5}$ 和 9 大组分的 CD 值均大于 0.27；其次是乐山与自贡间的区域性一致，PM_{10}、$PM_{2.5}$ 和 9 大组分的 CD 值也均大于 0.27。

表 4-12　大气颗粒物浓度及 $PM_{2.5}$ 中主要组分的 CD 值

项目		PM_{10}	$PM_{2.5}$	NH_4^+	Cl^-	SO_4^{2-}	NO_3^-	EC	K^+	OM	GM	微量元素
成都平原地区	沙堆-交大	0.19	0.16	0.15	0.42	0.14	0.25	0.33	0.39	0.26	0.34	0.33
	沙堆-人南	0.2	0.16	0.15	0.41	0.16	0.25	0.26	0.42	0.23	0.43	0.27
	沙堆-双流	0.23	0.17	0.16	0.41	0.18	0.29	0.29	0.44	0.27	0.36	0.35
	沙堆-牧马	0.2	0.23	0.19	0.4	0.19	0.37	0.4	0.42	0.33	0.46	0.34
	交大-人南	0.14	0.11	0.12	0.23	0.14	0.17	0.24	0.29	0.11	0.31	0.22
	交大-双流	0.11	0.11	0.13	0.19	0.13	0.21	0.21	0.18	0.1	0.29	0.22
	交大-牧马	0.13	0.14	0.11	0.26	0.14	0.27	0.23	0.19	0.14	0.28	0.2
	人南-双流	0.11	0.12	0.15	0.28	0.15	0.21	0.23	0.34	0.12	0.35	0.25
	人南-牧马	0.14	0.14	0.14	0.33	0.14	0.26	0.26	0.33	0.17	0.32	0.23
	双流-牧马	0.12	0.14	0.15	0.21	0.13	0.22	0.28	0.2	0.14	0.35	0.19
川南地区	乐山-泸州	0.34	0.31	0.37	0.52	0.35	0.48	0.36	0.43	0.34	0.58	0.39
	乐山-内江	0.26	0.24	0.32	0.54	0.31	0.45	0.34	0.43	0.26	0.48	0.32
	乐山-宜宾	0.26	0.23	0.27	0.55	0.28	0.41	0.28	0.43	0.24	0.54	0.35
	乐山-自贡	0.3	0.28	0.33	0.51	0.32	0.44	0.33	0.42	0.32	0.54	0.36
	泸州-内江	0.28	0.28	0.3	0.45	0.31	0.39	0.33	0.39	0.28	0.37	0.33
	泸州-宜宾	0.26	0.26	0.28	0.43	0.27	0.38	0.31	0.38	0.27	0.34	0.36
	泸州-自贡	0.32	0.32	0.32	0.44	0.31	0.37	0.33	0.38	0.3	0.38	0.36
	内江-宜宾	0.15	0.15	0.19	0.36	0.18	0.32	0.26	0.34	0.18	0.31	0.24
	内江-自贡	0.2	0.21	0.23	0.36	0.23	0.3	0.32	0.24	0.22	0.30	0.29
	宜宾-自贡	0.22	0.23	0.23	0.42	0.22	0.35	0.28	0.34	0.25	0.32	0.33
川东北地区	顺庆-嘉陵	0.13	0.14	0.22	0.36	0.21	0.27	0.34	0.28	0.22	0.29	0.24
	顺庆-高坪	0.18	0.19	0.3	0.34	0.33	0.36	0.39	0.26	0.3	0.29	0.26
	顺庆-桂花	0.25	0.23	0.26	0.36	0.26	0.3	0.36	0.30	0.35	0.29	0.25
	嘉陵-高坪	0.13	0.16	0.22	0.39	0.19	0.31	0.34	0.30	0.26	0.28	0.22
	嘉陵-桂花	0.19	0.23	0.23	0.39	0.28	0.28	0.36	0.37	0.33	0.34	0.27
	高坪-桂花	0.24	0.26	0.31	0.44	0.35	0.38	0.43	0.34	0.36	0.39	0.31

川东北地区结果表明，南充顺庆和嘉陵的 $PM_{2.5}$ 和 PM_{10} 的 CD 值分别是 0.14 和 0.13，顺庆和高坪的 $PM_{2.5}$ 和 PM_{10} 的 CD 值分别是 0.19 和 0.18，嘉陵和高坪的 $PM_{2.5}$ 和 PM_{10} 的 CD 值分别是 0.16 和 0.13，高坪、顺庆和嘉陵的 $PM_{2.5}$ 和 PM_{10} 的 CD 值均低于 0.27，颗粒物一致性较好。桂花乡和其他 3 个监测点 $PM_{2.5}$ 的 CD 值分别是 0.23、0.23、0.26，PM_{10} 的 CD 值分别是 0.25、0.19、0.24，CD 值均小于 0.27。除了顺庆和桂花乡，5 个监测点 $PM_{2.5}$ 的 CD 值均高于 PM_{10} 的 CD 值，这说明与 $PM_{2.5}$ 相比，5 个监测点 PM_{10} 的区域一致性更好。总体而言，除桂花乡外的 3 个监测点颗粒物污染呈现较好的区域性一致性，这是因为这 3 个采样点均为城区采样点，距离较近，城区间表现出更强的区域性特征；而桂花乡与其他 3 个监测点的颗粒物一致性较差，这可能是因为桂花乡距离远，受当地排放源等局地源影响较重。

4.3.5 与其他地区比较

SNA、OM 和 GM 均是各地 $PM_{2.5}$ 的主要贡献者。北京、重庆(2002~2006 年)和广州(2002~2003 年)早期的研究成果显示：SNA 和 OM 对 $PM_{2.5}$ 的贡献相当；SNA 中 SO_4^{2-} 的贡献显著大于 NO_3^- 和 NH_4^+。2010~2013 年的研究成果显示：典型城市 $PM_{2.5}$ 的最大贡献者为 SNA，其次为 OM；SNA 中 NO_3^- 和 NH_4^+ 对 $PM_{2.5}$ 的贡献增长明显，尤其是 NO_3^-，贡献由 3.8%~8.5%(2002~2010 年)增长至 11.2%~17%(2010~2014 年)，说明随着各地机动车保有量的增加，NO_3^- 对 $PM_{2.5}$ 的贡献增长显著。

如表 4-13 所示，成都平原地区、川南地区、川东北地区 $PM_{2.5}$ 中 SO_4^{2-} 的贡献分别为 16.9%~20.4%、15.32%~17.41%、14.7%~17.6%；其中成都平原地区偏高，川南地区和川东北地区相当。就四川盆地整体而言，较成渝灰霾项目(19.6%~23.0%)、石家庄、济南和北京(2012~2013 年)的研究结果偏低。成都平原地区、川南地区、川东北地区 $PM_{2.5}$ 中 NO_3^- 的贡献分别为 12.7%~14.6%、10.12%~12.72%、9.1%~10.8%；成都平原地区最高，川南地区次之，川东北地区最低。成都平原地区 NO_3^- 的贡献与成渝灰霾项目(11.3%~14.2%)的研究结果相当，低于北京(17%)。四川盆地 NH_4^+ 的贡献(8.4%~10.5%)与近年来各地的研究结果基本相当。成都平原地区、川南地区、川东北地区 $PM_{2.5}$ 中 OM 的贡献分别为 21.3%~28.7%、24.94%~31.83%、30.9%~38.5%；其中川东北地区最高，川南地区次之，成都平原地区最低。川东北地区与成渝灰霾项目(29.8%~35.8%)的研究结果相当，但稍低于早期北京、重庆和广州有机物的污染水平。GM(5.25%~14.7%)和微量元素(0.45%~0.9%)的贡献与成渝灰霾项目(7.2%~12.6% 和 0.2%~0.9%)的结果相当，低于北京、济南、石家庄等地；而 EC 的贡献与各地的研究结果近似，基本维持在 3.2%~7.1%。

表 4-13 典型城市 $PM_{2.5}$ 组分比例比较

	地点	SO_4^{2-}	NO_3^-	NH_4^+	OM	GM	EC	微量元素	采样时间	文献来源
成都平原地区	成都双流	18.5%	14.2%	9.2%	27.0%	8.6%	5.9%	0.9%	2013.8~2014.7	本书
	德阳沙堆	20.4%	12.7%	10.1%	21.3%	7.2%	5.1%	0.7%	2013.8~2014.7	本书
	西南交大	16.9%	12.8%	9.7%	28.7%	10.6%	6.8%	0.9%	2013.8~2014.7	本书
	成都人民南路	19.8%	14.6%	10.5%	25.7%	11.4%	5.6%	0.7%	2013.8~2014.7	本书
	眉山牧马	17.9%	13.9%	9.2%	27.6%	14.7%	7.1%	0.9%	2013.8~2014.7	本书
川南地区	自贡	16.44%	12.72%	9.76%	28.17%	5.65%	3.92%	0.57%	2015.10~2016.10	本书
	内江	15.32%	10.12%	8.72%	31.83%	8.40%	4.45%	0.51%	2015.10~2016.10	本书
	泸州	16.68%	10.92%	9.39%	26.77%	5.25%	3.60%	0.52%	2015.10~2016.10	本书
	乐山	16.85%	11.38%	9.78%	24.94%	14.59%	3.21%	0.55%	2015.10~2016.10	本书
	宜宾	17.41%	11.07%	10.07%	31.01%	6.91%	3.86%	0.45%	2015.10~2016.10	本书

续表

地点		SO_4^{2-}	NO_3^-	NH_4^+	OM	GM	EC	微量元素	采样时间	文献来源
川东北地区	南充顺庆	17.6%	10.8%	9.2%	36.3%	7.8%	5.3%	0.5%	2014.12~2016.4	本书
	南充嘉陵	16.2%	10.0%	8.5%	30.9%	10.2%	7.0%	0.6%	2014.12~2016.4	本书
	南充高坪	17.1%	9.1%	8.8%	31.7%	9.9%	6.5%	0.6%	2014.12~2016.4	本书
	南充桂花	14.7%	9.1%	8.4%	38.5%	8.9%	6.9%	0.5%	2014.12~2016.4	本书
成都		19.6%	14.2%	10.4%	29.8%	12.6%	4.9%	0.9%	2012.5~2013.6	成渝灰霾项目
内江		21.5%	11.3%	10.7%	35.8%	10.4%	5.3%	0.2%	2012.5~2013.6	成渝灰霾项目
重庆		23.0%	11.3%	10.9%	31.0%	7.2%	5.4%	0.7%	2012.5~2013.6	成渝灰霾项目
清华		13.3%	8.5%	6.2%	29.0%	7.1%	7.0%	1.9%	2002~2006	He 等(2011)
密云		19.0%	9.4%	8.9%	32.0%	8.0%	5.6%	2.1%	2002~2006	He 等(2011)
江北		19.8%	4.1%	6.1%	32.7%	7.5%	5.0%	2.7%	2002~2006	He 等(2011)
大渡口		17.5%	3.8%	5.7%	35.3%	7.4%	4.8%	3.0%	2002~2006	He 等(2011)
北碚		19.0%	3.8%	5.8%	32.7%	6.0%	3.7%	1.9%	2002~2006	He 等(2011)
广州		20.8%	5.7%	6.4%	35.0%	9.3%	6.0%	—	2002~2003	Hagler 等(2007)
北京		16%	17%	11%	26%	12%	3%	5%	2012~2013	中国大气环保网
石家庄		16%	—	—	14%	29%	—	—	2013.2~2014.4	新华网河北频道
济南		22.5%	12.5%	6.8%	17.1%	20.6%	—	—	2010~2013	中国新闻网
成都		19.72%	9.94%	—	13.99%*	—	6.70%	—	2012 冬	张彩艳等(2014)
深圳		27.8%	6.3%	8.3%	31.6%	—	11.1%	—	2009.1~2009.12	黄晓锋等(2014)
厦门(灰霾)		18.4%	8.8%	7.3%	19.8%	15.2%	7.5%	2.0%	2010~2011	钱冉冉(2012)
厦门 (非灰霾)		16.9%	4.3%	5.2%	18.9%	18.5%	5.9%	1.7%	2010~2011	钱冉冉(2012)

*为 OC 的占比。

4.4　本章小结

本章所得结论如下：

(1)四川盆地成都平原地区、川南地区、川东北地区三个区域 PM_{10} 和 $PM_{2.5}$ 浓度均表现为冬季(1月和12月)最高，春季和秋季次之且基本相当，夏季(7、8月)最低的特点。成都平原地区 PM_{10} 和 $PM_{2.5}$ 浓度最高(其监测时间早于另两个区域约2年)，其中成都城区和下风向郊区的眉山牧马污染较重，德阳沙堆污染较轻。成都平原地区 $PM_{2.5}$ 与 PM_{10} 浓度比值为71.4%(66.5%~78.6%)。川南地区 PM_{10} 和 $PM_{2.5}$ 浓度次之，自贡最高，乐山其次，内江、宜宾最低。川南地区 $PM_{2.5}$ 与 PM_{10} 浓度比值为82.8%(78.6%~85.1%)。川东北地区 PM_{10} 和 $PM_{2.5}$ 浓度最低，上风向郊区的桂花乡略低于城区的高坪、嘉陵和顺庆3个监测点。川东北地区 $PM_{2.5}$ 与 PM_{10} 浓度比值为77.3%(77%~78%)。

(2) 根据 $PM_{2.5}$ 样品组分分析结果，重建了 $PM_{2.5}$ 的质量浓度，分析发现成都平原地区二次离子比例最高，川南地区其次，川东北地区最低，其中 SO_4^{2-} 和 NO_3^- 比例差异更为突出，NH_4^+ 比例差异较小。SO_4^{2-} 比例夏季和秋季较高，冬季和春季相对较低，而 NO_3^- 比例季节变化规律相反，NO_3^- 比例夏季和秋季较低，冬季和春季相对较高，NH_4^+ 比例在不同季节差异不明显。GM 在成都平原地区二次离子浓度比例最大，川南地区其次，川东北地区最低，GM 在春季和秋季比例较高。OM 在成都平原地区二次离子浓度比例最低，川南地区其次，川东北地区最高。K^+ 作为生物质燃烧的示踪污染物，在三个区域 $PM_{2.5}$ 中的比例都比较接近，春季和秋季比例相对较高。

(3) 伴随 $PM_{2.5}$ 污染加重，硝酸盐、Cl^-、未知组分的比例呈增加趋势，而 OM、GM、硫酸盐和铵盐的比例呈下降趋势，EC 等比例相对稳定。污染越重，硝酸盐比例增加越多，与重污染主要发生在低温的冬季有关，与其稳定性好这一特征相符，也与其冬季的吸湿性增长特性有关；冬季火电耗煤增加，示踪污染物 Cl^- 随之增加；冬季污染物长时间累积，化学反应复杂，成分多种多样，污染越重未知组分浓度越高。低污染浓度条件下，风速较大，易于受到沙尘或扬尘污染的影响，GM 的比例增大。成都平原地区和川南地区颗粒物污染呈现较好的区域一致性，川东北地区颗粒物组分区域一致性相对较差。

第5章 颗粒物水溶性离子组分特征

本章对成都平原地区、川南地区、川东北地区的 $PM_{2.5}$ 和 $PM_{2.5\sim10}$（粗颗粒物）中无机水溶性离子进行分析，研究其时空变化特征和水溶性离子粒径分布特征，探讨离子的相关性、离子平衡与存在形式，分析二次无机气溶胶体系。

5.1 浓 度 水 平

成都平原地区 $PM_{2.5\sim10}$ 中无机水溶性离子总量约 $11.35\mu g/m^3$，占 PM_{10} 的比例为 37.8%；$PM_{2.5}$ 中无机水溶性离子总量约 $36.93\mu g/m^3$，占 PM_{10} 的比例为 46.6%，质量浓度是 $PM_{2.5\sim10}$ 中含量的 3.3 倍；川南地区 $PM_{2.5\sim10}$ 中无机水溶性离子总量约 $5.02\mu g/m^3$，占比 35.5%；$PM_{2.5}$ 中无机水溶性离子总量约 $27.69\mu g/m^3$，占比 40.4%，质量浓度是 $PM_{2.5\sim10}$ 中含量的 5.5 倍，说明 $PM_{2.5}$ 中无机水溶性离子更易富集。其中，$PM_{2.5\sim10}$ 中主要无机水溶性离子浓度由高到低的顺序为 $SO_4^{2-} > NO_3^- > NH_4^+ > Ca^{2+} > Cl^- > K^+ > Na^+ > Mg^{2+}$；$PM_{2.5}$ 中主要无机水溶性离子浓度由高到低的顺序为 $SO_4^{2-} > NO_3^- > NH_4^+ > Cl^- > K^+ > Na^+ > Ca^{2+} > Mg^{2+}$。

川东北地区南充顺庆区、嘉陵区、高坪区和桂花乡 4 个监测点的无机水溶性离子在 $PM_{2.5}$ 中的比例分别为 42.6%、38.2%、42.5%和 32.2%，在 PM_{10} 中的比例分别为 36.0%、33.2%、35.1%和 32.4%。南充顺庆区、嘉陵区和高坪区 $PM_{2.5}$ 中水溶性离子的占比高于 PM_{10} 中水溶性离子的占比，说明川东北地区 $PM_{2.5}$ 中无机水溶性离子更易富集，二次污染较严重。南充顺庆区、嘉陵区、高坪区和桂花乡 $PM_{2.5}$ 中主要无机水溶性离子浓度由高到低的顺序为 $SO_4^{2-} > NO_3^- > NH_4^+ > K^+ > Cl^- > Ca^{2+} > Na^+ > Mg^{2+}$，$PM_{10}$ 中无机水溶性离子浓度由高到低的顺序为 $SO_4^{2-} > NO_3^- > NH_4^+ > K^+ > Ca^{2+} > Cl^- > Na^+ > Mg^{2+}$。

表 5-1 比较了成都平原地区、川南地区、川东北地区与其他区域的 $PM_{2.5}$ 及其组分的浓度，结果表明，成都平原地区的二次离子污染水平比重庆、北京、西安等城市低，高于深圳、广州和上海。其中，SO_4^{2-} 比重庆、武汉、北京和西安低，而比深圳、厦门、广州、上海等地高；NO_3^- 比上海、广州、重庆、深圳等城市都高，仅低于西安。川南地区的二次离子污染水平相比重庆、武汉、北京、西安等城市低，高于深圳、广州、上海。川东北地区的二次离子污染水平比成都平原、川南等绝大部分城市低，仅高于深圳。SO_4^{2-} 比重庆、深圳、北京、西安、广州低；NO_3^- 比北京、武汉、西安、厦门等城市都低，高于深圳。

表 5-1　典型城市的 $PM_{2.5}$ 及其组分浓度比较　　　　　　（单位：$\mu g/m^3$）

	地点	$PM_{2.5}$	SO_4^{2-}	NO_3^-	NH_4^+	采样时间	文献来源
成都平原地区	德阳沙堆	65.50	13.08	8.68	6.63	2013.8~2014.7	本书
	成都西南交大	91.98	14.69	12.51	8.93	2013.8~2014.7	本书
	成都人民南路	78.06	15.22	11.04	8.03	2013.8~2014.7	本书
	成都双流	74.56	13.81	10.34	6.85	2013.8~2014.7	本书
	眉山牧马	86.81	15.48	12.22	8.07	2013.8~2014.7	本书
川南地区	自贡	73.91	12.15	9.40	7.21	2015.10~2016.10	本书
	内江	76.39	10.03	6.62	5.70	2015.10~2016.10	本书
	泸州	72.58	12.11	7.93	6.81	2015.10~2016.10	本书
	乐山	65.43	11.65	7.87	6.77	2015.10~2016.10	本书
	宜宾	61.67	10.74	6.83	6.21	2015.10~2016.10	本书
川东北地区	南充顺庆区	59.6	9.99	5.82	5.24	2014.12~2016.5	本书
	南充嘉陵区	61.4	8.98	5.20	4.72	2014.12~2016.5	本书
	南充高坪区	60.3	9.74	4.58	4.88	2014.12~2016.5	本书
	南充桂花乡	59.4	7.78	4.68	4.21	2014.12~2016.5	本书
	成都	165.1	32.8	19.7	10.4	2009.4~2010.1	张智胜等(2013)
	深圳	42.2	11.7	2.7	3.5	2009.1~2009.12	黄晓锋等(2014)
	厦门	75.32	13.27	5.32	4.66	2010~2011	钱冉冉(2012)
	武汉(灰霾)	142.07	25.2	16.06	10.84	2012.9~2012.11	张帆等(2013)
	武汉(非灰霾)	99.74	15.05	8.72	6.07	2012.9~2012.11	张帆等(2013)
	重庆	104	24.8	7.90	8.75	2010.3~2011.7	张丹等(2012)
	北京	118.5	15.8	10.1	7.3	2005.3~2006.2	Yang 等(2011)
	广州	59.0	12.7	5.8	5.0	2005.6~2006.8	Pathak 等(2011)
	广州	70.6	14.7	4.0	4.5	2002.10~2003.6	Hagler 等(2006)
	西安	194.1	35.6	16.4	11.4	2006.3~2007.3	Zhang 等(2011b)
	上海	95.5	—	—	—	2005.10~2006.7	Feng 等(2009)
	上海	94.64	10.39	6.23	3.78	2003.9~2005.1	Wang 等(2006)
	成都	133.2	—	—	—	2009 春	Tao 等(2013b)
	武汉	127	—	—	—	2011.7~2012.2	成海容等(2012)
	珠三角	72.6	—	—	—	—	Cao 等(2003)

5.2　季　节　变　化

　　如表 5-2 和表 5-3 所示，$PM_{2.5\sim10}$ 和 $PM_{2.5}$ 中无机水溶性离子浓度在冬季、春季、秋季较大，夏季最小。成都平原地区 $PM_{2.5}$ 中无机水溶性离子总浓度比例四季差异不大，春季、夏季、秋季、冬季分别为 45.6%、45.5%、48.8%、46.6%。而川南地区 $PM_{2.5}$ 中无机水溶性离子总浓度比例四季差异明显，由高到低依次为冬季(54.5%)、春季(35.1%)、秋季

(24.0%)、夏季(17.0%)。成都平原地区$PM_{2.5\sim10}$中无机水溶性离子总浓度比例前二的是冬季(39.4%)和秋季(39.4%),其次是春季(32.0%),夏季(28.7%)最低。川南地区 $PM_{2.5\sim10}$中无机水溶性离子总浓度比例最大的是冬季(61.5%),其次是春季(41.3%),然后是秋季(28.9%)、夏季(21.4%)。导致冬季显著高于其他三个季节的原因是冬季静稳天气最多、降水最少,大量的细颗粒物(细颗粒物中无机水溶性离子浓度比例较大)老化生成了较粗的颗粒物,造成了$PM_{2.5\sim10}$中无机水溶性离子总浓度比例在冬季大幅上升。

表5-2 $PM_{2.5}$中总无机水溶性离子季节浓度 （单位：$\mu g/m^3$)

地区	类型	春季	夏季	秋季	冬季	平均
成都平原地区	总离子	30.68	19.96	33.33	56.97	35.24
	SO_4^{2-}	11.46	9.65	15.12	19.28	13.88
	NO_3^-	9.62	3.92	8.04	19.56	10.29
	NH_4^+	6.24	4.72	6.96	11.45	7.34
	Na^+	0.32	0.24	0.30	0.49	0.34
	K^+	1.11	0.63	0.96	1.59	1.07
	Mg^{2+}	0.07	0.04	0.03	0.12	0.07
	Ca^{2+}	0.40	0.26	0.29	0.40	0.34
	Cl^-	1.46	0.50	1.63	4.08	1.92
川南地区	总离子	29.79	14.46	20.33	46.26	27.71
	SO_4^{2-}	12.94	7.36	9.01	15.64	11.24
	NO_3^-	7.32	2.01	4.62	16.17	7.53
	NH_4^+	6.59	3.95	4.92	10.40	6.47
	Na^+	0.26	0.15	0.19	0.31	0.23
	K^+	1.37	0.37	0.64	1.21	0.90
	Mg^{2+}	0.06	0.03	0.04	0.07	0.05
	Ca^{2+}	0.39	0.21	0.32	0.31	0.31
	Cl^-	0.86	0.38	0.59	2.15	1.00

表5-3 $PM_{2.5\sim10}$中总无机水溶性离子季节浓度 （单位：$\mu g/m^3$)

地区	类型	春季	夏季	秋季	冬季	平均
成都平原地区	总离子	11.15	5.35	9.52	16.78	10.70
	SO_4^{2-}	3.88	2.33	3.65	5.67	3.88
	NO_3^-	3.77	1.39	2.75	5.42	3.33
	NH_4^+	1.35	0.68	1.31	2.47	1.45
	Na^+	0.15	0.09	0.11	0.18	0.13
	K^+	0.28	0.13	0.22	0.43	0.27
	Mg^{2+}	0.10	0.03	0.04	0.17	0.09
	Ca^{2+}	1.07	0.47	0.90	1.36	0.95
	Cl^-	0.55	0.23	0.54	1.08	0.60

续表

地区	类型	春季	夏季	秋季	冬季	平均
川南地区	总离子	6.31	3.28	4.44	9.43	5.87
	SO_4^{2-}	2.16	1.41	1.63	3.08	2.07
	NO_3^-	1.84	0.56	1.27	3.38	1.76
	NH_4^+	0.90	0.72	0.73	1.70	1.01
	Na^+	0.08	0.06	0.07	0.09	0.08
	K^+	0.34	0.08	0.11	0.19	0.18
	Mg^{2+}	0.06	0.02	0.04	0.04	0.04
	Ca^{2+}	0.71	0.30	0.40	0.54	0.49
	Cl^-	0.22	0.13	0.19	0.41	0.24

　　图 5-1 为成都平原地区、川南地区 $PM_{2.5}$ 和 $PM_{2.5\sim10}$ 中各离子浓度比例季节变化，图 5-2 为川东北地区南充顺庆区、嘉陵区、高坪区和桂花乡 4 个监测点 $PM_{2.5}$ 和 PM_{10} 的季节变化，顺庆区 $PM_{2.5}$ 中无机水溶性离子季节变化为冬季>春季>夏季>秋季，嘉陵区 $PM_{2.5}$ 中无机水溶性离子季节变化为冬季>夏季>春季>秋季，高坪区和桂花乡 $PM_{2.5}$ 中无机水溶性离子季节变化为冬季>春季>秋季>夏季；川东北地区顺庆区、嘉陵区、高坪区和桂花乡 PM_{10} 中无机水溶性离子季节变化均为冬季>春季>夏季>秋季。川东北地区大气颗粒物中无机水溶性离子浓度在冬季最高，4 个监测点中，上风向郊区的桂花乡 PM_{10} 和 $PM_{2.5}$ 中水溶性离子浓度最低。

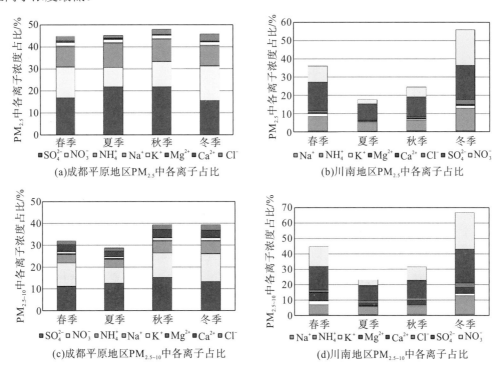

图 5-1　成都平原地区、川南地区 $PM_{2.5}$ 和 $PM_{2.5\sim10}$ 中各离子浓度比例季节变化

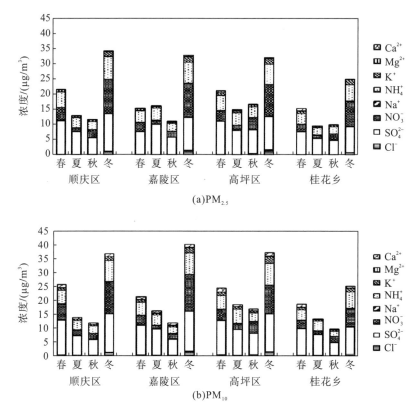

图 5-2   川东北地区大气 $PM_{2.5}$ 和 PM_{10} 中水溶性离子的季节变化（南充市）

成都平原地区 $PM_{2.5}$ 中 SO_4^{2-} 的比例呈夏季和秋季高、春季和冬季低，而 NO_3^- 恰好相反，冬季高、夏季低，春季和秋季趋同，NH_4^+ 的变化幅度最小，保持在 10%左右；$PM_{2.5\sim10}$ 中 SO_4^{2-} 的比例呈秋季高，春季、夏季、冬季持平，而 NO_3^- 秋季和冬季高、夏季低；NH_4^+ 秋季和冬季高、春季和夏季低。而川南地区 $PM_{2.5}$ 中 SO_4^{2-}、NO_3^-、NH_4^+ 的占比一致，均呈春季和冬季高、夏季和秋季低；$PM_{2.5\sim10}$ 中 SO_4^{2-}、NO_3^-、NH_4^+ 的比例四季变化和 $PM_{2.5}$ 中 SO_4^{2-}、NO_3^-、NH_4^+ 的比例一致，也呈春季和冬季高、夏季和秋季低。川东北地区 $PM_{2.5}$ 和 $PM_{2.5\sim10}$ 中 SO_4^{2-}、NO_3^-、NH_4^+ 的占比一致，均呈春季和冬季高、夏季和秋季低。

对于 NO_3^-，其受温度和湿度影响极大，夏季不利于其稳定存在，在传输中极易挥发进入气相；冬季低温一定程度上抑制了 NO_3^- 的转化速率，却更有利于其以 NH_4NO_3 存在于颗粒物态；同时，地面逆温、降水少等气象条件有利于本地 NO_3^- 的累积和转化，所以 NO_3^- 夏季浓度和转化率均最低，而冬季最高。对于 SO_4^{2-}，虽然其二次转化在夏季强于冬季（这是因为大部分 SO_4^{2-} 通过 SO_2 气体氧化形成，通常以 $(NH_4)SO_4$、NH_4HSO_4、H_2SO_4 的形式存在，夏季不仅二次光化学反应活性很强，而且 O_3、OH 等氧化剂浓度也很高），但是川南地区的结果表明 SO_4^{2-} 的占比冬季最高，夏季最低，和成都平原地区的研究结果不同。原因是川南地区的 SO_2 浓度相对较高（18.7μg/m³，较成都平原地区高 32.4%），明显高于四川盆地其他区域，而且 SO_2 的浓度在冬季最高，夏季最低，由于 SO_2 的浓度较高，SO_4^{2-} 的二次转化在各个季节都比较强，尤其是冬季。

成都平原地区 $PM_{2.5}$ 和 $PM_{2.5\sim10}$ 中 K^+ 比例约为 1.4% 和 0.9%，川南地区均为 1.3%，春季和秋季略高，与春季和秋季大量的生物质燃烧有关。成都平原地区 $PM_{2.5}$ 和 $PM_{2.5\sim10}$ 中 Ca^{2+} 比例约为 0.4% 和 3.3%，川南地区为 0.5% 和 3.5%，粗离子中春季、秋季、冬季高于夏季，因为春季和秋季受浮尘影响，冬季植被覆盖率较低，扬尘也较多。成都平原地区 $PM_{2.5}$ 和 $PM_{2.5\sim10}$ 中 Cl^- 比例约为 2.7% 和 2.2%，川南地区为 1.5% 和 2.1%，季节差异较大，与季节煤耗量相符，冬季燃煤消耗量最大，导致 Cl^- 比例增加。成都平原地区、川南地区 $PM_{2.5}$ 和 $PM_{2.5\sim10}$ 中 Mg^{2+} 比例均为 0.1% 和 0.3%，Na^+ 比例季节性变化不大。

5.3　空　间　变　化

$PM_{2.5\sim10}$ 和 $PM_{2.5}$ 中总无机水溶性离子浓度如表 5-4 所示。

表 5-4　$PM_{2.5\sim10}$ 和 $PM_{2.5}$ 中总无机水溶性离子浓度　　　　（单位：$\mu g/m^3$）

项目		德阳沙堆	成都西南交大	成都人民南路	成都双流	眉山牧马	自贡	内江	泸州	乐山	宜宾
$PM_{2.5\sim10}$	总离子	6.81	13.78	14.26	11.22	10.68	5.40	6.14	5.75	10.48	5.70
	SO_4^{2-}	2.72	4.60	5.07	4.02	3.70	1.82	2.30	2.06	3.12	2.00
	NO_3^-	1.89	4.01	4.78	3.60	3.51	1.57	2.00	1.72	2.78	1.75
	NH_4^+	0.98	2.16	2.24	1.09	1.53	1.01	0.80	1.03	2.91	1.01
	Na^+	0.07	0.18	0.15	0.16	0.13	0.06	0.07	0.10	0.12	0.07
	K^+	0.17	0.37	0.29	0.29	0.28	0.14	0.11	0.19	0.39	0.14
	Mg^{2+}	0.08	0.08	0.14	0.05	0.10	0.03	0.05	0.04	0.05	0.04
	Ca^{2+}	0.54	1.44	0.92	1.30	0.77	0.48	0.55	0.44	0.42	0.55
	Cl^-	0.36	0.94	0.67	0.71	0.66	0.29	0.26	0.17	0.69	0.14
$PM_{2.5}$	总离子	31.44	41.18	37.65	35.29	39.94	31.45	24.64	29.26	29.40	25.84
	SO_4^{2-}	13.08	14.69	15.22	13.81	15.48	12.15	10.03	12.11	11.65	10.74
	NO_3^-	8.68	12.51	11.04	10.34	12.22	9.40	6.62	7.93	7.87	6.83
	NH_4^+	6.63	8.93	8.03	6.85	8.07	7.21	5.70	6.81	6.77	6.21
	Na^+	0.23	0.44	0.33	0.42	0.35	0.20	0.17	0.29	0.28	0.22
	K^+	0.98	1.21	0.91	1.21	1.24	0.89	0.86	0.94	0.98	0.84
	Mg^{2+}	0.09	0.09	0.07	0.04	0.07	0.04	0.05	0.04	0.06	0.06
	Ca^{2+}	0.24	0.41	0.35	0.35	0.33	0.33	0.29	0.28	0.34	0.33
	Cl^-	1.51	2.90	1.70	2.27	2.18	1.23	0.92	0.86	1.45	0.61

在空间分布上,成都平原地区城区的监测点成都人民南路、成都西南交大、成都双流和下风向眉山牧马 $PM_{2.5}$ 浓度水平均高于上风向德阳沙堆,但是 $PM_{2.5}$ 中无机水溶性离子总浓度最高的是成都西南交大,$PM_{2.5\sim10}$ 中无机水溶性离子总浓度前二是成都城区 2 个监测点。其中城区及下风向眉山牧马 NO_3^-、Ca^{2+}、Cl^- 浓度明显高于德阳沙堆,与机动车、人群活动水平和下风向受输送影响明显相吻合,同时也说明下风向眉山牧马的 $PM_{2.5}$ 老化影响严重。川南地区 $PM_{2.5}$ 中无机水溶性离子总浓度各城市之间差异不大,$PM_{2.5\sim10}$ 中无机水溶性离子总浓度乐山最高,是其他城市均值的 2 倍左右,其他城市之间差异不大。总体来看,川南地区离子浓度水平显著低于成都平原地区,可见《大气污染防治行动计划》出台后采取的一系列政策措施颇具成效。

如图 5-3 所示,成都平原地区和川南地区各监测点 $PM_{2.5\sim10}$ 和 $PM_{2.5}$ 中水溶性离子的比例总体空间上变化幅度有所不同。其中 $PM_{2.5}$ 中离子组分的比例空间上差异不大;$PM_{2.5\sim10}$ 中离子组分差异较大。成都平原地区成都人民南路和眉山牧马的 $PM_{2.5\sim10}$ 中 SO_4^{2-}、NO_3^-、NH_4^+ 的比例高出成都双流、成都西南交大、德阳沙堆,而川南地区乐山监测站和内江日报社的 SO_4^{2-}、NO_3^-、NH_4^+ 的占比较其他站点高出许多。

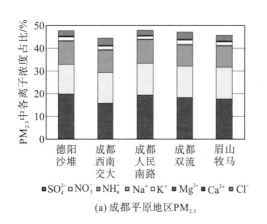

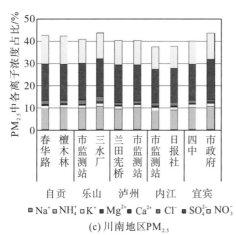

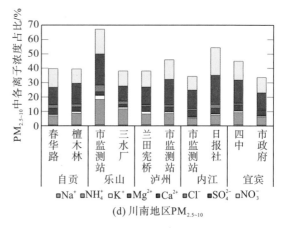

图 5-3　$PM_{2.5}$ 和 $PM_{2.5\sim10}$ 中各二次离子浓度比例变化图

5.4　水溶性离子粒径分布特征

5.4.1　水溶性离子浓度和含量的粒径分布特征

国外开展水溶性离子(本节均指无机水溶性离子,为简便,简称水溶性离子)的粒径分布特征的研究较早,但在国内开展这方面的研究则相对较晚。贺克斌等(2011)研究发现,硫酸盐的粒径分布变化较小,质量中位直径在 0.2~0.8μm 范围内,随着大气颗粒物污染加重,硫酸盐的质量中位直径有变大的趋势。在非灰霾期间,硫酸盐浓度达到 20~60μg/m³,其主峰位于质量直径 0.35μm;在灰霾期间,硫酸盐浓度达到 8~20μg/m³,其主峰位于质量直径 0.65μm,灰霾期间硫酸盐直径变大,这是因为气粒转化产生的硫酸盐与非降水的云滴或者雾滴反应,在大气中积累。大气中硝酸盐的一次排放很少,主要是光化学反应产物,在沿海地区大气中,硝酸盐可以硝酸钠的形式存在于粗离子中,主要来自气态硝酸和海盐的反应,而在污染较重的城市环境大气中,硝酸盐主要以硝酸铵的形式存在于细颗粒物中。随着能见度的降低、大气颗粒物污染的加重,硝酸盐在 0.65μm 和 6.25μm 的粒径出现明显的双峰。这是因为细模态中的硝酸铵在灰霾污染过程中随着湿度的增加,粒径开始吸湿增长,导致粒径范围的变化。NH_3 是大气中唯一的碱性气体,主要来自动植物活动排放。在城市大气中与大气化学过程产生的二次污染物硫酸和硝酸结合成盐,形成 NH_4NO_3、$(NH_4)_2SO_4$,是大气颗粒物细颗粒物极为重要的组成部分,也成为城市大气二次污染的标志产物。因为 NH_3 在大气中主要与硫酸结合,所以它的粒径分布与硫酸盐的粒径分布相类似。云中或液相反应是细颗粒物中二次离子重要的形成途径,包含 NH_4NO_3、$(NH_4)_2SO_4$;粗粒子中 SO_4^{2-} 是工业污染源及燃煤飞灰中包含的 $CaSO_4$ 等(汪安璞等,1996)组分所致;粗粒子中 NH_4^+ 可能是气态 SO_2 和 NH_3 在工业污染源及燃煤飞灰表面进行非均相反应所致;粗粒子中 NO_3^- 可能是大气化学反应产物 HNO_3 同土壤尘中 Ca^{2+} 等组分所致。

大气颗粒物中水溶性离子粒径分布结果显示,不同的水溶性离子具有不同的粒径分布规律。其中,SO_4^{2-}、NH_4^+ 主要分布在 $PM_{2.5}$ 中,NO_3^-、Cl^-、K^+ 在 $PM_{2.5}$ 中占比略高于 $PM_{2.5\sim10}$,Ca^{2+}、Mg^{2+} 主要分布在 $PM_{2.5\sim10}$ 中,如表 5-5 所示。由表可以看出,成都平原地区一次水溶性离子(Cl^-、K^+、Na^+、Ca^{2+}、Mg^{2+})在 $PM_{2.5}$ 和 $PM_{2.5\sim10}$ 的年均浓度分别为 3.98μg/m³ 和 2.20μg/m³,其年均占比分别为 5.0% 和 7.2%;川南地区一次水溶性离子在 $PM_{2.5}$ 和 $PM_{2.5\sim10}$ 的年均浓度分别为 2.5μg/m³ 和 1.1μg/m³,其年均占比分别为 3.7% 和 7.4%。K^+ 在细颗粒物中的占比高于粗粒子。细颗粒物中 K^+ 被认为是生物质燃烧产物 K_2CO_3 同酸性气体一起参与液相反应形成;粗粒子中 K^+ 可能是工业污染源及燃煤飞灰中包含该组分所致。造成细颗粒物中 K^+ 占比较高的原因说明了成都平原地区和川南地区受生物质燃烧的影响明显。Ca^{2+} 和 Mg^{2+} 在粗粒子中占比较高,说明 Ca^{2+}、Mg^{2+} 主要分布在 $PM_{2.5\sim10}$ 中,Ca^{2+} 占比显著高于 Mg^{2+},主要来源于粗粒子的土壤、道路和建筑扬尘,两者的差异主要是其钙含量较镁含量更高。

表5-5　成都平原地区和川南地区 PM$_{2.5}$ 和 PM$_{2.5\sim10}$ 中水溶性组分的年均值及其比例

采样点位	PM$_{2.5}$				PM$_{2.5\sim10}$			
	成都平原浓度/(μg/m³)	川南浓度/(μg/m³)	成都平原含量/%	川南含量/%	成都平原浓度/(μg/m³)	川南浓度/(μg/m³)	成都平原含量/%	川南含量/%
SO$_4^{2-}$	14.46	11.34	18.2	16.53	4.04	2.21	13.3	14.83
NO$_3^-$	10.96	7.75	13.8	11.30	3.59	1.92	11.8	12.84
NH$_4^+$	7.70	6.54	9.7	9.54	1.62	1.34	5.3	9.01
Cl$^-$	2.11	0.23	2.7	0.34	0.68	0.08	2.2	0.55
K$^+$	1.11	0.90	1.4	1.31	0.29	0.19	0.9	1.27
Na$^+$	0.35	0.05	0.4	0.07	0.14	0.04	0.5	0.27
Ca^{2+}	0.34	0.31	0.4	0.46	1.00	0.49	3.3	3.28
Mg^{2+}	0.07	1.01	0.1	1.47	0.09	0.30	0.3	1.98

　　成都平原地区二次水溶性离子（SO$_4^{2-}$、NO$_3^-$、NH$_4^+$）在 PM$_{2.5}$ 和 PM$_{2.5\sim10}$ 的年均浓度分别为 33.12μg/m³ 和 9.25μg/m³，占比分别为 41.7% 和 30.4%；川南地区二次水溶性离子在 PM$_{2.5}$ 和 PM$_{2.5\sim10}$ 中的年均浓度分别为 25.63μg/m³ 和 5.47μg/m³，占比分别为 37.37% 和 36.68%；由此看出，二次无机离子主要分布在 PM$_{2.5}$ 中，且是细颗粒物中浓度最高和占比最大的离子，反映了 SO$_2$、NO$_x$、NH$_3$ 等前体物的二次转化是细颗粒物中水溶性离子的重要来源。

　　图5-4 比较了川东北地区南充顺庆区、嘉陵区、高坪区和桂花乡 PM$_{2.5}$ 和 PM$_{10}$ 中各水溶性离子含量的比值。4 个监测点 Ca^{2+} 的 PM$_{2.5}$ 与 PM$_{10}$ 含量比值最低，分别为 0.33、0.31、0.29 和 0.38，表明 Ca^{2+} 主要来自土壤尘，且主要存在于粗粒子中；其次为 Mg^{2+}（分别为 0.55、0.71、0.61 和 0.74）和 Na$^+$（分别为 084、0.81、0.75 和 0.83），细颗粒物中的 Mg^{2+} 和 Na$^+$ 来自人为源，粗粒子则主要来自土壤尘；其余水溶性离子（包括 NH$_4^+$、K$^+$、Cl$^-$、NO$_3^-$、SO$_4^{2-}$）的 PM$_{2.5}$ 与 PM$_{10}$ 含量比值在 4 个监测点都大于 0.8，表明这些粒子主要存在于细颗粒物中。细颗粒物中的 NH$_4^+$ 主要来自气态 NH$_3$ 和酸性气体（如 H$_2$SO$_4$、HNO$_3$ 和 HCl）的反

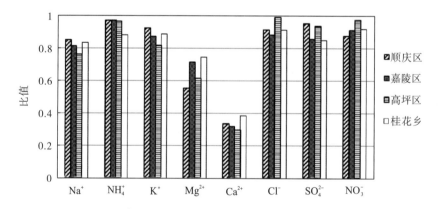

图5-4　川东北地区 4 个监测点 PM$_{2.5}$ 和 PM$_{10}$ 中水溶性离子含量的比值（南充）

应或在酸性粒子表面的凝结；土壤中微生物降解过程会排放铵盐，因此粗粒子中的铵盐可能来自土壤粒子的风蚀。PM$_{2.5}$中的 SO$_4^{2-}$ 来自 SO$_2$ 的均相或非均相转化，NO$_3^-$ 也来自均相反应过程，Cl$^-$和 K$^+$分别来自燃煤和生物质燃烧，而粗粒子中的 SO$_4^{2-}$、K$^+$都来自土壤，Cl$^-$和 NO$_3^-$主要是由于粗粒子表面对 HCl 和 HNO$_3$ 气体的吸附。

5.4.2　一次水溶性离子粒径时空分布特征

成都平原地区和川南地区不同季节 PM$_{2.5}$ 和 PM$_{2.5\sim10}$ 中一次水溶性离子含量的比值如图 5-5 所示。成都平原地区和川南地区 Cl$^-$季节差异较大，夏季和秋季比值较小，春季和

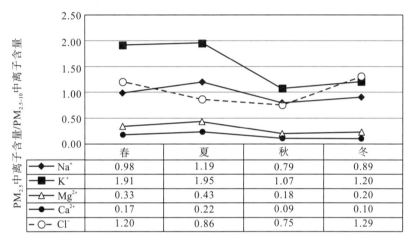

	春	夏	秋	冬
Na$^+$	0.98	1.19	0.79	0.89
K$^+$	1.91	1.95	1.07	1.20
Mg^{2+}	0.33	0.43	0.18	0.20
Ca^{2+}	0.17	0.22	0.09	0.10
Cl$^-$	1.20	0.86	0.75	1.29

(a) 成都平原地区

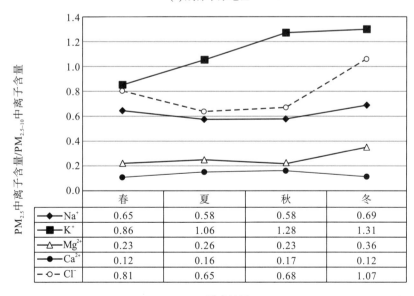

	春	夏	秋	冬
Na$^+$	0.65	0.58	0.58	0.69
K$^+$	0.86	1.06	1.28	1.31
Mg^{2+}	0.23	0.26	0.23	0.36
Ca^{2+}	0.12	0.16	0.17	0.12
Cl$^-$	0.81	0.65	0.68	1.07

(b)川南地区

图 5-5　成都平原地区和川南地区不同季节 PM$_{2.5}$ 和 PM$_{2.5\sim10}$ 中一次水溶性离子含量的比值

冬季比值较高，表明夏季和秋季在粗粒子中比例大，而春季和冬季在细颗粒物中占比大，与春季和冬季大量火电燃煤产生 Cl^- 主要分布在细颗粒物中相符，夏季燃煤、火电基本停运检修，故在细颗粒物中的占比较低；Na^+ 季节性差异较小。K^+ 被认为与生物质燃烧有关，主要分布于细颗粒物，成都平原地区夏季(1.95)和春季(1.91)较高，冬季(1.20)和秋季(1.07)较低，川南地区夏季(1.06)、秋季(1.28)、冬季(1.31)季均大于 1，冬季最高，说明成都平原地区和川南地区一年四季生物质燃烧现象都比较突出。

成都平原地区 Ca^{2+}、Mg^{2+} 春季(0.17、0.33)、夏季(0.22、0.43)基本相当，明显高于秋季(0.09、0.18)、冬季(0.10、0.20)，Ca^{2+}、Mg^{2+} 春季、夏季在细颗粒物中的比例大约是秋季、冬季的 1.7 倍，且 Ca^{2+}、Mg^{2+} 的一致性较好，Ca^{2+}、Mg^{2+} 是土壤、道路和建筑扬尘的标志物，主要分布在粗粒子中。川南地区 Mg^{2+} 的 $PM_{2.5}$ 与 $PM_{2.5\sim10}$ 含量比值冬季(0.36)最高，其他 3 个季节相当(0.23~0.26)，Ca^{2+} 的 $PM_{2.5}$ 与 $PM_{2.5\sim10}$ 含量比值季节性差异较小，粗粒子中略多一些。

图 5-6 比较了成都平原地区和川南地区各监测点 $PM_{2.5}$ 和 $PM_{2.5\sim10}$ 中一次水溶性离子

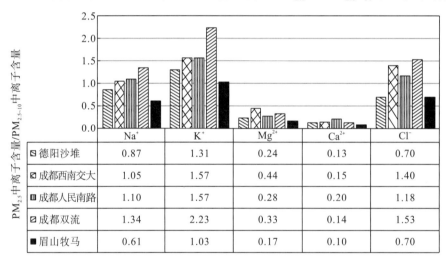

	Na^+	K^+	Mg^{2+}	Ca^{2+}	Cl^-
德阳沙堆	0.87	1.31	0.24	0.13	0.70
成都西南交大	1.05	1.57	0.44	0.15	1.40
成都人民南路	1.10	1.57	0.28	0.20	1.18
成都双流	1.34	2.23	0.33	0.14	1.53
眉山牧马	0.61	1.03	0.17	0.10	0.70

(a)成都平原地区

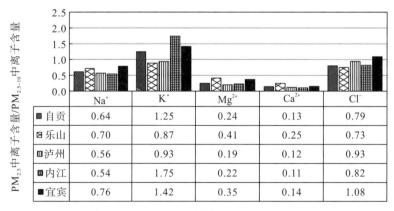

	Na^+	K^+	Mg^{2+}	Ca^{2+}	Cl^-
自贡	0.64	1.25	0.24	0.13	0.79
乐山	0.70	0.87	0.41	0.25	0.73
泸州	0.56	0.93	0.19	0.12	0.93
内江	0.54	1.75	0.22	0.11	0.82
宜宾	0.76	1.42	0.35	0.14	1.08

(b)川南地区

图 5-6 成都平原地区和川南地区各监测点在 $PM_{2.5}$ 和 $PM_{2.5\sim10}$ 中一次水溶性离子含量的比值

(包括 Na^+、Ca^{2+}、Mg^{2+}、F^-、Cl^-、K^+)含量的空间分布差异。德阳沙堆、成都西南交大、成都人民南路、成都双流、眉山牧马 $PM_{2.5}$ 和 $PM_{2.5\sim10}$ 中 Ca^{2+} 的含量比值最低(分别为 0.13、0.15、0.20、0.14 和 0.10),其次为 Mg^{2+}(分别为 0.24、0.44、0.28、0.33 和 0.17),城区监测点 Ca^{2+} 在粗细颗粒物中比值是郊区监测点的 1.4 倍,城区监测点 Mg^{2+} 在粗细颗粒物中比值是郊区监测点的 1.7 倍,这说明城区的道路、土壤、建筑扬尘相比郊区更为严重;其余水溶性离子(Na^+、Cl^-、K^+)在城区监测点的比值都大于 1,而郊区则小于 1,表明这些水溶性离子在城区主要存在于细颗粒物中,而在郊区主要存在于粗粒子中,这说明这些水溶性离子在郊区以土壤粒子等粗粒子的吸附为主导。

川南地区宜宾、自贡、内江 K^+ 的 $PM_{2.5}$ 与 $PM_{2.5\sim10}$ 含量比值大于 1,宜宾 Cl^- 的 $PM_{2.5}$ 与 $PM_{2.5\sim10}$ 含量比值大于 1,其他城市一次水溶性离子的 $PM_{2.5}$ 与 $PM_{2.5\sim10}$ 含量比值均小于 1。说明宜宾、自贡、内江生物质燃烧对细颗粒物贡献更大。乐山 Ca^{2+}、Mg^{2+} 的 $PM_{2.5}$ 与 $PM_{2.5\sim10}$ 含量比值较高,说明对于乐山,来自道路、土壤、建筑的扬尘源对细颗粒物的贡献较大,使得其在细颗粒物中含量更高。

5.4.3　二次水溶性离子粒径时空分布特征

成都平原地区和川南地区不同季节 $PM_{2.5}$ 和 $PM_{2.5\sim10}$ 中二次水溶性离子含量的比值如图 5-7 所示。4 个季节的二次水溶性离子在 $PM_{2.5}$ 中含量与在 $PM_{2.5\sim10}$ 中含量的比值基本大于 1,表明各季节二次水溶性离子主要存在于细颗粒物中。但成都平原地区和川南地区季节性变化有所不同:成都平原地区秋季和冬季二次离子的 $PM_{2.5}$ 与 $PM_{2.5\sim10}$ 含量比值低,特别是 SO_4^{2-}、NO_3^- 在秋季的 $PM_{2.5}$ 与 $PM_{2.5\sim10}$ 含量比值小于 1,是因为气粒转化产生的硫酸盐与非降水的云滴或者雾滴反应,以及颗粒物的吸湿性增长,在静稳天气的影响下,细颗粒老化导致二次离子在粗粒子中的占比上升;同时,NH_4^+ 和 SO_4^{2-} 季节性差异较大,春季和夏季的比值较高,而秋季和冬季的比值较低,这是由 NO_3^- 与 SO_4^{2-} 竞争所致,夏季和秋季由于温度较高,细颗粒物中 NH_4NO_3 不稳定,大幅降低,而 $(NH_4)_2SO_4$ 含量升高。

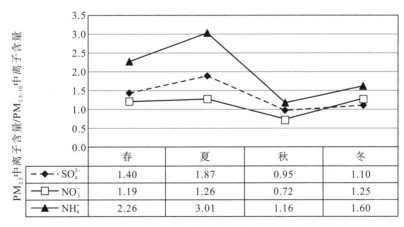

$PM_{2.5}$ 中离子含量/$PM_{2.5\sim10}$ 中离子含量	春	夏	秋	冬
◆·SO_4^{2-}	1.40	1.87	0.95	1.10
□ NO_3^-	1.19	1.26	0.72	1.25
▲ NH_4^+	2.26	3.01	1.16	1.60

(a)成都平原地区

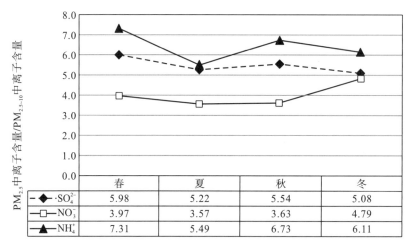

图 5-7　成都平原地区和川南地区不同季节 $PM_{2.5}$ 和 $PM_{2.5\sim10}$ 中二次水溶性离子含量的比值

川南地区夏季 3 种二次无机离子的 $PM_{2.5}$ 与 $PM_{2.5\sim10}$ 含量比值都较低，说明川南地区夏季二次水溶性离子主要存在于粗粒子中。SO_4^{2-} 和 NH_4^+ 的 $PM_{2.5}$ 与 $PM_{2.5\sim10}$ 含量比值季节性差异较大，春季和秋季的比值较高，而夏季和冬季的比值较低，川南地区春季和秋季存在比较突出的秸秆焚烧等生物质燃烧现象，故 SO_4^{2-} 和 NH_4^+ 转化为二次细颗粒物的作用更强，在春季和秋季更多存在于细颗粒物中，而冬季天气静稳，加上颗粒物的吸湿性增长，二次离子在粗粒子中占比上升。NO_3^- 除了夏季较低以外，其他三季表现和 SO_4^{2-} 呈相反的趋势。

从空间分布上看，图 5-8 比较了成都平原地区和川南地区各监测点 $PM_{2.5}$ 和 $PM_{2.5\sim10}$ 中各二次水溶性离子含量的比值。成都西南交大、成都人民南路、成都双流、自贡的二次水溶性离子的 $PM_{2.5}$ 与 $PM_{2.5\sim10}$ 含量比值均大于 1，表明其二次粒子为细颗粒物，主要是由相关气态前体污染物的二次反应生成，而粗粒子主要来自一次排放，二次离子含量较低。而德阳沙堆、眉山牧马的二次水溶性离子（NO_3^-、SO_4^{2-}）的 $PM_{2.5}$ 与 $PM_{2.5\sim10}$ 含量比值都小于 1，原因有两个：①郊区的细颗粒物大量由区域传输影响二次转化生成而来，同时郊区的细颗粒物老化情况也较城区严重，故大量的细颗粒物老化生成了粗粒子，导致粗粒子中二次离子的含量升高；②说明郊区粗颗粒物对气态前体污染物的凝结和吸附作用较为明显，如气态 NH_3 会在酸性的土壤粗粒子进行表面凝结作用，酸性气体（如 H_2SO_4、HNO_3）会被土壤粗粒子吸附，同时眉山牧马二次水溶性离子 $PM_{2.5}$ 与 $PM_{2.5\sim10}$ 含量比值最小的原因是其处于成都的下风向，老化和凝结、吸附作用比上风向的德阳沙堆更强烈。泸州和宜宾有两种二次水溶性离子（SO_4^{2-}、NH_4^+）的 $PM_{2.5}$ 与 $PM_{2.5\sim10}$ 含量比值大于 1，表明泸州和宜宾的硫酸盐、铵盐化合物主要存在于细颗粒物中。乐山（SO_4^{2-}）和内江（NH_4^+）仅有一种二次水溶性离子的 $PM_{2.5}$ 与 $PM_{2.5\sim10}$ 含量比值大于 1。

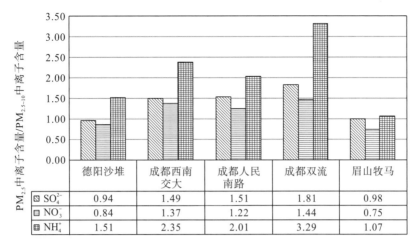

	德阳沙堆	成都西南交大	成都人民南路	成都双流	眉山牧马
SO_4^{2-}	0.94	1.49	1.51	1.81	0.98
NO_3^-	0.84	1.37	1.22	1.44	0.75
NH_4^+	1.51	2.35	2.01	3.29	1.07

(a)成都平原地区

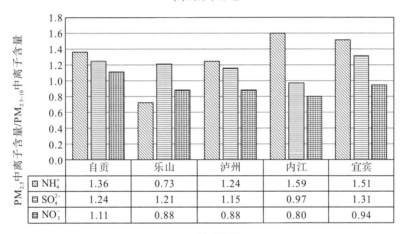

	自贡	乐山	泸州	内江	宜宾
NH_4^+	1.36	0.73	1.24	1.59	1.51
SO_4^{2-}	1.24	1.21	1.15	0.97	1.31
NO_3^-	1.11	0.88	0.88	0.80	0.94

(b)川南地区

图 5-8 成都平原地区和川南地区 $PM_{2.5}$ 和 $PM_{2.5\sim10}$ 中二次水溶性离子含量的比值

5.5 离子相关性分析

$PM_{2.5}$ 中各种无机水溶性离子之间的相关性能够反映各种离子之间性质和来源的相似程度，尤其是一次无机水溶性离子和二次无机水溶性离子的相关性。

成都平原地区不同季节 $PM_{2.5}$ 及其一次和二次无机水溶性离子浓度的相关性分析结果如表 5-6 所示，相关性结果表明：

（1）二次无机水溶性离子 NH_4^+、NO_3^-、SO_4^{2-} 之间均存在较好的相关性，而一次无机水溶性离子之间、一次无机水溶性离子和二次无机水溶性离子之间的相关性较差，说明不同类别水溶性离子之间的来源和迁移转化过程存在差异。

（2）春季、秋季、冬季三个季节无机水溶性离子与 $PM_{2.5}$ 相关性较好，而夏季相关性较差，说明夏季高温高湿加剧了污染物转化，反应更为复杂。

(3)二次无机水溶性离子 NH_4^+ 与 SO_4^{2-} 和 NO_3^- 之间的相关性较好，但存在一定的季节性差异，春季、夏季、秋季三个季节 NH_4^+ 与 SO_4^{2-} 的相关性好于 NH_4^+ 和 NO_3^- 的相关性，说明春季、夏季、秋季三个季节 NH_4^+ 优先中和 SO_4^{2-}，硫酸盐处于支配地位；冬季情况与之相反，NH_4^+ 优先中和 NO_3^-，硝酸盐占支配地位。

(4) Cl^- 在春季与 NH_4^+ 相关性较好，秋季和冬季与 Na^+ 相关性好，夏季与各离子相关性稍差，说明各季节 Cl^- 存在形式有所不同。Cl^- 在春季和冬季与 SO_4^{2-} 相关性较好，各季节与 NO_3^- 相关性均较好，说明具有一定的同源性。

(5) Ca^{2+} 与 Mg^{2+} 春季和夏季具有一定的相关性，说明受浮尘影响比较明显。Ca^{2+} 和 Mg^{2+} 与各阴离子间相关性稍差，说明各季节存在形式多样。

(6)一次无机水溶性离子中 Na^+ 与阴离子间相关性最好，K^+ 在秋季和冬季与阴离子间相关性较好，并显著好于 Ca^{2+} 与 Mg^{2+}，说明秋季和冬季有富余的 SO_4^{2-} 和 NO_3^- 首先与 Na^+ 结合，再与 K^+ 结合。

表 5-6　成都平原地区不同季节 $PM_{2.5}$ 及其一次和二次无机水溶性离子浓度的相关性分析皮尔逊相关系数

| | | | | | 春季 | | | | |
组分	$PM_{2.5}$	Na^+	NH_4^+	K^+	Mg^{2+}	Ca^{2+}	Cl^-	SO_4^{2-}	NO_3^-
$PM_{2.5}$	1	0.804**	0.901**	0.390**	0.185	0.461**	0.709**	0.923**	0.904**
Na^+	0.804**	1	0.639**	0.450**	0.397**	0.699**	0.684**	0.703**	0.709**
NH_4^+	0.901**	0.639**	1	0.127	0.114	0.269*	0.755**	0.946**	0.928**
K^+	0.390**	0.450**	0.127	1	0.217	0.211	0.161	0.203	0.206
Mg^{2+}	0.185	0.397**	0.114	0.217	1	0.391**	0.12	0.126	0.049
Ca^{2+}	0.461**	0.699**	0.269*	0.211	0.391**	1	0.311**	0.392**	0.328**
Cl^-	0.709**	0.684**	0.755**	0.161	0.12	0.311**	1	0.706**	0.803**
SO_4^{2-}	0.923**	0.703**	0.946**	0.203	0.126	0.392**	0.706**	1	0.899**
NO_3^-	0.904**	0.709**	0.928**	0.206	0.049	0.328**	0.803**	0.899**	1
					夏季				
组分	$PM_{2.5}$	Na^+	NH_4^+	K^+	Mg^{2+}	Ca^{2+}	Cl^-	SO_4^{2-}	NO_3^-
$PM_{2.5}$	1	0.678**	0.874**	0.711**	0.458**	0.321**	0.494**	0.744**	0.666**
Na^+	0.678**	1	0.491**	0.818**	0.690**	0.485**	0.497**	0.322**	0.654**
NH_4^+	0.874**	0.491**	1	0.519**	0.318**	0.256*	0.445**	0.873**	0.688**
K^+	0.711**	0.818**	0.519**	1	0.465**	0.215*	0.550**	0.379**	0.587**
Mg^{2+}	0.458**	0.690**	0.318**	0.465**	1	0.700**	0.387**	0.096	0.538**
Ca^{2+}	0.321**	0.485**	0.256*	0.215*	0.700**	1	0.102	0.135	0.330**
Cl^-	0.494**	0.497**	0.445**	0.550**	0.387**	0.102	1	0.095	0.663**
SO_4^{2-}	0.744**	0.322**	0.873**	0.379**	0.096	0.135	0.095	1	0.346**
NO_3^-	0.666**	0.654**	0.688**	0.587**	0.538**	0.330**	0.663**	0.346**	1

续表

					秋季				
组分	$PM_{2.5}$	Na^+	NH_4^+	K^+	Mg^{2+}	Ca^{2+}	Cl^-	SO_4^{2-}	NO_3^-
$PM_{2.5}$	1	0.783**	0.897**	0.871**	0.254*	0.637**	0.623**	0.857**	0.765**
Na^+	0.783**	1	0.666**	0.824**	0.199	0.661**	0.734**	0.558**	0.669**
NH_4^+	0.897**	0.666**	1	0.710**	0.132	0.482**	0.572**	0.898**	0.851**
K^+	0.871**	0.824**	0.710**	1	0.163	0.566**	0.598**	0.727**	0.539**
Mg^{2+}	0.254*	0.199	0.132	0.163	1	0.214*	0.236*	0.042	0.199
Ca^{2+}	0.637**	0.661**	0.482**	0.566**	0.214*	1	0.404**	0.436**	0.514**
Cl^-	0.623**	0.734**	0.572**	0.598**	0.236*	0.404**	1	0.292**	0.721**
SO_4^{2-}	0.857**	0.558**	0.898**	0.727**	00.042	0.436**	0.292**	1	0.601**
NO_3^-	0.765**	0.669**	0.851**	0.539**	00.199	0.514**	0.721**	0.601**	1

					冬季				
组分	$PM_{2.5}$	Na^+	NH_4^+	K^+	Mg^{2+}	Ca^{2+}	Cl^-	SO_4^{2-}	NO_3^-
$PM_{2.5}$	1	0.677**	0.892**	0.706**	00.048	0.349**	0.734**	0.805**	0.897**
Na^+	0.677**	1	0.609**	0.608**	-0.034	0.514**	0.843**	0.446**	0.611**
NH_4^+	0.892**	0.609**	1	0.549**	0.184	0.184	0.619**	0.873**	0.921**
K^+	0.706**	0.608**	0.549**	1	0.009	0.358**	0.671**	0.564**	0.548**
Mg^{2+}	0.048	-0.034	0.184	0.009	1	-0.141	-0.017	0.07	0.06
Ca^{2+}	0.349**	0.514**	0.184	0.358**	-0.141	1	0.432**	0.154	0.262**
Cl^-	0.734**	0.843**	0.619**	0.671**	-0.017	0.432**	1	0.438**	0.593**
SO_4^{2-}	0.805**	0.446**	0.873**	0.564**	0.07	0.154	0.438**	1	0.839**
NO_3^-	0.897**	0.611**	0.921**	0.548**	0.06	0.262**	0.593**	0.839**	1

**表示相关性水平 $p<0.01$，*表示相关性水平 $p<0.05$。

川南地区不同季节 $PM_{2.5}$ 及其一次和二次无机水溶性离子浓度的相关性分析结果如表 5-7 所示，相关性结果表明：

(1) 二次无机水溶性离子 NH_4^+、NO_3^-、SO_4^{2-} 之间均存在较好的相关性，而一次无机水溶性离子之间、一次无机水溶性离子和二次无机水溶性离子之间的相关性较差，说明不同类别无机水溶性离子之间的来源和迁移转化过程存在差异。

(2) 春季、秋季、冬季三个季节无机水溶性离子与 $PM_{2.5}$ 相关性较好，而夏季相关性较差，说明夏季高温高湿加剧了污染物转化，反应更为复杂，产物因温度较高也不稳定。

(3) 二次无机水溶性离子 NH_4^+ 与 SO_4^{2-} 和 NO_3^- 之间的相关性也存在一定差异，春季、夏季、秋季三个季节 NH_4^+ 与 SO_4^{2-} 的相关性好于 NH_4^+ 和 NO_3^- 的相关性，说明春季、夏季、秋季三个季节 NH_4^+ 优先中和 SO_4^{2-}，硫酸盐处于支配地位；冬季 NH_4^+ 与 SO_4^{2-} 的相关性、NH_4^+ 和 NO_3^- 的相关性一致，NH_4^+ 与 SO_4^{2-}、NO_3^- 中和的能力相当。

表 5-7　川南地区不同季节 PM$_{2.5}$ 及其一次和二次无机水溶性离子浓度的相关性分析（皮尔逊相关系数）

组分	PM$_{2.5}$	Na$^+$	NH$_4^+$	K$^+$	Mg^{2+}	Ca^{2+}	Cl$^-$	SO$_4^{2-}$	NO$_3^-$
春季									
PM$_{2.5}$	1	0.674**	0.710**	0.604**	0.331**	0.331**	0.377**	0.858**	0.639**
Na$^+$	0.674**	1	0.471**	0.426**	0.304**	0.366**	0.378**	0.590**	0.465**
NH$_4^+$	0.710**	0.471**	1	0.056	−0.016	−0.079	0.561**	0.856**	0.819**
K$^+$	0.604**	0.426**	0.056	1	0.347**	0.391**	−0.057	0.373**	0.099
Mg^{2+}	0.331**	0.304**	−0.016	0.347**	1	0.459**	0.032	0.127*	0.020
Ca^{2+}	0.331**	0.366**	−0.079	0.391**	0.459**	1	−0.067	0.143*	−0.061
Cl$^-$	0.377**	0.378**	0.561**	−0.057	0.032	−0.067	1	0.428**	0.678**
SO$_4^{2-}$	0.858**	0.590**	0.856**	0.373**	0.127*	0.143*	0.428**	1	0.729**
NO$_3^-$	0.639**	0.465**	0.819**	0.099	0.020	−0.061	0.678**	0.729**	1
夏季									
PM$_{2.5}$	1	0.428**	0.436**	0.512**	0.263**	0.345**	0.280**	0.486**	0.179*
Na$^+$	0.428**	1	0.581**	0.673**	0.404**	0.435**	0.698**	0.409**	0.673**
NH$_4^+$	0.436**	0.581**	1	0.525**	0.119	0.076	0.696**	0.884**	0.743**
K$^+$	0.512**	0.673**	0.525**	1	0.372**	0.449**	0.486**	0.469**	0.496**
Mg^{2+}	0.263**	0.404**	0.119	0.372**	1	0.571**	0.168*	0.143*	0.105
Ca^{2+}	0.345**	0.435**	0.076	0.449**	0.571**	1	0.050	0.121	0.063
Cl$^-$	0.280**	0.698**	0.696**	0.486**	0.168*	0.050	1	0.419**	0.821**
SO$_4^{2-}$	0.486**	0.409**	0.884**	0.469**	0.143*	0.121	0.419**	1	0.425**
NO$_3^-$	0.179*	0.673**	0.743**	0.496**	0.105	0.063	0.821**	0.425**	1
秋季									
PM$_{2.5}$	1	0.286**	0.605**	0.653**	0.007	0.159**	0.548**	0.774**	0.533**
Na$^+$	0.286**	1	0.349**	0.520**	0.652**	0.715**	0.126*	0.244**	0.063
NH$_4^+$	0.605**	0.349**	1	0.656**	−0.026	0.067	0.459**	0.682**	0.596**
K$^+$	0.653**	0.520**	0.656**	1	0.154**	0.408**	0.355**	0.499**	0.412**
Mg^{2+}	0.007	0.652**	−0.026	0.154**	1	0.775**	−0.017	−0.030	−0.123*
Ca^{2+}	0.159**	0.715**	0.067	0.408**	0.775**	1	−0.017	0.050	−0.093
Cl$^-$	0.548**	0.126*	0.459**	0.355**	−0.017	−0.017	1	0.488**	0.645**
SO$_4^{2-}$	0.774**	0.244**	0.682**	0.499**	−0.030	0.050	0.488**	1	0.525**
NO$_3^-$	0.533**	0.063	0.596**	0.412**	−0.123*	−0.093	0.645**	0.525**	1
冬季									
PM$_{2.5}$	1	0.603**	0.915**	0.680**	0.164*	0.400**	0.700**	0.889**	0.879**
Na$^+$	0.603**	1	0.561**	0.555**	0.215**	0.341**	0.433**	0.636**	0.513**
NH$_4^+$	0.915**	0.561**	1	0.621**	0.089	0.339**	0.683**	0.924**	0.924**

组分	PM$_{2.5}$	Na$^+$	NH$_4^+$	K$^+$	Mg^{2+}	Ca^{2+}	Cl$^-$	SO$_4^{2-}$	NO$_3^-$
				冬季					
K$^+$	0.680**	0.555**	0.621**	1	0.693**	0.358**	0.582**	0.660**	0.574**
Mg^{2+}	0.164*	0.215**	0.089	0.693**	1	0.420**	0.201**	0.169**	0.035
Ca^{2+}	0.400**	0.341**	0.339**	0.358**	0.420**	1	0.410**	0.387**	0.261**
Cl$^-$	0.700**	0.433**	0.683**	0.582**	0.201**	0.410**	1	0.638**	0.678**
SO$_4^{2-}$	0.889**	0.636**	0.924**	0.660**	0.169**	0.387**	0.638**	1	0.863**
NO$_3^-$	0.879**	0.513**	0.924**	0.574**	0.035	0.261**	0.678**	0.863**	1

**代表相关性水平 $p > 0.01$，*代表相关性水平 $p < 0.05$。

5.6　离子平衡与存在形式

5.6.1　离子平衡

颗粒物的酸碱度主要由二次无机离子(主要包括 SO$_4^{2-}$、NO$_3^-$、NH$_4^+$)和碱性阳离子(Na$^+$、K$^+$、Mg^{2+}、Ca^{2+})共同决定，其中起关键作用的阳离子是 NH$_4^+$ 和 Ca^{2+}，阴离子是 SO$_4^{2-}$和 NO$_3^-$。

离子平衡采用以下公式进行计算：

$$阴离子当量(Eq) = w_{Cl^-} + w_{NO_3^-} + 2w_{SO_4^{2-}}$$
$$阳离子当量(Eq) = w_{Na^+} + w_{NH_4^+} + w_{K^+} + 2w_{Mg^{2+}} + 2w_{Ca^{2+}}$$

式中，离子浓度的单位为 $\mu mol/m^3$。

成都平原地区德阳沙堆、成都西南交大、成都人民南路、成都双流、眉山牧马的 PM$_{2.5}$ 中阴离子当量和阳离子当量呈良好的线性关系(图 5-9)，相关系数(r^2)分别为 0.96、0.95、0.91、0.97 和 0.96，表明离子色谱检测方法准确可靠；且大部分样品中阴离子当量相当于阳离子当量，即阴、阳离子当量比(A/C，A 指阴离子当量，C 指阳离子当量)接近于 1。五个点位 PM$_{2.5}$ 样品中 A/C 的平均值，德阳沙堆、成都西南交大、成都人民南路的整体中和度较高，比值接近于 1；成都双流 A/C 的平均值为 1.09±0.18，眉山牧马为 1.06±0.17，说明颗粒物样品总体呈现弱酸性。

川东北地区南充顺庆区、嘉陵区、高坪区和桂花乡的 PM$_{2.5}$ 中阴离子当量和阳离子当量相关系数(r^2)分别为 0.95、0.94、0.92 和 0.94，PM$_{10}$ 中阴离子当量和阳离子当量的相关系数(r^2)分别为 0.90、0.96、0.89 和 0.88，颗粒物中阴、阳离子当量的线性关系较好，表明离子色谱检测方法准确可靠。表 5-8 列出了 4 个监测点 PM$_{2.5}$ 和 PM$_{10}$ 样品中的 A/C 值，各监测点的整体中和度较高，比值接近于 1，且所有 A/C 小于 1，颗粒物样品总体呈现弱碱性，这也与其大规模建设、排放较多的扬尘较多有关。4 个监测点 PM$_{2.5}$ 的 NH$_4^+$ 浓度/C 分别为 0.86、0.84、0.85 和 0.82，PM$_{10}$ 的 NH$_4^+$ 浓度/C 分别为 0.77、0.74、0.74 和 0.77，表明 NH$_4^+$ 是 PM$_{2.5}$ 中起主要中和作用的碱性离子，其他阳离子对中和作用的贡献较弱，与细颗粒物相比，PM_{10} 的 NH_4^+ 浓度 A/C 比值较低，这说明其他阳离子如 Na^+、K^+、Mg^{2+}、Ca^{2+} 对中和作用的贡献更强，这与 PM_{10} 含有更多的 Na、K、Mg、Ca 等地壳元素有关。

当 NH_4^+ 与 SO_4^{2-} 的摩尔比为 2 时，代表硫酸盐完全中和形成 $(NH_4)_2SO_4$，4 个监测点 NH_4^+ 浓度/SO_4^{2-} 浓度均大于 2，说明颗粒物中硫酸盐完全中和形成 $(NH_4)_2SO_4$ 且 NH_4^+ 富余，剩余的 NH_4^+ 和 NO_3^- 反应形成 NH_4NO_3。

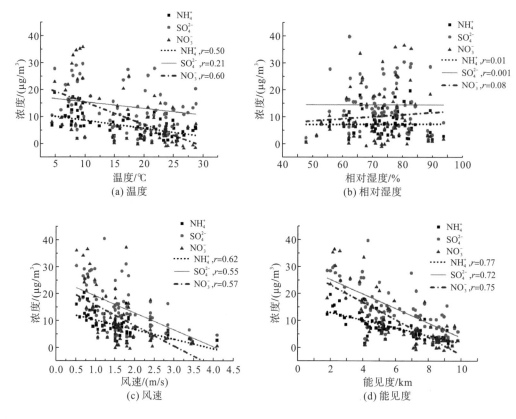

图 5-9 成都平原地区 $PM_{2.5}$ 中阴离子当量和阳离子当量线性关系

表 5-8 川东北地区 $PM_{2.5}$ 和 PM_{10} 中阴、阳离子当量比

采样点	颗粒物类型	A/C	NH_4^+ 浓度/C	NH_4^+ 浓度/SO_4^{2-} 浓度	NO_3^- 浓度/SO_4^{2-} 浓度
顺庆区	$PM_{2.5}$	0.96	0.86	2.84	0.88
	PM_{10}	0.97	0.77	2.80	0.91
嘉陵区	$PM_{2.5}$	0.93	0.84	2.86	0.88
	PM_{10}	0.89	0.74	2.52	0.82
高坪区	$PM_{2.5}$	0.92	0.85	3.17	0.80
	PM_{10}	0.83	0.74	2.67	0.70
桂花乡	$PM_{2.5}$	0.85	0.82	3.27	0.88
	PM_{10}	0.90	0.77	3.23	0.72

5.6.2　离子存在形式

研究采用离子间的相关系数法确定各个季节颗粒物中无机盐的存在形式,即无机离子优先和相关性高的其他离子构成化学物质,假定 NH_4^+ 首先与 SO_4^{2-} 结合生成 $(NH_4)_2SO_4$ 或 NH_4HSO_4,剩下的 NH_4^+ 和 NO_3^- 反应生成 NH_4NO_3,剩下 NO_3^- 存在形式将由颗粒物中存在的其他离子决定。Na^+ 首先和 Cl^- 结合生成 $NaCl$,多余的 Na^+ 与 NO_3^- 形成 $NaNO_3$。若还有多余的 NO_3^-,将和 Ca^{2+}、Mg^{2+} 结合生成 $Ca(NO_3)_2$ 和 $Mg(NO_3)_2$。表 5-9~表 5-11 比较了成都平原地区、川南地区各个季节以及川东北地区 $PM_{2.5}$ 中主要离子的相关系数,根据相关系数可以确定,$PM_{2.5}$ 中离子的主要存在形式包括 $(NH_4)_2SO_4$、NH_4NO_3、KNO_3、$NaCl$、$Ca(NO_3)_2$、$CaCl_2$、$MgCl_2$,此外还包括 Na_2SO_4、$NaNO_3$、$Mg(NO_3)_2$ 等。

表 5-9　成都平原地区各季节 $PM_{2.5}$ 离子间相关系数

相关系数	春季	夏季	秋季	冬季
NH_4^+ - SO_4^{2-}	0.946**	0.873**	0.898**	0.873**
NH_4^+ - NO_3^-	0.928**	0.688**	0.851**	0.921**
NH_4^+ - Cl^-	0.755**	0.445**	0.572**	0.619**
K^+ - SO_4^{2-}	0.203	0.379**	0.727**	0.564**
K^+ - NO_3^-	0.206	0.587**	0.539**	0.548**
K^+ - Cl^-	0.161	0.550**	0.598**	0.671**
Ca^{2+} - SO_4^{2-}	0.392**	0.135	0.436**	0.154
Ca^{2+} - NO_3^-	0.328**	0.330**	0.514**	0.262**
Ca^{2+} - Cl^-	0.311**	0.102	0.404**	0.432**
Na^+ - SO_4^{2-}	0.703**	0.322**	0.558**	0.446**
Na^+ - NO_3^-	0.709**	0.654**	0.669**	0.611**
Na^+ - Cl^-	0.684**	0.497**	0.734**	0.843**
Mg^{2+} - SO_4^{2-}	0.126	0.096	0.042	0.07
Mg^{2+} - NO_3^-	0.049	0.538**	0.199	0.06
Mg^{2+} - Cl^-	0.120	0.387**	0.236*	-0.017

*表示在 95%置信水平下显著;**表示在 99%置信水平下显著。

表 5-10　川南地区各季节 $PM_{2.5}$ 离子间相关系数

相关系数	春季	夏季	秋季	冬季
NH_4^+ - SO_4^{2-}	0.856**	0.884**	0.682**	0.924**
NH_4^+ - NO_3^-	0.819**	0.743**	0.596**	0.924**
NH_4^+ - Cl^-	0.561**	0.696**	0.459**	0.683**

续表

相关系数	春季	夏季	秋季	冬季
K^+ - SO_4^{2-}	0.373^{**}	0.469^{**}	0.499^{**}	0.660^{**}
K^+ - NO_3^-	0.099	0.496^{**}	0.412^{**}	0.574^{**}
K^+ - Cl^-	-0.057	0.486^{**}	0.355^{**}	0.582^{**}
Ca^{2+} - SO_4^{2-}	0.143^*	0.121	0.050	0.387^{**}
Ca^{2+} - NO_3^-	-0.061	0.063	-0.093	0.261^{**}
Ca^{2+} - Cl^-	-0.067	0.050	-0.017	0.410^{**}
Na^+ - SO_4^{2-}	0.590^{**}	0.409^{**}	0.244^{**}	0.636^{**}
Na^+ - NO_3^-	0.465^{**}	0.673^{**}	0.063	0.513^{**}
Na^+ - Cl^-	0.378^{**}	0.698^{**}	0.126^*	0.433^{**}
Mg^{2+} - SO_4^{2-}	0.127^*	0.143^*	-0.030	0.169^{**}
Mg^{2+} - NO_3^-	0.020	0.105	-0.123^*	0.035
Mg^{2+} - Cl^-	0.032	0.168^*	-0.017	0.201^{**}

*表示在 95%置信水平下显著；**表示在 99%置信水平下显著。

表 5-11 川东北地区南充顺庆区、嘉陵区、高坪区和桂花乡 $PM_{2.5}$ 和 PM_{10} 离子相关系数

监测点颗粒物类型	顺庆区		嘉陵区		高坪区		桂花乡	
	$PM_{2.5}$	PM_{10}	$PM_{2.5}$	PM_{10}	$PM_{2.5}$	PM_{10}	$PM_{2.5}$	PM_{10}
NH_4^+ - SO_4^{2-}	0.89	0.83	0.85	0.92	0.85	0.85	0.86	0.80
NH_4^+ - NO_3^-	0.70	0.50	0.55	0.27	0.51	0.25	0.64	0.44
NH_4^+ - Cl^-	0.59	0.65	0.42	0.58	0.46	0.60	0.45	0.46
Na^+ - SO_4^{2-}	0.73	0.56	0.81	0.47	0.63	0.48	0.43	0.46
Na^+ - NO_3^-	0.70	0.50	0.55	0.27	0.51	0.25	0.64	0.44
Na^+ - Cl^-	0.74	0.47	0.55	0.24	0.42	0.28	0.58	0.35
K^+ - SO_4^{2-}	0.45	0.50	0.44	0.49	0.51	0.46	0.37	0.44
K^+ - NO_3^-	0.38	0.57	0.36	0.59	0.60	0.34	0.39	0.37
K^+ - Cl^-	0.85	0.76	0.91	0.85	0.88	0.72	0.74	0.91
Mg^{2+} - SO_4^{2-}	0.20	0.23	0.32	0.30	0.33	0.30	0.23	0.26
Mg^{2+} - NO_3^-	0.08	0.17	0.21	0.35	0.50	0.22	0.32	0.13
Mg^{2+} - Cl^-	0.67	0.40	0.85	0.69	0.87	0.65	0.65	0.77
Ca^{2+} - SO_4^{2-}	0.45	0.47	0.29	0.38	0.32	0.39	0.16	0.36
Ca^{2+} - NO_3^-	0.39	0.44	0.19	0.09	0.13	0.16	0.43	0.28
Ca^{2+} - Cl^-	0.38	0.48	0.12	0.10	0.05	0.12	0.42	0.17

总体来说，SO_4^{2-} 和 NH_4^+ 的相关性很好，SO_4^{2-} 优先以 $(NH_4)_2SO_4$ 的形式存在，而部分 NH_4^+ 不足的情况下，以 $CaSO_4$、Na_2SO_4 或 K_2SO_4 的形式存在。相比 SO_4^{2-}，NO_3^- 和 NH_4^+ 的相关性稍差，且大部分情况下用于中和 NO_3^- 的 NH_4^+ 明显不足，因此与 NO_3^- 以 NH_4NO_3 存在的比例相比，SO_4^{2-} 以 $(NH_4)_2SO_4$ 存在的比例明显降低，NO_3^- 的存在形式更为广泛，除 NH_4NO_3 以外，其主要形式还包括 KNO_3、$NaNO_3$ 和 $Ca(NO_3)_2$。

各监测点 NH_4NO_3 浓度较高的季节均为冬季，低温条件下比较稳定，不易分解；其次为春季和秋季，主要是沙尘的影响和重污染天气增多、NH_4^+ 中和能力不足、颗粒物酸性增加所导致；夏季 NH_4NO_3 浓度最低，特别是在德阳沙堆、成都西南交大、成都双流和眉山牧马的夏季，NO_3^- 几乎不以 NH_4NO_3 形式存在，这主要是因为高温导致铵盐挥发所致。温度和湿度是影响硝酸盐存在形式的重要气象因素，NH_4NO_3 的热动力学特性表明，在低湿度的大气中，NH_4NO_3 易分解为 HNO_3 和 NH_3 重新返回大气，而在高湿的环境中易存在于颗粒物中，这是冬季吸湿性的表现之一。

由于 $(NH_4)_2SO_4$ 的形成比 NH_4NO_3 的形成更有利，且硝酸盐已在高温下分解，硝酸盐在夏季远少于硫酸盐，而冬季 1 月和 2 月基本相当，是由高湿度和低温有利于硝酸盐的形成和存在所致。

Na^+ 和 Cl^- 具有较好的相关性，$NaCl$ 是颗粒物中离子普遍的存在形式。由于成都平原地区地处西部内陆盆地，受海洋来源影响较小，Na^+ 主要来自土壤尘，Cl^- 主要来自燃烧源排放。

5.7　二次无机气溶胶体系分析

5.7.1　硫酸盐

硫酸盐是导致降水酸化和酸雨出现的主要原因之一，并能通过呼吸道进入人体肺部，引发严重的呼吸道疾病，同时也是引起大气能见度降低、气候"制冷效应"的重要物质。SO_2 既可以通过气相也可以通过液相的氧化反应生成 SO_4^{2-}。液相氧化反应的速度比气相氧化反应要快得多。通过氧化剂(主要是 OH 自由基)的气相氧化反应在白天发生(在夜间可忽略)，其转化率平均为每小时 $0.1\%\sim1\%$。该转化率随季节和地理位置的不同，相差至少可达 2 倍。SO_2 的液相氧化可能是更重要的途径(Pandis and Seinfeld，1989)。SO_2 溶解于云、雾和雨水，通过液相氧化生成硫酸盐，其在云中的转化率可达 100%/h，较高的相对湿度也为非均相反应提供了较多的反应介质。在夏季，由于大气中 O_3、H_2O_2 和 OH 等氧化剂的浓度以及气温均较高，SO_2 生成 SO_4^{2-} 的转化率也相应较高(Robarge，2002)。SO_4^{2-}、NO_x 和 CH 的排放也可以增强这一光化学氧化率。

$PM_{2.5}$ 中硫酸盐绝大部分来源于气态污染物的化学转化，图 5-10 分析了成都平原地区 SO_4^{2-} 与气态污染物 SO_2 的相关性，SO_4^{2-} 与气态污染物 SO_2 的相关性在不同季节和区域有一定差异。从季节上看，成都平原地区冬季和春季相关性较好，相关系数达到 0.7 左右，而夏季较差，相关系数在 0.3 左右，主要是由于这一转化过程受多种因素的影响，如大气氧化性、相对湿度、温度、NH_3 中和程度等。从拟合线斜率大小还可以看出，冬季 SO_2 浓度显著增加，但其转化率较低，尽管夏季 SO_2 浓度较低，但其转化率较高，说明夏季高温高湿，有利于光化学反应，促进其发生转化，但同时反应速率受温度、相对湿度影响增强，使其反应更为复杂，相关性差。从区域上看，SO_4^{2-} 与气态污染物 SO_2 的相关性成都人民南路(0.6)相对较高，而成都双流(0.45)相对较低。

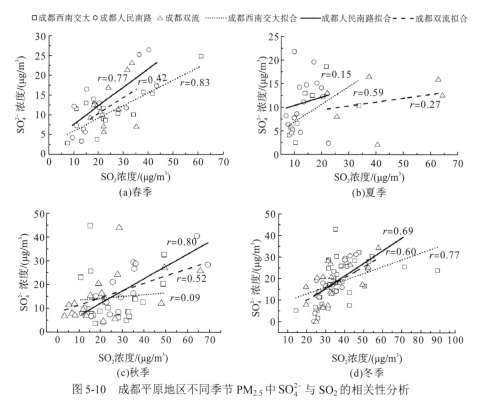

图 5-10　成都平原地区不同季节 $PM_{2.5}$ 中 SO_4^{2-} 与 SO_2 的相关性分析

5.7.2　硝酸盐

硝酸盐是大气氮氧化物氧化的最终产物，在大气氮氧化物循环中起重要作用。和硫酸盐类似，硝酸盐也能导致严重的酸沉降和能见度降低。硝酸盐主要是由 NO_x(包括 NO 和 NO_2)在大气中发生均相反应形成 HNO_3 之后，再与 NH_3 反应而生成亚微米的硝酸铵粒子，或与已有的颗粒物反应。在白天，NO_2 主要通过与 OH 反应生成气态硝酸(HNO_3)，该反应比 SO_2 与 OH 的反应约快 10 倍，其转化率的极值可达每小时 10%～50%。在夜晚，NO_2 通过涉及 O_3 和硝酸盐自由基的一系列反应生成 HNO_3。硝酸盐的存在形式受到气象参数(温度和相对湿度)和其他物种(如硫酸盐)的存在形式及酸性的影响。在高温低湿的条件下，NH_4NO_3 具有高挥发性，易于分解成气态的硝酸和氨。

$PM_{2.5}$ 中硝酸盐绝大部分来源于气态污染物的化学转化，图 5-11 分析了成都平原地区 NO_3^- 与气态污染物 NO_2 的相关性，NO_3^- 与气态污染物 NO_2 的相关性明显优于 SO_4^{2-} 和 SO_2，表明 NO$_2$ 浓度对 NO$_3^-$ 影响更大，由于 SO$_4^{2-}$ 在空气中存在时间远长于 NO$_3^-$，易于远距离传输，受外界影响大，相关性相对较低，而 NO$_3^-$ 主要受区域内本地源影响，相关性相对较高。不同季节和区域有一定差异，从季节上看，秋季、春季和冬季相关性达到 0.7 左右，夏季 0.63。从区域上看，NO$_3^-$ 与气态污染物 NO$_2$ 的相关性，成都人民南路(0.75)相对较高，而成都双流(0.62)相对较低。

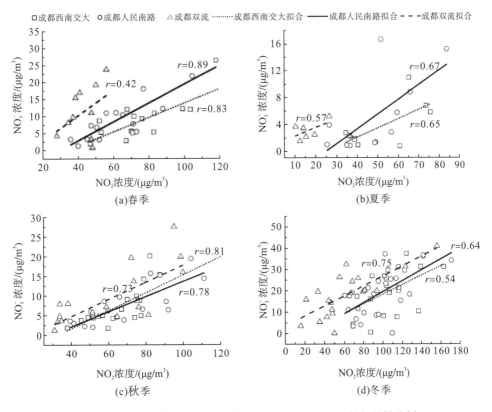

图 5-11　成都平原地区不同季节 PM$_{2.5}$ 中 NO$_3^-$ 与 NO$_2$ 的相关性分析

5.7.3　SOR 和 NOR

硫酸盐中硫含量与总硫的比值和硝酸盐中氮含量与总氮的比值可用来评价大气环境中 SO$_2$ 向 SO$_4^{2-}$ 的二次转化率(sulfur oxidation ratio，SOR)和 NO$_2$ 向 NO$_3^-$ 的二次转化率(nitrogen oxidation ratio，NOR)(Kaneyasu et al.,1995)，SOR 和 NOR 的数值大小可以用来作为生成二次污染物的指示参数，SOR 和 NOR 值越大，说明大气中的 SO$_2$ 和 NO$_2$ 生成二次污染物越多。

研究认为，一次污染物的 SOR 和 NOR 大于 0.10 时大气中存在 SO$_2$ 和 NO$_x$ 的化学氧化过程。图 5-12 和图 5-13 分别比较了成都平原地区和川南地区 SOR 和 NOR 的季节变化。

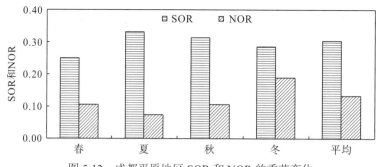

图 5-12 成都平原地区 SOR 和 NOR 的季节变化

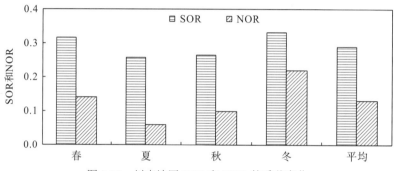

图 5-13 川南地区 SOR 和 NOR 的季节变化

　　成都平原地区的 SOR 和 NOR 年均值分别为 0.31 和 0.13，川南地区的 SOR 和 NOR 年均值分别为 0.29 和 0.13，两者均大于 0.1，SOR 年均值是 NOR 年均值的 2.2～2.4 倍，SO_2 二次转化率高于 NO_2 二次转化率，即 SO_2 二次污染较 NO_2 更易于发生二次转化。

　　成都平原地区 SOR 春、夏、秋、冬四季的值分别为 0.25、0.33、0.31、0.29，表明各个季节都存在较为强烈的二次转化，夏季和秋季的高温高湿利于发生化学反应，SOR 值相对较高，而冬季和春季虽然前体物 SO_2 的浓度相对其余夏季和秋季更高，但低温下 NO_3^- 稳定，与竞争 SOR 值相对较低；NOR 春、夏、秋、冬四季的值分别为 0.11、0.07、0.11、0.19，除夏季低于 0.1 外，其余三个季节均高于 0.1，夏季最低的原因是硝酸盐在高温下不稳定。冬季 NOR 值相对最高，说明冬季静稳的气象条件更有利于 NO_2 向 NO_3^- 的二次转化，且低温的气象条件下硝酸盐更易稳定存在。

　　川南地区 SOR 春、夏、秋、冬四季的值分别为 0.32、0.26、0.27、0.33，二次转化依然强烈，春季和冬季的 SOR 值相对较高，前体物 SO_2 的浓度相对夏季和秋季更高；NOR 春、夏、秋、冬四季的值分别为 0.14、0.06、0.10、0.22，除夏季低于 0.1 外，其余三个季节均高于 0.1。

　　从空间分布上看，由图 5-14 和图 5-15 可知，成都平原地区各监测点(除德阳沙堆冬季、西南交大春季、成都双流夏季、眉山牧马冬季)SOR 和 NOR 的变化规律明显呈相反的变化趋势，当 SOR 高时 NOR 低，当 SOR 低时 NOR 高，即竞争型；德阳沙堆冬季、成都双流夏季 SOR 和 NOR 的变化规律呈相同的变化趋势，当 SOR 高时 NOR 高，当 SOR 低时 NOR 低，即协同型 SOR 和 NOR。川南地区各监测点(除乐山夏季、宜宾春季)SOR

和 NOR 的变化规律明显呈一致性变化趋势，当 SOR 高时 NOR 高、SOR 低时 NOR 低，即协同型；而乐山（包括市监测站和三水厂）夏季 SOR 和 NOR 的变化规律呈相反的变化趋势，当 SOR 高时 NOR 低、SOR 低时 NOR 高，即竞争型。

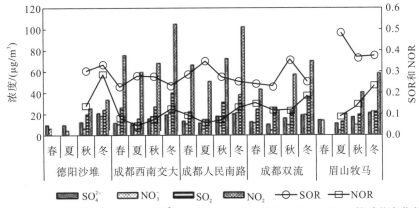

图 5-14　成都平原地区 PM$_{2.5}$ 中 SO$_4^{2-}$、SO$_2$、SOR 和 NO$_3^-$、NO$_2$、NOR 的季节变化趋势

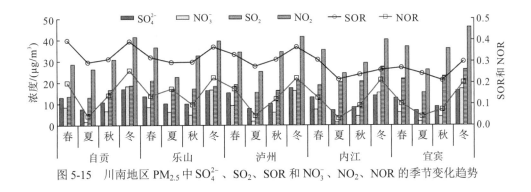

图 5-15　川南地区 PM$_{2.5}$ 中 SO$_4^{2-}$、SO$_2$、SOR 和 NO$_3^-$、NO$_2$、NOR 的季节变化趋势

对于竞争型 SOR 和 NOR，其显著特点是大气中 NO$_2$ 浓度远远大于 SO$_2$ 浓度。虽然理论上 NO$_2$ 向 NO$_3^-$ 的二次转化可以提供 SO$_2$ 向 SO$_4^{2-}$ 二次转化所需的 O$_3$（Ammann et al., 1998），SOR 和 NOR 变化规律应该一致，但是由于实际大气中和 SO$_4^{2-}$ 和 NO$_3^-$ 的 NH$_4^+$ 浓度是一定的，在实际大气中 SO$_4^{2-}$ 和 NO$_3^-$ 竞争性地与 NH$_4^+$ 结合，从而形成竞争型 SOR 和 NOR。

对于协同型 SOR 和 NOR，其显著特点是大气中 NO$_2$ 浓度与 SO$_2$ 浓度较为接近或 NO$_2$ 浓度小于 SO$_2$ 浓度。因为低浓度的 NO$_2$ 限制，NO$_2$ 向 NO$_3^-$ 的二次转化只能为 SO$_2$ 向 SO$_4^{2-}$ 的二次转化提供有限的 O$_3$，所以 SOR 随着 NOR 变化而变化。

5.7.4　硫酸盐、硝酸盐和铵盐的变化规律及相互作用

机动车排放的 NO$_2$ 是大气中 NO$_3^-$ 的主要来源，而 SO$_4^{2-}$ 主要是由燃煤释放的 SO$_2$ 转化而来的。因此，NO$_3^-$ 和 SO$_4^{2-}$ 的质量浓度比可用来评价移动源（机动车排放）和固定源（燃煤）对大气中氮和硫来源的影响。当机动车排放影响超过燃煤影响时，NO$_3^-$ 和 SO$_4^{2-}$ 的

质量浓度比会大于 1。成都平原地区 $PM_{2.5}$ 中 NO_3^- 和 SO_4^{2-} 的质量浓度比的平均值为 0.69（年平均），其值低于北京（1.04）、天津（0.86）和石家庄（0.80）等（赵普生等，2011），但高于西安（0.43）（Shen et al., 2009）、青岛（0.35）（Hu et al., 2002）、广州（0.27）（Hagler et al., 2006）和香港（0.13）（Louie et al., 2005）。因此，成都平原地区和川南地区相对低的 NO_3^- 和 SO_4^{2-} 的质量浓度比（0.69、0.68），揭示固定源（燃煤）依然是 $PM_{2.5}$ 的主要来源。然而，在机动车数量快速增加的背景下，其排放的 NO_x 影响不应该被忽视。

比较成都平原地区（图 5-16（a））$PM_{2.5}$ 中不同季节 NO_3^- 和 SO_4^{2-}、NO_3^- 和 NH_4^+、SO_4^{2-} 和 NH_4^+ 的质量浓度比发现，NO_3^- 和 SO_4^{2-}、NO_3^- 和 NH_4^+、SO_4^{2-} 和 NH_4^+ 的质量浓度比冬季分别为 1.02、1.72、1.70，春季分别为 0.82、1.52、1.84，秋季为 0.53、1.15、2.17，夏季为 0.41、0.83、2.04。川南地区（图 5-16（b））$PM_{2.5}$ 中 NO_3^- 和 SO_4^{2-}、NO_3^- 和 NH_4^+、SO_4^{2-} 和 NH_4^+ 的质量浓度比冬季分别为 1.03、1.56、1.50，春季分别为 0.57、1.11、1.96，秋季分别为 0.51、0.94、1.83，夏季分别为 0.27、0.51、1.86。原因是在冬季，虽然大气的化学活性不强，但高浓度的气态前体物、低温和一定的湿度及其他因素也可导致大量的二次 NO_3^- 生成并稳定存在；相反，夏季大气活跃，温度高，NH_4^+ 和 NO_3^- 易于转变成气态化合物而挥

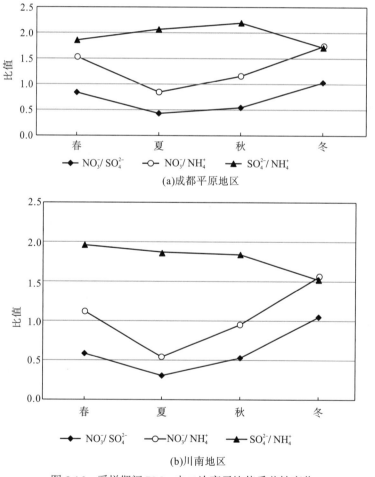

(a)成都平原地区

(b)川南地区

图 5-16 采样期间 $PM_{2.5}$ 中二次离子比值季节性变化

发，因而夏季颗粒物中 NH_4^+ 和 NO_3^- 整体浓度较低，而 SO_4^{2-} 相对稳定，夏季比例反而最大。同时 SO_4^{2-} 和 NO_3^- 竞争性与 NH_4^+ 相结合，两者含量变化呈相反趋势。当 SO_4^{2-} 含量升高时 NO_3^- 含量降低，而当 SO_4^{2-} 含量降低时 NO_3^- 含量升高，即此消彼长。

从空间分布上看，德阳沙堆 NO_3^- 和 SO_4^{2-}、NO_3^- 和 NH_4^+ 明显小于成都西南交大、成都双流、成都人民南路、眉山牧马（图 5-17(a)），表明在快速城市化的背景下，城区空气质量受机动车尾气排放的影响日益严重；而上风向郊区空气质量相对受固定源（燃煤等）影响相对较大，受机动车影响小，但处于下风向郊区的眉山牧马 NO_3^- 和 SO_4^{2-} 的质量浓度比也高，主要是受上风向较重的机动车尾气等影响，在输送过程中发生化学反应转化为硝酸盐，比例增加。自贡春华路和檀木林站点 NO_3^- 和 SO_4^{2-} 的质量浓度比、NO_3^- 和 NH_4^+ 的质量浓度比均较大（图 5-17(b)），说明自贡 2 个监测点受机动车尾气排放的影响更多一些。泸州兰田宪桥站点 SO_4^{2-} 和 NH_4^+ 的质量浓度比最高，说明该监测点的 $PM_{2.5}$ 浓度受固定源（燃煤等）影响更大。

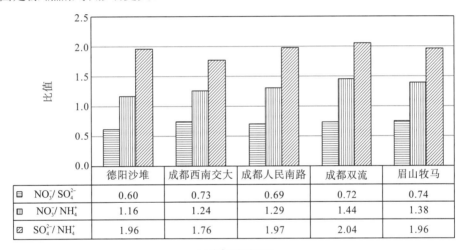

	德阳沙堆	成都西南交大	成都人民南路	成都双流	眉山牧马
NO_3^-/SO_4^{2-}	0.60	0.73	0.69	0.72	0.74
NO_3^-/NH_4^+	1.16	1.24	1.29	1.44	1.38
SO_4^{2-}/NH_4^+	1.96	1.76	1.97	2.04	1.96

(a)成都平原地区

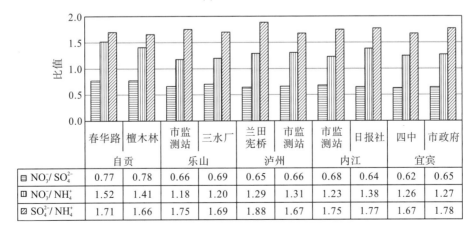

	自贡		乐山		泸州		内江		宜宾	
	春华路	檀木林	市监测站	三水厂	兰田宪桥	市监测站	市监测站	日报社	四中	市政府
NO_3^-/SO_4^{2-}	0.77	0.78	0.66	0.69	0.65	0.66	0.68	0.64	0.62	0.65
NO_3^-/NH_4^+	1.52	1.41	1.18	1.20	1.29	1.31	1.23	1.38	1.26	1.27
SO_4^{2-}/NH_4^+	1.71	1.66	1.75	1.69	1.88	1.67	1.75	1.77	1.67	1.78

(b)川南地区

图 5-17　成都平原地区和川南地区各监测点 $PM_{2.5}$ 中二次离子质量浓度比值变化图

5.8 本章小结

本章所得结论如下：

(1)成都平原地区 $PM_{2.5\sim10}$ 中无机水溶性离子总量约 $11.35\mu g/m^3$，占 PM_{10} 的比例为 37.8%；$PM_{2.5}$ 中无机水溶性离子总量约 $36.93\mu g/m^3$，占 PM_{10} 的比例为 46.6%。川南地区 $PM_{2.5\sim10}$ 中无机水溶性离子总量约 $5.02\mu g/m^3$，占比 35.5%；$PM_{2.5}$ 中无机水溶性离子总量约 $27.69\mu g/m^3$，占比 40.4%。川东北地区南充顺庆区、嘉陵区、高坪区和桂花乡 $PM_{2.5}$ 中无机水溶性离子在细颗粒物 $PM_{2.5}$ 中的比例分别为 42.6%、38.2%、42.5%和 32.2%，在可吸入颗粒物 PM_{10} 中的比例分别为 36.0%、33.2%、35.1%和 32.4%。$PM_{2.5\sim10}$ 和 $PM_{2.5}$ 中无机水溶性离子浓度季节差异明显，冬季、春季、秋季较大，夏季最小。

(2)$PM_{2.5}$ 和 $PM_{2.5\sim10}$ 中水溶性离子粒径分布结果显示，SO_4^{2-}、NH_4^+ 主要分布在 $PM_{2.5}$ 中；NO_3^-、Cl^-、K^+ 在 $PM_{2.5}$ 中占比略高于 $PM_{2.5\sim10}$；Ca^{2+}、Mg^{2+} 主要分布在 $PM_{2.5\sim10}$ 中。$PM_{2.5}$ 中 SO_4^{2-} 的比例呈夏季和秋季高、春季和冬季低；而 NO_3^- 冬季高、夏季低，春季和秋季趋同；NH_4^+ 的变化幅度最小，保持在 10%左右；K^+ 比例春季和秋季略高；Ca^{2+} 比例春季、秋季、冬季高于夏季；Cl^- 比例冬季高于春季、夏季、秋季。

(3)$PM_{2.5}$ 中硫酸盐、硝酸盐绝大部分来源于气态污染物的化学转化。SO_4^{2-} 与气态污染物 SO_2 相关性春季和冬季较好，而夏季最差。NO_3^- 与气态污染物 NO_2 的相关性较好，秋季、春季和冬季略高于夏季。SOR 和 NOR 竞争性地与 NH_4^+ 相结合，变化规律明显呈相反的变化趋势，当 SOR 高时 NOR 低，当 SOR 低时 NOR 高，即竞争型。SOR 值夏季、秋季相对较高，冬季和春季相对较低；NOR 冬季最高，夏季最低。成都平原地区和川南地区相对低的 NO_3^- 和 SO_4^{2-} 的质量浓度比(0.69、0.68)，揭示了固定源(燃煤)依然是 $PM_{2.5}$ 的主要来源。

第 6 章　细颗粒物中碳质和无机元素组分特征

本章系统地分析成都平原地区、川南地区和川东北地区 $PM_{2.5}$ 中碳质组分 OC 与 EC 浓度水平、时空变化特征、OC 与 EC 浓度比值、二次有机气溶胶、无机元素等特征。

6.1　$PM_{2.5}$ 中碳质组分的污染特征

6.1.1　浓度水平

成都平原地区德阳沙堆、成都西南交大、成都人民南路、成都双流、眉山牧马碳质组分 OC 分别为 $9.4\mu g/m^3$、$17.1\mu g/m^3$、$13.1\mu g/m^3$、$12.6\mu g/m^3$、$15.7\mu g/m^3$，EC 分别为 $3.3\mu g/m^3$、$6.5\mu g/m^3$、$4.7\mu g/m^3$、$4.1\mu g/m^3$、$6.6\mu g/m^3$。德阳沙堆 $PM_{2.5}$ 中 OC 和 EC 的平均浓度明显低于其他监测点，说明上风向的郊区受影响较小，而城区和下风向郊区眉山牧马受影响较大。川南地区自贡、乐山、泸州、内江、宜宾 OC 平均浓度分别为 $11.64\mu g/m^3$、$9.58\mu g/m^3$、$10.79\mu g/m^3$、$11.64\mu g/m^3$、$10.62\mu g/m^3$，EC 平均浓度分别为 $2.90\mu g/m^3$、$2.22\mu g/m^3$、$2.61\mu g/m^3$、$2.91\mu g/m^3$、$2.38\mu g/m^3$。川东北地区南充顺庆区、嘉陵区、高坪区和桂花乡的 OC 平均浓度分别为 $14.8\mu g/m^3$、$12.0\mu g/m^3$、$11.7\mu g/m^3$、$13.4\mu g/m^3$，EC 平均浓度分别为 $3.2\mu g/m^3$、$4.1\mu g/m^3$、$3.9\mu g/m^3$ 和 $3.9\mu g/m^3$。

成都平原地区、川南地区和川东北地区 OC 和 EC 浓度与其他城市相比，普遍低于北京、广州等城市（表 6-1）。过去十年，四川各城市均设置了高污染燃料禁燃区，禁止燃煤。城区的燃煤小锅炉或被拆除，或被清洁燃料所代替，主要工业污染源也逐步外迁，主要增长的污染源为移动源，各城市也采取了相应缓解机动车污染的方法，所以与国内大城市相比，OC、EC 浓度相对略低，但与国外城市相比仍然较高，仍要加大力度控制其排放。

表 6-1　热光透射法测定 $PM_{2.5}$ 中 OC 和 EC 浓度及 OC 与 EC 浓度比值

地点	时间	OC/($\mu g/m^3$)	EC/($\mu g/m^3$)	OC 与 EC 浓度比值	参考源
德阳沙堆	2013.8～2014.7	9.4	3.3	2.8	本书
成都西南交大	2013.8～2014.7	17.1	6.5	2.6	本书
成都人民南路	2013.8～2014.7	13.1	4.7	2.8	本书
成都双流	2013.8～2014.7	12.6	4.1	3.1	本书
眉山牧马	2013.8～2014.7	15.7	6.6	2.4	本书
自贡	2015.9～2016.10	11.64	2.90	5.22	本书

续表

地点	时间	OC/(μg/m³)	EC/(μg/m³)	OC 与 EC 浓度比值	参考源
乐山	2015.9~2016.10	9.58	2.22	5.02	本书
泸州	2015.9~2016.10	10.79	2.61	4.87	本书
内江	2015.9~2016.10	11.64	2.91	5.03	本书
宜宾	2015.9~2016.10	10.62	2.38	5.16	本书
南充顺庆区	2014.12~2016.4	14.8	3.2	6.1	本书
南充嘉陵区	2014.12~2016.4	12.0	4.1	4.4	本书
南充高坪区	2014.12~2016.4	11.7	3.9	4.9	本书
南充桂花乡	2014.12~2016.4	13.4	3.9	5.1	本书
成都	2009.4~2010.1	22.6	9.0	—	张智胜等 (2013)
深圳	2009.1~2009.12	8.3	4.7	—	黄晓锋等 (2014)
厦门	2010~2011	9.21	4.98	1.85	钱冉冉(2012)
北京	2002.1~2003.7	21.4	5.7	3.8	Feng 等(2009)
上海	2005.10~2006.8	14.7	2.8	5.0	Feng 等(2009)
广州	2002.7~2002.11	18.4	6.4	2.9	Feng 等(2009)

6.1.2 时空变化特征

德阳沙堆、成都、眉山牧马碳质组分的月变化与颗粒物质量浓度的变化趋势类似，见表 6-2。10 月、11 月、12 月、1 月、2 月浓度较高，与颗粒物 OC 与 EC 丰度较高的排放源有生物质燃烧与机动车尾气(>10%)、渣油与煤炭燃烧(1%~10%)以及秋冬季不利于污染扩散相关。

表 6-2　成都平原地区 PM$_{2.5}$中 OC 和 EC 浓度月变化　　　　　(单位：μg/m³)

月份	德阳沙堆		成都西南交大		成都人民南路		成都双流		眉山牧马	
	OC	EC	OC	EC	OC	EC	OC	EC	OC	EC
8	5.5	1.2	7.9	2.0	8.8	2.3	7.6	1.8	9.9	2.7
9	5.2	1.6	9.8	2.3	8.4	3.4	8.5	2.6	10.9	3.4
10	9.3	3.9	20.0	4.5	13.5	6.0	17.0	3.8	24.8	9.3
11	11.1	3.8	16.2	5.0	6.5	1.9	12.2	3.6	12.9	4.7
12	13.8	5.4	24.2	10.9	24.0	10.1	25.3	6.2	26.3	12.4
1	18.2	6.2	29.9	11.4	19.5	5.5	21.7	6.0	24.7	13.3
2	11.3	3.4	14.3	6.1	17.8	5.8	11.2	3.1	13.3	4.6
3	10.1	3.5	13.5	5.5	12.6	3.2	12.2	6.2	14.2	5.2
4	4.4	1.4	8.5	4.3	9.9	3.2	7.7	3.2	9.3	4.8
5	8.7	2.3	9.0	4.2	9.3	2.6	9.8	3.6	14.9	4.1
6	6.6	2.4	8.4	4.6	7.9	3.3	7.8	4.5	7.9	4.1
7	6.1	1.9	6.0	2.9	8.0	3.2	6.3	2.9	7.3	3.3

　　乐山、内江、自贡、泸州、宜宾碳质组分的月变化与颗粒物质量浓度的变化趋势类似（表6-3）。12月、1月、2月、3月、5月浓度较高，由图6-1和图6-2可以看出，$PM_{2.5}$中 OC、EC 质量浓度随季节的变化比较明显，冬季最高，秋季和春次之，夏季最低，主要原因是冬季的气象特征较稳定、风速低，不利于污染物的扩散，促进了有机物的累积，而夏季虽二次反应强烈，但受强对流天气影响，扩散条件好，不易累积。

表 6-3　川南地区 $PM_{2.5}$ 中 OC 和 EC 浓度月变化　　　　　　　　（单位：$\mu g/m^3$）

月份	乐山				内江				自贡				泸州				宜宾			
	市监测站		三水厂		市监测站		日报社		春华路		檀木林		市监测站		兰田宪桥		四中		市政府	
	OC	EC	OC	EC	OC	EC	OC	EC	OC	EC	OC	EC	OC	EC	OC	EC	OC	EC	OC	EC
1	16.5	3.9	17.6	3.7	17.3	7.7	15.9	5.6	13.8	5.3	15.1	3.9	15.9	3.9	19.8	4.6	19.0	4.5	18.7	4.8
2	12.6	1.8	13.4	1.5	16.2	7.6	13.7	2.9	16.4	5.3	15.4	2.3	15.0	4.7	12.0	5.1	18.7	2.5	14.6	2.3
3	10.1	1.8	10.0	1.5	11.3	1.7	11.2	1.8	13.1	1.9	12.0	1.7	11.4	1.7	12.2	5.9	12.4	2.3	13.5	2.0
4	5.9	1.3	5.6	0.8	6.9	1.1	6.3	2.3	7.6	1.2	7.5	1.2	6.5	1.2	8.0	1.4	10.1	1.4	6.6	1.5
5	11.1	2.0	10.9	2.3	20.8	3.7	16.7	3.1	16.9	2.4	12.7	2.2	11.5	1.9	16.1	2.7	11.5	2.4	10.6	2.0
6	7.2	1.3	6.1	1.7	5.5	1.9	4.8	1.7	4.8	1.5	4.5	1.4	3.4	1.2	5.1	1.8	4.9	1.4	4.3	1.4
7	4.6	1.5	4.6	1.5	5.0	1.5	5.2	1.8	4.5	1.0	4.4	1.3	5.5	2.2	8.2	1.8	4.5	1.2	4.6	1.3
8	7.2	1.7	8.4	1.6	6.7	1.7	5.7	2.0	7.6	1.4	6.6	1.5	5.6	1.3	7.7	1.7	5.5	1.2	5.9	1.8
9	5.7	1.6	6.4	1.8	7.8	2.3	7.4	1.9	8.5	1.9	7.1	1.6	7.3	1.8	10.1	2.1	7.2	1.5	7.5	1.4
10	9.4	4.0	9.9	3.3	12.9	3.0	11.2	1.9	14.4	5.1	13.8	4.2	8.4	1.9	12.7	2.0	9.7	3.0	10.0	2.8
11	9.6	2.2	11.1	1.5	11.5	3.1	9.0	1.7	10.8	3.5	9.5	1.3	8.8	2.9	8.6	3.1	8.1	1.7	8.6	2.3
12	17.5	2.9	12.9	3.9	20.7	3.6	17.9	3.3	19.8	2.5	16.4	4.7	13.0	4.2	16.3	3.2	17.4	3.0	15.3	4.9

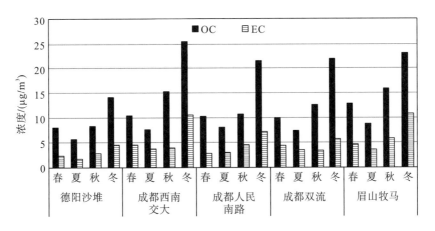

图 6-1　成都平原地区 OC 和 EC 的季节变化

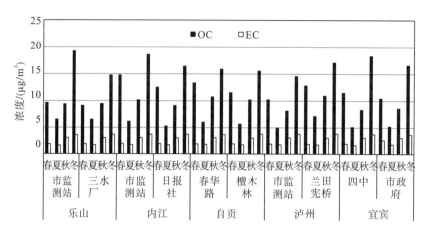

图 6-2　川南地区 OC 和 EC 的季节变化

如图 6-3～图 6-6 所示，南充顺庆区和桂花乡的变化趋势类似：OC 质量浓度在 2015 年 1 月和 12 月有两个峰值，EC 质量浓度在 2016 年 1 月达到最高。高坪区 OC 浓度水平在 2016 年 1 月和 2 月较高，其次是 2015 年 10 月；EC 浓度水平在 2016 年 1 月最高；嘉陵区 OC 最高的月份为 2015 年 1 月，其次为 2015 年 10 月；EC 在 2015 年 1 月和 2016 年 1 月有两个峰值。除了在冬季(12 月、1 月和 2 月)浓度水平较高，嘉陵区和高坪区的 OC 在 10 月也有较高的浓度。从嘉陵区和高坪区 OC 的月变化中更明显地反映出 10 月生物质燃烧对空气质量的影响，导致 10 月超高的 OC 浓度。顺庆区和桂花乡在 5 月和 10 月的 OC 浓度也较高，但低于高坪区和嘉陵区。顺庆区、嘉陵区、高坪区和桂花乡的 OC 季节变化趋势和 Zhang 等(2008)在中国主要城市的观测结果一致，OC 浓度冬季最高，分别为 21.4μg/m³、17.2μg/m³、19.1μg/m³ 和 19.8μg/m³，秋季和春季次之，夏季最低，各季分别为 6.2μg/m³、5.3μg/m³、5.8μg/m³ 和 6.5μg/m³。EC 的季节变化趋势与 OC 有所差别，季节变化为冬季＞春季＞秋季＞夏季，且变化幅度明显减小。

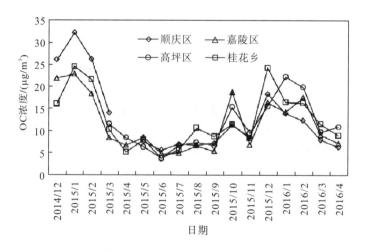

图 6-3　采样期间川东北地区各监测点 OC 质量浓度

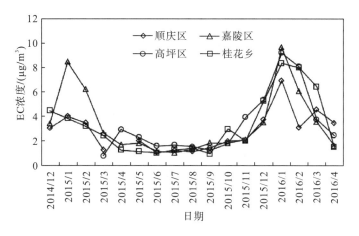

图 6-4　采样期间川东北地区各监测点 EC 质量浓度

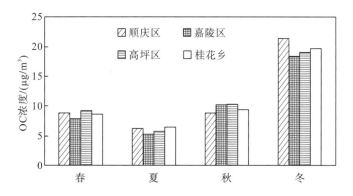

图 6-5　川东北地区各监测点 OC 浓度的季节变化

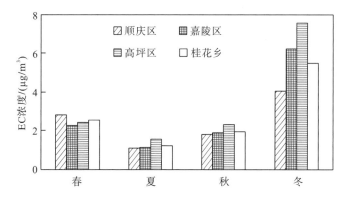

图 6-6　川东北地区各监测点 EC 浓度的季节变化

总体来说，成都平原地区 OC 和 EC 的平均浓度最高，分别为 13.6μg/m³ 和 5.0μg/m³；川东北地区 OC 和 EC 的平均浓度次之，分别为 13.0μg/m³ 和 3.8μg/m³；川南地区 OC 和 EC 的平均浓度分别为 10.9μg/m³ 和 2.6μg/m³。

6.1.3　OC 与 EC 浓度比值

　　OC 与 EC 浓度比值是确定污染源排放和碳质气溶胶转化特征的重要指标。若 OC 和 EC 较高，OC 与 EC 浓度比值波动较大，可能受到多个混合源的影响。化石燃料燃烧的 OC 与 EC 浓度比值为 4.0，机动车排放的 OC 与 EC 浓度比值为 1.1(Watson et al., 2001)，而居民燃煤和生物质燃烧具有较高的 OC 与 EC 浓度比值，分别达 8.2~12 和 10.0~16.3 (Tao et al.,2013a; Li et al.,2009; Cao et al.,2005)。

　　成都平原地区德阳沙堆、成都西南交大、成都人民南路、成都双流、眉山牧马的 OC 与 EC 浓度比值分别为 3.4、3.1、3.4、3.4、2.9(表 6-4)。川南地区乐山(市监测站、三水厂)、内江(市监测站、日报社)、自贡(春华路、檀木林)、泸州(市监测站、兰田宪桥)、宜宾(四中、市政府)的 OC 与 EC 浓度比值分别为(5.1、5.1)、(5.0、4.8)、(5.2、5.1)、(4.6、5.1)、(5.3、4.9)(表 6-5)。川东北地区南充顺庆区、嘉陵区和高坪区的 OC 与 EC 浓度比值平均为 6.1、4.4、4.9。成都平原地区相对最低，川南、川东北地区基本相当。与其他城市相比，低于北京(6.4)、武汉(6.7)，高于重庆(5.1)、上海(5.0)、天津(3.9)等城市。曹军骥等研究发现，我国 OC 与 EC 浓度比值在 4 左右，这主要是受燃煤的影响，这一比值与发达国家的比值 2 左右相比偏高，发达国家主要来源于机动车的贡献(Novakov et al., 2005)，反映我国城市碳气溶胶中的有机碳占比偏高。从季节分布来看，春季和秋季的 OC 与 EC 浓度比值高于其他季节，与生物质燃烧有关。

表 6-4　成都平原地区各监测点 PM$_{2.5}$ 中 OC 与 EC 浓度比值季节变化

季节	德阳沙堆		成都西南交大		成都人民南路		成都双流		眉山牧马	
	平均值	SD	平均值	SD	平均值	SD	平均值	SD	平均值	SD
春	3.2	0.7	2.6	1.0	3.7	0.9	2.6	0.8	2.8	0.9
夏	3.4	0.9	2.5	0.9	3.0	0.9	2.7	1.2	2.8	1.0
秋	4.1	1.8	4.8	1.7	3.4	1.5	4.3	1.3	3.6	1.4
冬	2.9	0.7	2.5	0.7	3.3	1.2	4.0	0.9	2.4	0.9
平均	3.4	1.0	3.1	1.1	3.4	1.1	3.4	1.1	2.9	1.1

注：SD 指标准差。

表 6-5　川南地区各监测点 PM$_{2.5}$ 中 OC 与 EC 浓度比值季节变化

季节	乐山				内江				自贡				泸州				宜宾			
	市监测站		三水厂		市监测站		日报社		春华路		檀木林		市监测站		兰田宪桥		四中		市政府	
	平均值	SD	平均值	SD	平均值	SD	平均值	SD	平均值	SD	平均值	SD	平均值	SD	平均值	SD	平均值	SD	平均值	SD
春	5.3	1.6	6.8	3.0	6.5	2.5	5.2	2.7	6.4	1.5	5.3	1.7	6.1	2.5	4.9	2.1	5.7	1.8	5.4	1.7
夏	4.4	2.7	3.8	1.6	3.5	0.9	2.9	0.8	4.4	1.2	4.0	1.2	3.4	1.3	3.9	1.5	4.0	1.3	3.4	0.4
秋	4.0	1.7	4.5	3.0	5.2	4.1	5.2	2.9	4.4	2.8	5.3	3.3	4.1	2.0	5.3	2.4	4.4	2.0	5.6	3.6
冬	6.8	3.5	5.2	3.1	4.9	4.2	6.0	4.0	5.4	4.4	5.7	3.2	4.7	3.3	6.4	4.2	6.9	3.6	5.2	2.7
平均	5.1	2.4	5.1	2.7	5.0	2.9	4.8	2.4	5.2	2.5	5.1	2.4	4.6	2.3	5.2	2.6	5.2	2.2	4.9	2.1

6.1.4 二次有机碳的分析

二次有机碳(SOC)是指气态有机污染物通过光化学反应等途径形成的光化学反应产物，PM$_{2.5}$ 中 OC 与 EC 浓度比值大于 2 常被用来识别 SOC 的生成。由于 EC 在大气中基本为惰性，OC 与 EC 浓度比值也随着 SOC 的形成而增加。根据 OC 与 EC 的关系，可以从总有机碳(TOC)得出 SOC。基于以上假设，有如下 SOC 的计算公式：

$$SOC = TOC - EC \times (OC/EC)_{min}$$

如图 6-7 所示，根据德阳沙堆、成都西南交大、成都人民南路、成都双流、眉山牧马不同季节 OC 与 EC 浓度比值的日均最小值，计算得到采样期间 SOC 的含量以及 SOC 在 OC 中的百分含量分别为 31.7%、35.0%、34.6%、30.8%、36.7%，PM$_{2.5}$ 中 SOC 平均质量浓度分别为 2.9μg/m^3、5.0μg/m^3、4.3μg/m^3、5.5μg/m^3、5.3μg/m^3，含量在 OC 中的比例普遍高于 25.0%，秋季最高，夏季次之，冬季和春季较低，秋季平均高达 39.3%，说明 SOC 在 OC 中的贡献巨大，进一步表明大气 PM$_{2.5}$ 中 OC 发生了复杂的二次转化。夏季和秋季在合适气象条件下光化学反应比较强烈，SOC 易于生成，秋季前体物浓度累积以及温湿度综合效应，更利于 SOC 生成；冬季静稳气象条件下，混合层高度变低导致 SOC 前体物怠滞从而有利于 SOC 形成，但由于太阳辐射时间短等不利于其形成，抵消了利于 SOC 形成的因素，二次生成相对较慢。

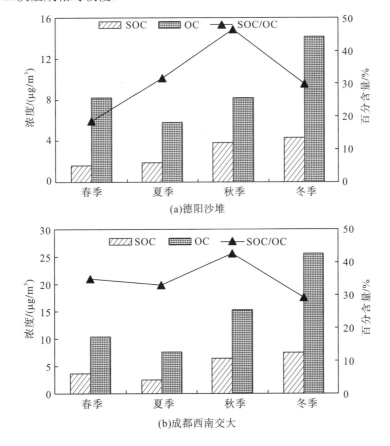

(a)德阳沙堆

(b)成都西南交大

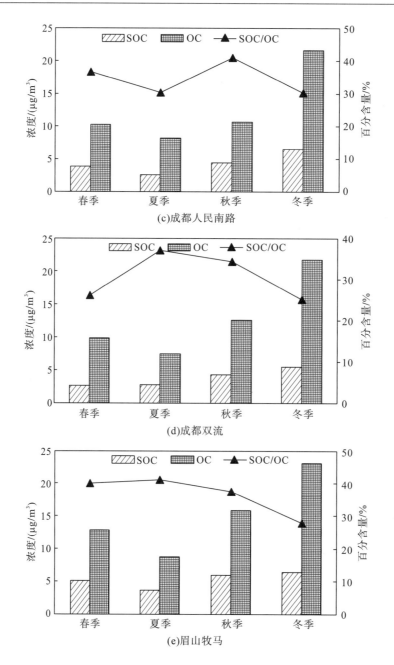

图 6-7 成都平原地区各监测点 PM$_{2.5}$ 中 SOC 季节变化

如图 6-8 所示，根据川南地区乐山(市监测站、三水厂)、内江(市监测站、日报社)、自贡(檀木林、春华路)、宜宾(四中、市政府)、泸州(市监测站、兰田宪桥)不同季节 OC 与 EC 浓度比值的日均最小值，计算得到采样期间 SOC 的含量以及 SOC 在 OC 中的百分含量分别为(74.1%、74.4%)、(70.0%、71.1%)、(72.0%、74.9%)、(70.2%、71.1%)、(74.1%、72.9%)，如图 6-8 所示，可见 PM$_{2.5}$ 中 SOC 平均质量浓度分别为(7.5μg/m^3、7.3μg/m^3)、(8.7μg/m^3、7.9μg/m^3)、(8.2μg/m^3、7.5μg/m^3)、(6.7μg/m^3、8.5μg/m^3)、(8.2μg/m^3、7.4μg/m^3)，

含量在 OC 中的占比普遍高于 70%，说明 SOC 在 OC 中的贡献巨大。川南地区普遍春季、秋季占比偏高，在合适的气象条件下光化学反应比较强烈，SOC 易于生成，春季、秋季受生物质焚烧影响较大，前体物浓度累积以及温湿度综合效应，更利于 SOC 生成。

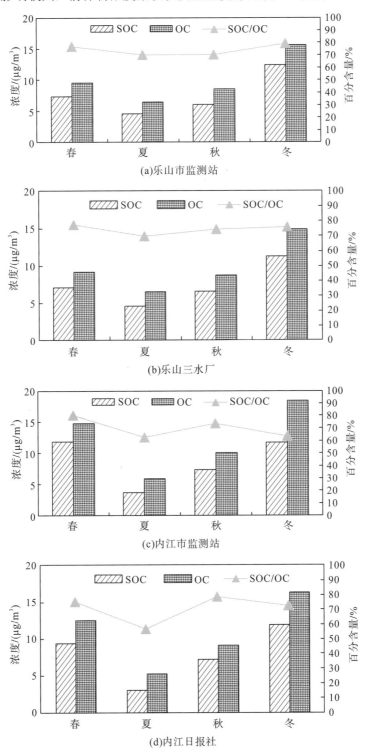

(a)乐山市监测站

(b)乐山三水厂

(c)内江市监测站

(d)内江日报社

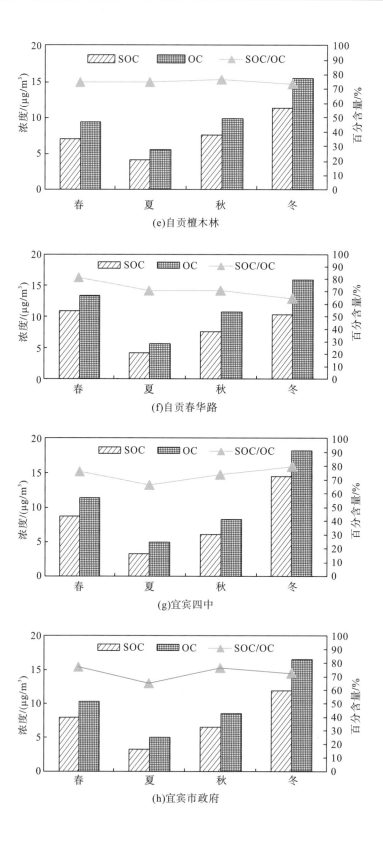

(e)自贡檀木林

(f)自贡春华路

(g)宜宾四中

(h)宜宾市政府

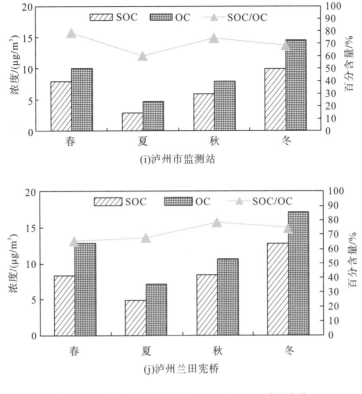

图 6-8 川南地区各监测点 PM$_{2.5}$ 中 SOC 季节变化

如表 6-6 所示,川东北地区南充顺庆区、嘉陵区、高坪区和桂花乡 PM$_{2.5}$ 中 SOC 气溶胶的平均浓度分别为 11.0μg/m^3、8.3μg/m^3、8.4μg/m^3 和 10.4μg/m^3,分别占 OC 的 72.3%、67.9%、68.3% 和 73.4%,占 PM$_{2.5}$ 的 17.4%、13.4%、14.4% 和 18.2%,其中顺庆区和桂花乡的 SOC 浓度较高,在 OC 和 PM$_{2.5}$ 中的占比也较高,这说明顺庆区和桂花乡的二次污染较严重。

表 6-6 川东北地区 4 个监测点的 SOC 浓度水平及其在 OC 和 PM$_{2.5}$ 中的占比

项目		顺庆区	嘉陵区	高坪区	桂花乡
SOC/(μg/m^3)	最大值	41.2	31.3	52.9	35.8
	最小值	0.6	0.5	0.5	0.3
	平均值	11.0	8.3	8.4	10.4
(SOC/OC)/%	最大值	99.9	95.0	94.9	94.4
	最小值	4.4	10.9	15.9	5.6
	平均值	72.3	67.9	68.3	73.4
(SOC/PM$_{2.5}$)/%	最大值	58.5	38.7	34.8	79.8
	最小值	0.4	1.0	1.1	0.7
	平均值	17.4	13.4	14.4	18.2

图 6-9 分别比较了川东北地区 4 个监测点的 SOC 浓度水平及 SOC 与 OC 浓度比值的季节变化，SOC 含量的季节高低为冬季＞秋季＞春季＞夏季，这主要是因为冬季贴地逆温出现频率较高，地面风速小，使得排放的大量包括 SOC 的前体物在近地层聚集，为 SOC 的生成创造了有利条件。夏季 SOC 浓度水平最低，分别为 $5.3\mu g/m^3$、$4.2\mu g/m^3$、$4.6\mu g/m^3$ 和 $5.4\mu g/m^3$，但 SOC 在 OC 中占比分别为 83.9%、78.7%、72.9% 和 78.3%，处于较高水平。顺庆区和嘉陵区 SOC 与 OC 浓度比值在夏季最高，这是因为夏季气温高、光照强且光照时间长，为 SOC 的光化学生成创造了有利条件；高坪区和桂花乡的 SOC 与 OC 浓度比值在秋季高于夏季，这可能是因为 SOC 浓度水平在秋季高于夏季，并且秋季的光照强度和光照时间仍处于较高水平，造成高坪区和桂花乡的 SOC 与 OC 浓度比值高于夏季。

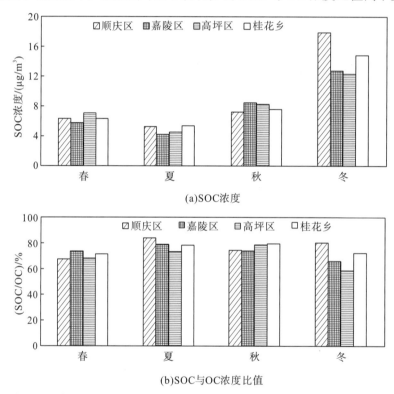

图 6-9   川东北地区 4 个监测点 SOC 浓度和 SOC 与 OC 浓度比值的季节变化

6.2   无机元素的特征分析

6.2.1   时空分布特征和污染源

经 ICP-MS 分析，样品中检出的无机元素包括 Na、Mg、Al、P、K、Ca、Ti、V、Cr、Mn、Fe、Co、Ni、Cu、Zn、As、Se、Mo、Cd、Ba、Tl、Pb、Th、U，共计 24 种。成都平原地区 $PM_{2.5}$ 中元素成分总浓度为 $4.44\mu g/m^3$，占 5.6%。其中浓度较高的元素有 K、Ca、Al、Na、Mg、Fe、Zn、Mn、Pb、P 等。

成都平原地区 5 个监测点因地理位置和人为影响的不同,元素的浓度时空分布有所差异。表 6-7 列出了成都平原地区不同季节 $PM_{2.5}$ 中元素的质量浓度,可以看出:$PM_{2.5}$ 中元素成分总浓度冬季($6.37\mu g/m^3$)最高,秋季($4.09\mu g/m^3$)和春季($3.98\mu g/m^3$)次之,夏季($2.29\mu g/m^3$)最低。如表 6-7 及图 6-10 所示,不同季节 $PM_{2.5}$ 中浓度最高的元素均是 K,其含量占元素总浓度的 27.1%～32.2%。表明成都平原地区受生物质燃烧影响较大,特别是春季和冬季。Al 是含量第二高的元素,其含量占元素总浓度的 13.1%～17.1%,其主要来源于土壤扬尘。其中春季和秋季的 Al、Fe 元素浓度高于夏季,主要受自然活动的影响,与春季、秋季风沙扬尘及输入浮尘的影响有关;冬季的 K 元素浓度明显高于其他三个季节,这三种元素主要来源于人为活动,如 Cl 元素主要来源于煤炭和垃圾燃烧、K 元素主要来源于生物质燃烧、Pb 主要来源于燃烧和机动车排放。

表 6-7　成都平原地区不同季节 $PM_{2.5}$ 中元素的质量浓度

元素	春季				夏季				秋季				冬季			
	平均值/($\mu g/m^3$)	标准差/($\mu g/m^3$)	变异系数	偏态	平均值/($\mu g/m^3$)	标准差/($\mu g/m^3$)	变异系数	偏态	平均值/($\mu g/m^3$)	标准差/($\mu g/m^3$)	变异系数	偏态	平均值/($\mu g/m^3$)	标准差/($\mu g/m^3$)	变异系数	偏态
P	0.14	0.09	0.60	1.12	0.12	0.05	0.43	0.46	0.16	0.15	0.94	1.89	0.18	0.13	0.70	1.38
Ca	0.42	0.22	0.52	0.62	0.21	0.13	0.61	1.65	0.37	0.30	0.80	2.27	0.76	0.70	0.93	3.80
Ti	0.05	0.03	0.56	0.89	0.04	0.02	0.67	0.50	0.04	0.03	0.72	1.47	0.05	0.04	0.73	2.31
V	0.002	0.001	0.59	0.57	0.002	0.001	0.58	0.60	0.003	0.001	0.41	0.49	0.003	0.003	0.75	1.92
Cr	0.008	0.006	0.73	3.55	0.006	0.005	0.78	1.86	0.006	0.005	0.82	2.06	0.014	0.009	0.64	1.07
Co	0.0005	0.0003	0.71	1.87	0.0003	0.0002	0.63	0.92	0.0005	0.0003	0.68	1.43	0.0007	0.0005	0.71	2.45
Ni	0.004	0.006	1.42	4.36	0.003	0.005	1.49	5.80	0.004	0.003	0.66	1.75	0.005	0.003	0.68	1.78
Cu	0.03	0.02	0.91	2.93	0.03	0.03	1.16	4.05	0.04	0.05	1.17	4.24	0.05	0.03	0.76	3.14
Zn	0.30	0.24	0.80	3.23	0.21	0.15	0.71	2.12	0.41	0.29	0.71	1.64	0.46	0.32	0.69	1.22
As	0.003	0.003	0.79	1.14	0.002	0.002	0.73	0.95	0.003	0.001	0.43	1.40	0.004	0.003	0.67	0.94
Se	0.003	0.002	0.57	0.38	0.003	0.001	0.54	0.25	0.005	0.003	0.61	0.93	0.006	0.004	0.60	0.43
Mo	0.003	0.002	0.69	0.80	0.002	0.003	1.19	2.48	0.002	0.002	0.78	1.55	0.003	0.003	0.77	1.92
Cd	0.002	0.001	0.56	0.97	0.001	0.001	0.69	1.66	0.003	0.002	0.74	1.42	0.004	0.002	0.55	0.75
Tl	0.001	0.001	0.66	2.42	0.001	0.001	0.90	2.29	0.001	0.001	0.61	1.49	0.001	0.001	0.46	0.65
Pb	0.06	0.04	0.67	2.03	0.06	0.05	0.82	2.39	0.09	0.05	0.60	1.38	0.14	0.07	0.53	2.06
Th	0.0001	0.0001	0.86	1.52	0.00004	0.00004	1.03	2.05	0.0001	0.0001	0.86	1.27	0.0001	0.0001	0.66	2.18
U	0.0001	0.00004	0.59	1.10	0.00004	0.00002	0.58	0.53	0.0001	0.00004	0.55	0.94	0.0001	0.0001	0.51	0.85
Na	0.42	0.19	0.46	0.41	0.32	0.16	0.49	0.66	0.42	0.26	0.62	1.55	0.66	0.39	0.59	2.25
Mg	0.14	0.11	0.76	1.15	0.06	0.04	0.77	1.46	0.13	0.09	0.68	0.78	0.18	0.24	1.36	8.05
Al	0.67	0.51	0.75	1.28	0.30	0.22	0.72	0.92	0.70	0.56	0.80	2.06	1.06	0.73	0.69	1.24
K	1.22	1.06	0.87	2.29	0.62	0.35	0.56	0.74	1.11	0.77	0.69	1.04	2.05	0.98	0.48	2.04
Mn	0.03	0.02	0.54	1.42	0.02	0.01	0.48	0.69	0.04	0.03	0.62	1.64	0.04	0.03	0.58	0.90
Fe	0.46	0.23	0.51	0.72	0.27	0.17	0.63	2.17	0.53	0.32	0.60	1.54	0.65	0.43	0.67	1.85
Ba	0.01	0.01	0.69	2.26	0.01	0.01	0.82	3.11	0.02	0.01	0.73	1.35	0.03	0.02	0.79	2.74

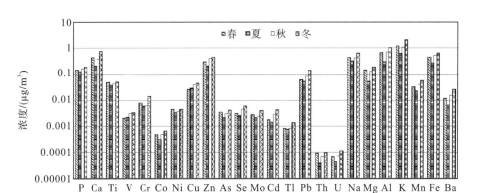

图 6-10　成都平原地区不同季节 $PM_{2.5}$ 中元素的质量浓度

　　表 6-8 和图 6-11 展示了川南地区不同季节 $PM_{2.5}$ 中元素的质量浓度,可以看出:$PM_{2.5}$ 中元素成分总浓度冬季和春季($3.76\mu g/m^3$、$3.85\mu g/m^3$)最高,秋季($2.42\mu g/m^3$)次之,夏季($1.80\mu g/m^3$)最低。不同季节 $PM_{2.5}$ 中浓度最高的元素是 K,其含量占元素总浓度的 34.9%。表明川南地区受生物质燃烧影响较大,特别是秋季(K 占元素总浓度的 31.1%)和冬季(K 占元素总浓度的 34.6%)。Al 是含量第二高的元素,其含量占元素总浓度的 15.6%,其主要来源于土壤扬尘。其中春季的 Ca 元素浓度高于其他三个季节,主要受自然活动的影响,与春季风沙扬尘及输入浮尘的影响有关;冬季的 Al、P、Co、Cu、Pb、Mn 等元素浓度高于其他三个季节,这些元素主要来源于人为活动,K 元素主要来源于生物质燃烧,Pb 主要来源于燃烧和机动车排放,其他金属元素可反映工业污染源排放。

表 6-8　川南地区不同季节 $PM_{2.5}$ 中元素的质量浓度

元素	春季				夏季				秋季				冬季			
	平均值/$(\mu g/m^3)$	标准差/$(\mu g/m^3)$	变异系数	偏态	平均值/$(\mu g/m^3)$	标准差/$(\mu g/m^3)$	变异系数	偏态	平均值/$(\mu g/m^3)$	标准差/$(\mu g/m^3)$	变异系数	偏态	平均值/$(\mu g/m^3)$	标准差/$(\mu g/m^3)$	变异系数	偏态
P	0.06	0.03	0.5	0.9	0.04	0.02	0.6	1.0	0.05	0.04	0.8	3.5	0.07	0.04	0.6	1.2
Ca	0.42	0.4	0.9	2.4	0.24	0.2	0.8	2.2	0.3	0.3	1.1	5.2	0.4	0.3	0.7	2.9
Ti	0.03	0.02	0.7	1.6	0.02	0.02	0.9	2.9	0.02	0.02	1.1	5.5	0.03	0.02	0.7	2.3
V	0.002	0.00	0.9	1.8	0.002	0.002	0.9	1.4	0.002	0.00	1.0	1.9	0.002	0.002	0.9	1.7
Cr	0.07	0.01	0.2	1.7	0.07	0.01	0.1	0.5	0.07	0.01	0.2	1.5	0.10	0.03	0.3	2.0
Co	0.00	0.0002	0.6	1.4	0.0001	0.0001	0.8	2.1	0.0002	0.0003	1.6	8.6	0.0004	0.001	1.5	4.6
Ni	0.00	0.002	1.2	9.5	0.002	0.002	1.2	4.1	0.002	0.003	1.3	5.4	0.002	0.002	0.7	1.6
Cu	0.01	0.01	0.9	3.4	0.01	0.01	1.0	4.7	0.01	0.02	2.0	6.7	0.03	0.09	2.9	6.3
Zn	0.14	0.18	1.3	5.8	0.1	0.1	1.2	3.3	0.12	0.2	1.3	5.4	0.1	0.15	1.1	4.3
As	0.002	0.001	0.8	1.5	0.001	0.001	0.7	1.8	0.002	0.002	0.9	2.6	0.002	0.002	0.8	1.4
Se	0.005	0.003	0.6	1.1	0.003	0.002	0.6	1.1	0.004	0.004	0.9	6.6	0.01	0.004	0.6	1.2
Mo	0.001	0.002	1.5	4.0	0.002	0.01	3.3	5.9	0.001	0.002	2.5	8.4	0.001	0.001	0.7	2.4
Cd	0.002	0.001	0.8	2.4	0.001	0.001	1.1	3.1	0.001	0.002	1.3	7.6	0.002	0.001	0.5	1.7

续表

元素	春季				夏季				秋季				冬季			
	平均值/ ($\mu g/m^3$)	标准差/ ($\mu g/m^3$)	变异系数	偏态	平均值/ ($\mu g/m^3$)	标准差/ ($\mu g/m^3$)	变异系数	偏态	平均值/ ($\mu g/m^3$)	标准差/ ($\mu g/m^3$)	变异系数	偏态	平均值/ ($\mu g/m^3$)	标准差/ ($\mu g/m^3$)	变异系数	偏态
Tl	0.001	0.001	0.6	2.3	0.001	0.001	0.9	3.0	0.001	0.002	1.9	11.8	0.001	0.001	0.6	1.2
Pb	0.04	0.029	0.7	2.5	0.03	0.03	0.9	2.5	0.04	0.1	1.3	7.6	0.09	0.1	1.6	6.0
Th	0.0001	0.00008	1.0	2.2	0.00004	0.00005	1.1	2.2	0.0001	0.0001	1.5	5.5	0.0001	0.00005	0.8	2.0
U	0.0001	0.00004	0.6	1.9	0.00004	0.00005	1.1	3.0	0.0001	0.0001	1.8	12.6	0.0001	0.00005	0.7	3.5
Na	0.34	0.22	0.6	2.0	0.2	0.2	1.0	6.0	0.3	0.2	0.9	5.9	0.4	0.25	0.6	1.4
Mg	0.13	0.18	1.4	4.7	0.06	0.2	2.4	10.0	0.07	0.1	1.7	7.1	0.2	0.83	3.7	5.9
Al	0.54	0.48	0.9	2.2	0.3	0.3	0.9	2.2	0.4	0.6	1.5	4.6	0.6	0.98	1.6	4.3
K	1.63	1.94	1.2	2.2	0.5	0.4	0.7	2.4	0.7	0.4	0.6	1.6	1.3	0.68	0.5	0.7
Mn	0.02	0.02	0.9	5.5	0.01	0.01	0.9	2.7	0.02	0.02	1.2	5.9	0.03	0.02	0.8	3.4
Fe	0.40	0.31	0.8	2.8	0.2	0.2	1.0	4.8	0.3	0.3	1.2	6.7	0.3	0.17	0.5	1.2
Ba	0.009	0.007	0.7	2.1	0.005	0.003	0.7	1.9	0.008	0.01	1.3	7.5	0.09	0.4	4.5	5.8

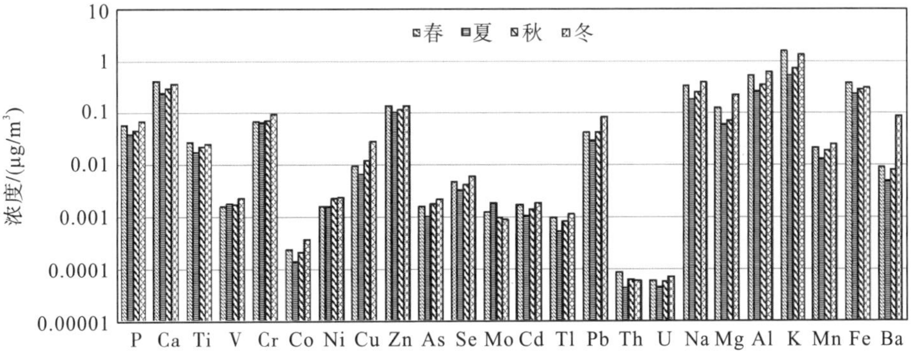

图 6-11 川南地区不同季节 $PM_{2.5}$ 中元素的质量浓度

如图 6-12 所示,川东北地区 4 个监测点的地壳来源元素(如 Al、Ca、Mg、Na、Fe、Mn)浓度水平大多在冬季最高,春季和秋季次之,在夏季最低。受沙尘传输影响,地壳元素的富集因子一般在春季和秋季较高,而地壳元素浓度冬季较高可能是因为冬季颗粒物浓度水平高,地壳元素浓度等比例增加。K 是生物质燃烧的示踪物,其浓度水平和富集因子主要在冬季和秋季较高,主要与秋季大量秸秆焚烧和冬季生物质燃料使用有关。Ba 的浓度水平和富集因子在冬季远高于其他季节,这主要是因为春节期间烟花爆竹燃放产生大量的 Ba。其他人为污染源元素,如 P、Cr、Ni、Cu、Zn、As、Se、Mo、Cd、Tl 和 Pb,因为冬季气象条件稳定,地面逆温现象多,风速小,使得污染物大量地积累。但人为污染元素的富集程度在不同地区的季节特征也不尽相同,说明这些元素来自多个污染源,且在不同监测点的来源也不完全相同。

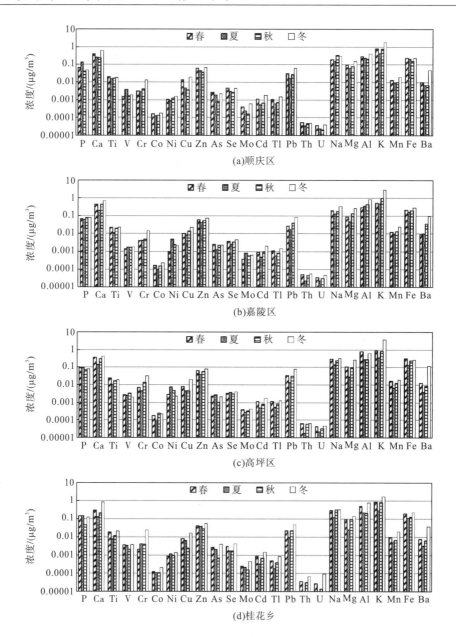

图6-12　川东北地区南充顺庆区、嘉陵区、高坪区和桂花乡PM$_{2.5}$中无机元素浓度的季节变化

　　如图6-13所示，PM$_{2.5}$中主要无机元素含量眉山牧马（5.08μg/m^3）最高，成都西南交大（4.93μg/m^3）次之、成都双流（4.10μg/m^3）和成都人民南路（3.91μg/m^3）基本相当，德阳沙堆（2.90μg/m^3）最低。成都平原地区 PM$_{2.5}$中主要地壳元素的浓度顺序为 K>Al>Fe>Ca>Na>Zn>P>Mg>Pb>Ti>Mn>Cu>Ba>Cr>Se>Ni>As>Mo>V>Cd>Tl>Co>U，不同于典型地壳土壤中的元素浓度顺序 Al>Fe>Ca>Na>Mg>K>Ti>Mn，与国内各城市相比元素 K 和 Al 处于较高污染水平，Pb 处于较低污染水平（表6-9），表明成都平原地区受生物质燃烧和扬尘影响较大。

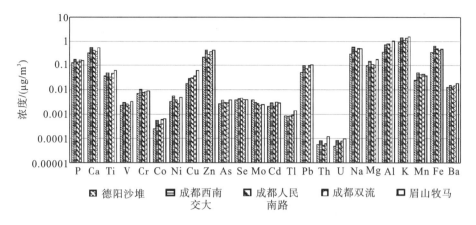

图 6-13　成都平原地区元素浓度的空间分布

表 6-9　成都平原地区 PM$_{2.5}$ 中化学元素的浓度水平与各城市的比较　（单位：μg/m^3）

元素	德阳沙堆	成都西南交大	成都人民南路	成都双流	眉山牧马	北京	广州	杭州	郑州	香港
K	1.03	1.66	1.09	1.39	1.52	2.30	1.21	0.81	0.82	0.58
Al	0.38	0.87	0.81	0.57	1.01	0.50	—	0.82	0.54	0.12
Fe	0.36	0.75	0.50	0.44	0.46	0.86	0.46	0.73	1.18	0.19
Ca	0.33	0.67	0.44	0.39	0.55	0.86	1.06	1.11	0.78	0.33
Na	0.32	0.68	0.39	0.52	0.50	0.57	—	0.61	0.10	0.16
Zn	0.24	0.49	0.29	0.39	0.42	0.54	0.42	0.65	0.43	0.17
P	0.13	0.19	0.13	0.18	0.16	—	—	—	—	—
Mg	0.10	0.16	0.11	0.11	0.18	0.12	0.03	0.33	0.29	0.04
Pb	0.06	0.12	0.08	0.10	0.11	0.30	0.19	0.13	0.13	0.07
Ti	0.03	0.06	0.03	0.05	0.06	—	—	—	—	—
Mn	0.03	0.06	0.04	0.04	0.04	0.07	—	0.05	0.11	0.01
Cu	0.02	0.03	0.03	0.04	0.06	0.03	0.04	0.08	0.02	0.01
Ba	0.01	0.02	0.01	0.02	0.02	—	—	—	0.04	—
Cr	0.008	0.013	0.008	0.008	0.009	0.020	0.009	0.013	0.018	0.001
Se	0.004	0.005	0.005	0.004	0.004	0.010	0.009	0.020	0.011	0.002
Ni	0.003	0.006	0.004	0.003	0.005	0.020	0.020	0.007	0.003	0.005
As	0.003	0.004	0.003	0.003	0.004	0.030	0.024	0.036	0.021	0.006
Mo	0.004	0.003	0.003	0.002	0.003	—	—	—	—	—
V	0.002	0.003	0.003	0.002	0.003	0.000	0.034	0.002	0.004	0.014
Cd	0.002	0.004	0.002	0.003	0.003	—	—	—	0.011	0.002
Tl	0.001	0.001	0.001	0.001	0.001	—	—	—	—	—
Co	0.0003	0.0006	0.0004	0.0006	0.0006	—	—	—	0.0010	0.0000
U	0.0001	0.0001	0.0001	0.0001	0.0001	—	—	—	—	—
Th	0.0001	0.0001	0.0001	0.0001	0.0001	—	—	—	—	—

如图 6-14 所示，川南地区各城市 PM$_{2.5}$ 中主要无机元素含量差异较小，乐山 (3.58μg/m^3)、内江 (3.01μg/m^3) 浓度较高，自贡 (2.98μg/m^3)、泸州 (2.97μg/m^3) 次之，宜宾 (2.54μg/m^3) 最低。川南地区 PM$_{2.5}$ 中主要地壳元素的浓度顺序为 K>Al>Ca>Fe>Na>Zn> Mg>Cr>Pb>Ba>Ti>Mn>Cu>Se>Ni>V>As>Cd>Mo>Tl>Co>Th>U>P，不同于典型地壳土壤 中的元素浓度顺序 Al>Fe>Ca>Na>Mg>K>Ti>Mn，与国内各城市相比，元素 K 和 Al 处于 较高污染水平，Pb 处于较低污染水平 (表 6-10)，表明川南地区受生物质燃烧影响较大， 同时 PM$_{2.5}$ 中其他元素也受到部分人为源影响。

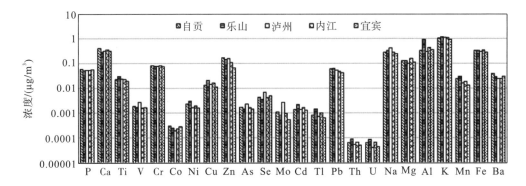

图 6-14 川南地区元素浓度的空间分布

表 6-10 川南地区城市群 PM$_{2.5}$ 中化学元素的浓度水平与各城市的比较 （单位：μg/m^3）

元素	自贡	乐山	泸州	内江	宜宾	川南	北京	广州	杭州	郑州	香港
K	1.05	1.16	1.11	1.06	0.92	1.06	2.30	1.21	0.81	0.82	0.58
Al	0.32	0.90	0.30	0.44	0.36	0.46	0.50	—	0.82	0.54	0.12
Fe	0.33	0.32	0.30	0.34	0.27	0.31	0.86	0.46	0.73	1.18	0.19
Ca	0.40	0.29	0.32	0.36	0.31	0.34	0.86	1.06	1.11	0.78	0.33
Na	0.28	0.33	0.41	0.27	0.25	0.30	0.57	—	0.61	0.10	0.16
Zn	0.17	0.14	0.15	0.11	0.07	0.13	0.54	0.42	0.65	0.43	0.17
P	0.06	0.05	0.05	0.05	0.06	0.05	—	—	—	—	—
Mg	0.13	0.12	0.10	0.16	0.11	0.12	0.12	0.03	0.33	0.29	0.04
Pb	0.06	0.06	0.05	0.05	0.04	0.05	0.30	0.19	0.13	0.13	0.07
Ti	0.02	0.03	0.02	0.02	0.02	0.02	—	—	—	—	—
Mn	0.02	0.03	0.02	0.02	0.01	0.02	0.07	—	0.05	0.11	0.01
Cu	0.01	0.02	0.01	0.02	0.01	0.02	0.03	0.04	0.08	0.02	0.01
Ba	0.04	0.03	0.02	0.02	0.03	0.03	—	—	—	0.04	—
Cr	0.08	0.08	0.08	0.08	0.07	0.08	0.020	0.009	0.013	0.018	0.001
Se	0.0043	0.0036	0.0068	0.0043	0.0049	0.0048	0.010	0.009	0.020	0.011	0.002
Ni	0.0022	0.0030	0.0016	0.0019	0.0016	0.0020	0.020	0.020	0.007	0.003	0.005
As	0.0017	0.0014	0.0023	0.0016	0.0014	0.0017	0.030	0.024	0.036	0.021	0.006
Mo	0.0011	0.0008	0.0027	0.0010	0.0005	0.0012	—	—	—	—	—

续表

元素	自贡	乐山	泸州	内江	宜宾	川南	北京	广州	杭州	郑州	香港
V	0.0019	0.0017	0.0026	0.0016	0.0016	0.0019	0.000	0.034	0.002	0.004	0.014
Cd	0.0014	0.0022	0.0014	0.0016	0.0013	0.0016	—	—	—	0.011	0.002
Tl	0.0008	0.0014	0.0007	0.0010	0.0006	0.0009	—	—	—		
Co	0.00030	0.00024	0.00019	0.00022	0.00028	0.00025	—	—	—	0.0010	0.0000
U	0.00006	0.00009	0.00004	0.00007	0.00004	0.00004	—	—	—		
Th	0.00006	0.00009	0.00005	0.00006	0.00005	0.00006	—	—	—		

　　川东北地区 $PM_{2.5}$ 中 Na、Mg、Al、Ca、K、Fe 等多存在于自然沙尘中的元素较多，Zn、Cu、Pb、Ba 等重金属元素也有一定含量。4 个监测点的元素含量较接近，顺庆区 $PM_{2.5}$ 中主要地壳元素的浓度顺序为 K>Ca>Al>Na>Fe>Mg，嘉陵区 $PM_{2.5}$ 中主要地壳元素的浓度顺序为 K>Fe>Al>Ca>Na>Mg，高坪区和桂花乡 $PM_{2.5}$ 中主要地壳元素的浓度顺序为 K>Al>Ca>Na>Fe>Mg，南充市地壳元素浓度不同于典型地壳土壤中的元素浓度顺序 Al>Fe>Ca>Na>Mg>K。这 6 种地壳元素中，K 的含量最高，在南充市 4 个监测点 $PM_{2.5}$ 中的浓度分别为 $1.09μg/m^3$、$1.39μg/m^3$、$1.40μg/m^3$ 和 $0.99μg/m^3$，Mg 的含量最低，在南充市 4 个监测点 $PM_{2.5}$ 中的浓度分别为 $0.11μg/m^3$、$0.15μg/m^3$、$0.13μg/m^3$ 和 $0.09μg/m^3$。

　　城市颗粒物中的 Ca 可能来自土壤尘和建筑材料，Al 则作为典型的矿物元素用来指示土壤尘或远距离传输的沙尘。因此，Ca 与 Al 浓度比值可作为城市颗粒物中土壤尘和建筑尘混合程度的指示 (Wang et al., 2006)。如图 6-15 所示，南充市 4 个监测点 $PM_{2.5}$ 中的 Ca 浓度分别为 $0.40μg/m^3$、$0.50μg/m^3$、$0.33μg/m^3$ 和 $0.42μg/m^3$，Al 的浓度分别为 $0.29μg/m^3$、$0.53μg/m^3$、$0.56μg/m^3$ 和 $0.47μg/m^3$，Ca 与 Al 浓度比值分别是 1.38、0.94、0.60 和 0.89，均高于地壳中 Ca 与 Al 浓度比值 0.37，表明 $PM_{2.5}$ 中 Ca 相对于地壳元素有一定富集。其中顺庆区 $PM_{2.5}$ 中 Al 浓度较低且 Ca 与 Al 浓度比值远高于地壳中的比值，说明顺庆区周边的建筑活动较多；嘉陵区的 Ca 和 Al 浓度均较高，且 Ca 与 Al 浓度比值接近于 1，说明嘉陵区的沙尘既有本地建筑活动产生的，又包括其他地方长距离传输过来的沙尘；高坪区 $PM_{2.5}$ 的 Al 浓度最高、Ca 浓度和 Ca 与 Al 浓度比值最低，表明受沙尘长距离传输的影响较严重。

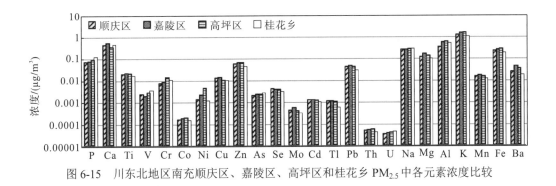

图 6-15　川东北地区南充顺庆区、嘉陵区、高坪区和桂花乡 $PM_{2.5}$ 中各元素浓度比较

6.2.2 元素富集特征

在大气颗粒物的分析研究中，富集因子法常用于探讨大气颗粒物的富集程度，表示大气中元素的分布和传输，判断自然与人为污染源对环境贡献程度(Huang et al., 2009)。富集因子计算以参比元素作为归一化元素，先求出大气中(大气颗粒物)元素的相对浓度，即$(C_i/C_r)_{大气}$，再求出地壳中相应元素的相对平均丰度$(C_i/C_r)_{地壳}$，然后按以下公式求出富集因子(EF)：

$$EF=(C_i/C_r)_{大气}/(C_i/C_r)_{地壳}$$

选取参比元素时，最好选择含量丰富且受人为污染影响较小，化学稳定性好且挥发性较低的参考元素。本书选择 Al 元素作为参比元素，土壤丰度取自 Taylor 和 McLennan(1995)的地壳平均组成。

富集因子是双重归一化数据处理的结果。它可以消除采样过程中的风速、风向、样品数量的多少、采样点与污染源的距离等可变因素的影响，因此用这样的结果判断污染的主要物质、严重程度及其来源问题较为可靠。当元素的富集因子近似等于 1 时，表明该元素在大气中未富集，其主要可能来自地壳土壤和自然尘埃，当富集因子显著大于 1 时，表明元素在大气中已被富集。考虑到自然界中许多因素会影响大气中元素的富集，所以认为富集因子大于 10 为该元素在大气中明显被富集，且很大可能来自人为污染。

图 6-16 比较了德阳沙堆、成都西南交大、成都人民南路、成都双流、眉山牧马 PM$_{2.5}$ 中主要无机元素的富集因子。5 个监测点中，富集因子大于 100 的有 Cd、Zn、Pb、As、Cu、Mo、Tl，为高度富集，其中 Cd 最高，受人为排放源影响最大；富集因子在 10～100 的是 Cr、Ni，为中度富集，表明其主要来源为人为源；富集因子在 1～10 的有 K、Ca、Mn、Se、Fe、Ba、U、Co、Ti、V、Mg 等，为轻度富集，表明其受人为源的影响较小。

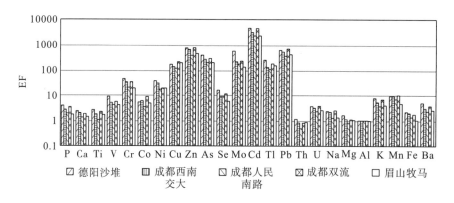

图 6-16 成都平原地区 PM$_{2.5}$ 中无机元素组富集因子比较

图 6-17 的川南地区，富集因子大于 100 的有 Cd、Pb、Cr、Zn、Tl、As、Mo、Cu，为高度富集，其中 Cd 最高，受人为排放源影响最大；富集因子在 10～100 的是 Se、Ni，为中度富集，表明其主要来源为人为源；富集因子在 1～10 的有 P、Ca、Ti、V、Co、Th、

U、Na、Mg、Al、K、Mn、Fe、Ba 等，为轻度富集，表明其受人为源的影响较小；Cd 富集因子在 2000 以上，意味着它受人为污染源的强烈影响。

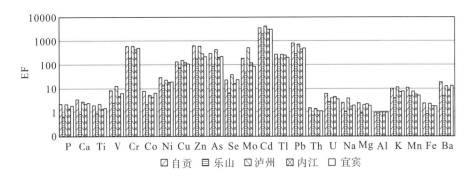

图 6-17　川南地区 $PM_{2.5}$ 中无机元素组富集因子比较

图 6-18 的川东北地区，富集因子大于 100 的有 Cd、As、Pb、Zn 和 Tl；富集因子在 10～100 的是 P、Cr、Ni、Cu、Zn、As、Se、Mo、Cd、Tl 和 Pb，为中度富集；富集因子在 1～10 的有 V、K、Ba、Na、Mg、Th、U、Ca、Ti、Co、Fe、Mn。

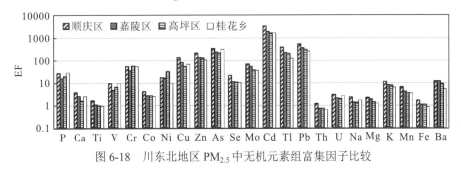

图 6-18　川东北地区 $PM_{2.5}$ 中无机元素组富集因子比较

富集因子较高的元素主要反映了工业源的污染特征。Cr 在四川盆地的主要来源包括炼钢过程 Cr 蒸气在颗粒物表面的沉淀和水泥工业的排放。据 2008 年四川省污染源普查统计的 8259 家企业中《四川省第一次全国污染源普查成果汇编报告》，水泥制造和铁合金冶炼企业的数量分别位列第四位和第八位，广泛分布于四川盆地内部，是引起 Cr 污染的重要原因。根据《中国有色金属工业年鉴》(2011)统计数据，四川省的有色金属产量分别占到全国总产量的 3.0%，因此可能导致四川较高的 As 浓度。钢铁工业的烧结过程会排放大量的 Zn、Pb、Hg、Cd 及其他重金属。Ni、As、Cd 和 Cu 可能来自有色金属冶炼厂。自从禁止含 Pb 汽油的使用开始，Pb 主要来自煤燃烧。

成都平原地区和川南地区 PM2.5 中主要无机元素富集因子时间分布特征如图 6-19 和图 6-20 所示，元素富集因子的季节变化规律基本一致，各元素富集因子的季节差异不大。冬季虽大气稳定，各元素浓度最高，但各元素富集因子并不显著；春季各元素浓度也较高，但由于春季受浮尘天气等自然因素影响，富集因子反而最小。表现出各监测点的元素富集因子差异并不大，这些都说明元素的区域性影响突出。

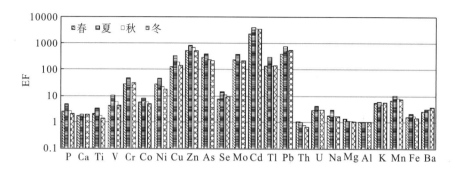

图6-19 成都平原地区PM$_{2.5}$中元素成分富集因子季节分布

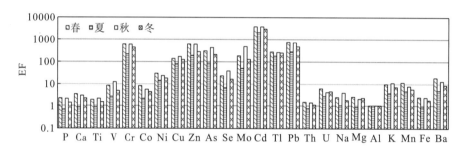

图6-20 川南地区PM$_{2.5}$中元素成分富集因子季节分布

6.3 本 章 小 结

本章所得结论如下：

(1)大气颗粒物中碳质组分 OC、EC 浓度水平成都平原地区最高，分别为 $13.6\mu g/m^3$ 和 $5.0\mu g/m^3$，德阳沙堆 PM$_{2.5}$ 中 OC 和 EC 的平均浓度明显低于城区和眉山牧马；川东北地区其次，OC、EC 浓度水平分别为 $13.0\mu g/m^3$ 和 $3.8\mu g/m^3$，城郊差异不明显；川南地区相对较低，OC、EC 浓度水平分别为 $10.9\mu g/m^3$ 和 $2.6\mu g/m^3$，区域内自贡、内江略高于宜宾、泸州。PM$_{2.5}$ 中 OC、EC 质量浓度随季节的变化比较明显，冬季最高，秋季和春季次之，夏季最低。

(2)OC 与 EC 浓度比值成都平原地区最低，川南地区、川东北地区基本相当。德阳沙堆、成都西南交大、成都人民南路、成都双流、眉山牧马的 OC 与 EC 浓度比值分别为 3.4、3.1、3.4、3.4、2.9。乐山(市监测站、三水厂)、内江(市监测站、日报社)、自贡(春华路、檀木林)、泸州(市监测站、兰田宪桥)、宜宾(四中、市政府)的 OC 与 EC 浓度比值分别为(5.1、5.1)、(5.0、4.8)、(5.2、5.1)、(4.6、5.1)、(5.3、4.9)。南充顺庆区、嘉陵区和高坪区的 OC 与 EC 浓度比值平均为 6.1、4.4、4.9。川南、川东北主要受燃煤的影响，成都平原地区受机动车影响相对更大。从季节分布来看，春季和秋季的 OC 与 EC 浓度比值高于其他季节，与生物质燃烧有关。

(3) 成都平原地区、川南地区 $PM_{2.5}$ 中元素成分总浓度为 4.44μg/m³ 和 3.01μg/m³，占比分别为 5.6% 和 4.4%。无机元素浓度在冬季最高，春季和秋季次之，夏季最低。$PM_{2.5}$ 中元素含量远大于国外发达国家，成都平原、川南和川东北地区受生物质燃烧影响较大，同时 $PM_{2.5}$ 中其他元素也受到部分人为源影响；与国内各城市相比，元素 K 和 Al 处于较高污染水平，Pb 处于较低污染水平。

第7章 细颗粒物污染源源谱解析

本章严格依照原环境保护部《大气颗粒物来源解析技术指南(试行)》要求,选择正定矩阵因子分解模型分析成都平原地区、川南地区和川东北地区各采样点 $PM_{2.5}$ 的化学组成特征谱,并进行污染源源谱的时间序列分析。

7.1 正定矩阵因子分解模型法

7.1.1 模型原理

正定矩阵因子分解模型是一种常用的受体模型,它最早是由 Paatero 和 Tapper(1994)提出的。其基本原理是利用权重确定出颗粒物化学组分中的误差,利用最小二乘法确定其污染源及贡献比例。它不需要气象数据和污染源的源谱信息,因此适合在缺乏本土源谱的情况下使用。具体方法如下。

假设 X 为 $n \times m$ 矩阵,n 为样品数,m 为化学分析(如 OC、EC、各种离子和元素等)的种类数,那么 X 可以分解为 $X=GF+E$,其中 G 为 $n \times p$ 的矩阵,F 为 $p \times m$ 的矩阵,p 为主要污染源的数目,E 为残数矩阵。定义:

$$e_{ij} = x_{ij} - \sum_{k=1}^{p} g_{ik} f_{kj}, \quad i=1,2,\cdots,n; \ j=1,2,\cdots,m; \ k=1,2,\cdots,p \tag{7-1}$$

$$Q(E) = \sum_{i=1}^{n} \sum_{j=1}^{m} (e_{ij}/s_{ij})^2 \tag{7-2}$$

式中,x_{ij} 为第 i 天第 j 种物质在受体的浓度;g_{ik} 为第 i 天第 k 个因素对受体的贡献;f_{kj} 为污染源 k 对第 j 种物质浓度的特征值;e_{ij} 为第 i 天第 j 种物质的残余量;s_{ij} 为 X 的标准偏差。

约束条件为 G 和 F 中的元素都为非负值,通过加权最小二乘法使 Q 达到自由度值,就可以确定出 G 和 F。通常认为 G 为源的载荷,F 为主要污染源的源廓线。Paatero(1997)建议用强化模式(robust mode)来处理环境数据,在用最小二乘法使 Q 达到最小的过程中通过一个函数来控制和调整 s_{ij},它可以避免数据中过大的数值影响结果。

正定矩阵因子分解模型提供几种不同的计算标准偏差 s_{ij} 的模式(error model,EM),包括 EM=-10(对数正态分布)、EM=-11(泊松分布)、EM=-12(基于观测值的默认值)、EM=-13(基于拟合值的默认值)、EM=-14(基于观测值和拟合值的默认值)。Paatero(1997)推荐使用 EM=-10 或 EM=-14 来处理环境数据,由于不是所有的数据都严格满足对数正态分布，本章选择 EM=-14 模式进行计算。s_{ij} 由式(7-3)计算：

$$s_{ij} = C_1 + C_3 \max\left(|x_{ij}|, \sum_{k=1}^{p} g_{ik}f_{kj} \right) \tag{7-3}$$

式中，C_1 和 C_3 是研究者指定的参数，C_1 一般取数据中的最小有效值，C_3 是无量纲的常数。本章通过选取不同的参数，最后确定对 $PM_{2.5}$ 取 $C_1=0.02$，$C_3=0.1$。

正定矩阵因子分解模型的另一个重要特征是可以通过参数 FPEAK 来控制模型旋转的方向。FPEAK 的作用类似于最大方差旋转，通过选择不同的 FPEAK 值可以控制模型旋转的方向。假设只知道 x_{ij}，目标是估算贡献 g_{ik} 和特征值 f_{kj}。假设贡献和特征值均为非负，因此用最小二乘法来计算。此外，允许使用者指出每个 x_{ij} 的不确定性。和具有小的偏差一样，种类及时间的许多偏差不会影响贡献和特征值的估算结果，这也是最小二乘法的重要优势。

若模式与数据相符并且指定的偏差能真实地反映出数据中的不确定性，则 Q 应近似等于浓度数据中数据点的个数。用这个作为基本设定进行优化。因此，正定矩阵因子分解模型的基本输入是：①颗粒物各化学物种的浓度、总质量浓度；②各化学物种的测量偏差。基本输出是：①源廓线(化学物种在源谱中的份额)及不确定性；②各类源对颗粒物总体浓度的贡献(绝对或者相对)；③源贡献的时间序列。

7.1.2　数据预处理

本书采用 EPA PMF5.0 版本对 $PM_{2.5}$ 进行源解析。在正定矩阵因子分解模型中选取输入模型组分数据时，需尽量剔除一些异常值和对所分析源谱无贡献的组分，同时注意避免重复输入数据。综合考虑各种因素，最终输入正定矩阵因子分解模型的组分包括 $PM_{2.5}$、OC、EC、Na^+、NH_4^+、Cl^-、SO_4^{2-}、NO_3^-、Mg、Al、K、Ca、Ti、V、Cr、Mn、Fe、Co、Ni、Cu、Zn、As、Se、Mo、Cd、Ba、Pb。其中 $PM_{2.5}$ 的总质量浓度作为输入数据中的总变量(total variable)，用于源解析结果的后续回归分析。

正定矩阵因子分解模型的输入数据包括浓度数据和不确定度数据两部分。本节采用 Polissar 等(2001)的方法处理采样过程中缺失的组分(missing data, MD)，缺失的组分用该组分的中值代替，并定义其不确定度为中值的 4 倍(Polissar et al., 2001)；对于低于检测限(below detection limit，BDL)的数据，采用 1/2 的检测限浓度作为组分浓度，并定义其不确定度 σ_{ij} 为 $5/6d_{ij}$，d_{ij} 为检测限浓度，即

$$x_{ij} = \frac{1}{2}d_{ij} \tag{7-4}$$

$$\sigma_{ij} = \frac{1}{2}d_{ij} + \frac{1}{3}d_{ij} \tag{7-5}$$

除了输入颗粒物样品的组成矩阵，正定矩阵因子分解模型中还输入各测量值的不确定性矩阵。对于各组分的不确定度，根据数据获得方式不同，利用不同的公式确定(Zabalza et al., 2006)。

当 $d_{ij}<x_{ij}<3d_{ij}$ 时，不确定度 σ_{ij} 定义为

$$\sigma_{ij} = 0.2x_{ij} + \frac{2}{3}d_{ij} \qquad (7\text{-}6)$$

当 $x_{ij} \geqslant 3d_{ij}$ 时，不确定度 σ_{ij} 定义为

$$\sigma_{ij} = 0.1x_{ij} + \frac{2}{3}d_{ij} \qquad (7\text{-}7)$$

7.1.3 模型试验

输入数据准备完毕，将浓度和对应不确定度数据输入正定矩阵因子分解模型进行源解析，并确定正定矩阵因子分解模型运行控制参数。在运行正定矩阵因子分解模型进行源解析时，首先确定因子个数及每个因子所代表的源；然后运行模型，依据模型输出的污染源廓线矩阵 F 得出每个源对各样品的浓度贡献；最后通过旋转来寻求最优结果。

1. 确定因子个数

确定因子个数是利用正定矩阵因子分解进行源解析的关键步骤，最常采用的确定因子个数的方法是依据已有研究和实际情况了解当地污染源的状况，从而初步估计当地可能存在的污染源，观察 Q 值随污染源个数 p 的变化，通过从小到大检验并对比确定不同因子个数的结果。在此过程中需要参考正定矩阵因子分解模型输出的各种参数加以确认，主要参数如下。

(1) Q 值，若 p 接近实际因子的个数，则 Q 的理论值（Q_{Theory}）接近 X 矩阵中的数据个数，即 $Q_{\text{Theory}}=i \times j$。当 Q 值接近 Q_{Theory} 时，可认为此时的 p 接近实际因子个数，若所解析出的因子缺乏物理含义，则可检查 p 个因子个数的其他 Q 值，直到找到合理的污染源。

(2) 检查残差与不确定性值的比，计算公式如下：

$$\frac{e_{ij}}{\sigma_{ij}} = \frac{x_{ij} - \sum_{k=1}^{p} g_{ik}f_{kj}}{\sigma_{ij}} \qquad (7\text{-}8)$$

该值表示解析结果和原始数据的拟合程度，e_{ij}/σ_{ij} 应当对称分布，且尽量分布在–3～3，此时所确定的 p 值较为合理；否则，需重新确定 p 值。

(3) 在计算源贡献的多元回归系数时，保证 G 矩阵的元素均为正数。

若某组分观测值与模拟值相关性较差，则可能的原因为 p 的选取不合理、该组分的不确定度错误，或组分测量不可靠，这种情况可以通过将这些组分定义为"弱变量"（weak variable），重新运行正定矩阵因子分解模型（Norris et al., 2008）。检查初步模拟结果发现，在本章中，EC、Cr、Ni、As、Se、Cd、Ba 的残差分布范围较广，模拟值和观测值拟合度不高，因此将以上组分设置为弱变量；V 元素浓度水平低，且存在较大不确定度，将其设置为 Bad 变量。实际应用中，除了参考数学参数值外，分析者还需根据实际需要结合研究区域的实际情况来判断所确定 p 值是否合理，使得所确定的 p 值更有实际的物理意义（Lee et al., 1999），有时分析结果中会存在若干个 Q 的最小值，通常要对这些最小值进行

逐一分析，确定合理的因子数。基于对成都地区污染源的认识和已有的一些有关正定矩阵因子分解源识别的研究(Tao et al., 2014)，估计当地主要污染源有二次硫酸盐、二次硝酸盐、燃煤、工业排放、生物质燃烧、机动车排放、土壤尘、沙尘传输等，从而确定因子个数为 5 个、6 个、7 个、8 个、9 个(即 $p=5,6,7,8,9$)，用模型反复实验后，对采用不同 p 值解析出的结果进行逐个分析，最终确定 8 个因子解析出的结果更符合实际预期。

2. 模型的旋转

正定矩阵因子分解模型中仅通过非负的约束是不够的，这种双线性分析法通常会存在某种程度的旋转不确定性，使得 F 和 G 存在多个解，称为旋转自由度。加入限值因素可以减少旋转自由度，PMF5.0 中提供了两种控制旋转的参数，即 FPEAK 和 Constraints。FPEAK 旋转可以先设置较大的正负值，确定最优旋转范围，设置 FPEAK 正值越大，矩阵 F 元素大小越呈现两极分化趋势；设置 FPEAK 负值且绝对值越大，矩阵 G 元素越呈两极分化。根据经验，通常选择 FPEAK 值在 $-1\sim1$。本章使用 FPEAK 参数范围为 $-1\sim1$，增加值每次变化 0.1，观测 Q 值随 FPEAK 值的变化规律。Constraints 旋转是 PMF5.0 中新增加的旋转参数，对于已知某种成分对某个因子影响为零或者对其影响很小时，可以使用该参数将该组分的值设置为零，或者最大限度地降低；若认为该因子中某种组分的值应该贡献得高些，则可以通过"Pull Up Maximally"设置将其拉高，两种旋转方法中第一种方法用来寻找因子合适的旋转空间，第二种方法用来对污染源廓线进行微调。经多次反复实验，可以得到较为合理的结果。

7.2　污染源源谱解析

7.2.1　成都平原地区污染源源谱解析

基于 PM$_{2.5}$ 化学组成，采用正定矩阵因子分解模型对成都平原地区 PM$_{2.5}$ 开展源解析。数据主要来自 2012 年 5 月至 2013 年 6 月在成都人民南路(RN)(括号中为采样点的字母缩写)采集到的样品和 2013 年 8 月至 2014 年 7 月五个采样点德阳沙堆(SD)、成都西南交大(JD)、成都人民南路(RN)、成都双流(SL)和眉山牧马(MM)所采样品。识别出 8 种主要污染因子，分别为机动车排放、扬尘、二次硝酸盐、工业排放、钼金属相关工业、生物质燃烧、二次硫酸盐和燃煤排放。

1. 机动车排放

因子 1 含较高浓度的 OC、EC、SO$_4^{2-}$、NO$_3^-$、Mn、Fe、Zn、K、Na 等(图 7-1)。燃料在机动车引擎的高温燃烧下可释放出大量的 EC (Huang et al., 2006)，Zn 存在于汽车轮胎的硫化剂和润滑油中，Zn 和 EC 被看成汽油车的示踪物，可以判断因子 1 为机动车排放源。图 7-2 为机动车排放源对各采样点的浓度贡献时间变化序列图，可以看出，因子 1 在成都市城区的三个采样点人民南路、西南交大和双流采样点的浓度均高于沙堆和牧马两个郊区采样点，并且在这三点时间变化趋势具有一定的一致性，说明三点的机动车排放特征较为相似。

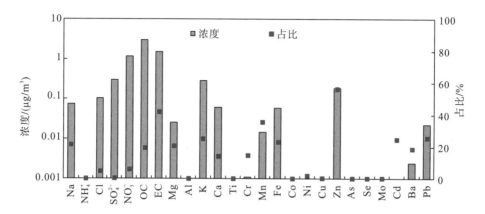

图 7-1 正定矩阵因子分解确定的成都平原地区机动车排放源化学组成特征谱

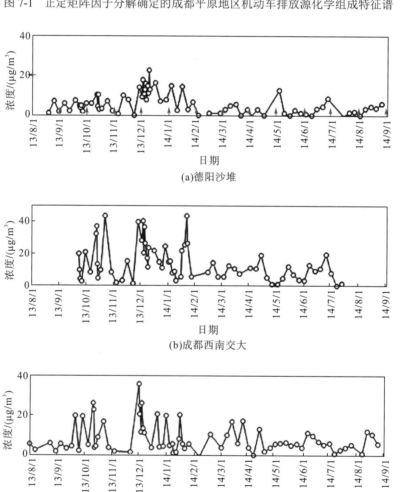

(a)德阳沙堆

(b)成都西南交大

(c)成都人民南路（2013~2014）

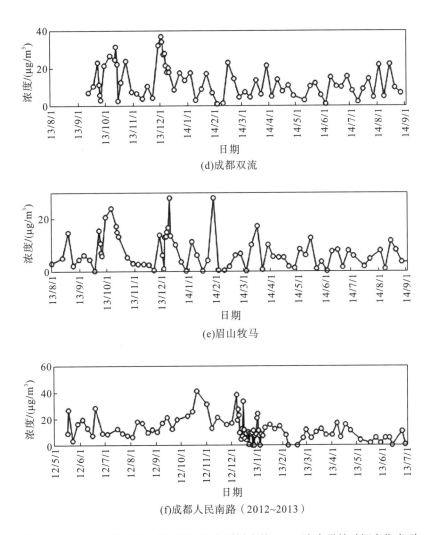

(d)成都双流

(e)眉山牧马

(f)成都人民南路（2012~2013）

图 7-2 机动车排放源对成都平原地区各采样点的 PM$_{2.5}$ 浓度贡献时间变化序列

2. 扬尘

因子 2 中 Al 元素约占 Al 总量的 41.61%，Ca 元素占 Ca 总量的 59.11%（图 7-3），Al、K、Ca 和 Fe 是扬尘的标识元素（Watson et al., 2001），可认为此因子为扬尘源。因子 2 的源谱中 OC、EC、SO$_4^{2-}$、NO$_3^-$ 等人为元素的含量也较高，但其贡献比例均较低，源谱中较高的 EC 和 Pb 可能来自机动车不完全燃烧排放和汽车轮胎的磨损，是城市道路扬尘的标识物；较高的 Ca 元素含量指示建筑扬尘源，可判断因子 2 中包括城市道路扬尘和建筑扬尘。图 7-4 为扬尘源对各采样点的浓度贡献时间变化序列图，城市扬尘源表现出局地源的特征，各点的时间一致性较差。因子 2 在 2013 年 3 月 12 日的沙尘天气中贡献突出，沙尘源与扬尘源的特征源谱相似，均含有较高浓度的 Mg、Al、Fe、K、Ca 等自然来源元素，因此因子 2 在 2013 年 3 月 12 日的沙尘事件中贡献浓度最高。

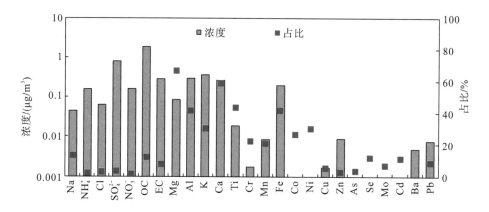

图 7-3　正定矩阵因子分解确定的成都平原地区扬尘源化学组成特征谱

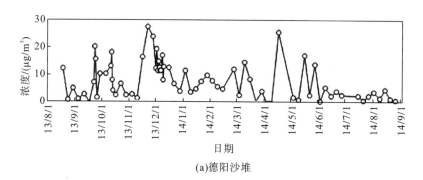

(a)德阳沙堆

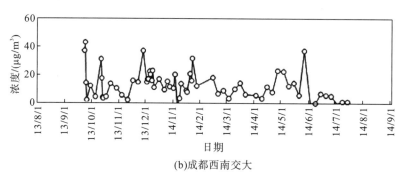

(b)成都西南交大

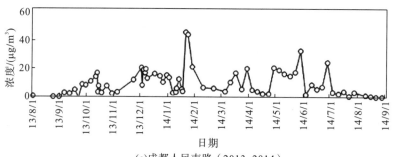

(c)成都人民南路（2013~2014）

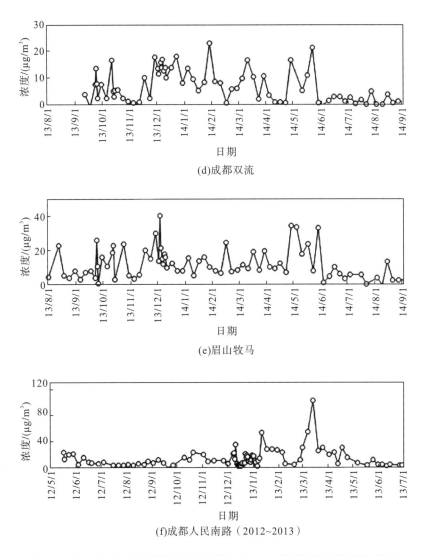

(d)成都双流

(e)眉山牧马

(f)成都人民南路（2012~2013）

图 7-4　扬尘源对成都平原地区各采样点的 PM$_{2.5}$浓度贡献时间变化序列

3. 二次硝酸盐

因子 3 中有较高的硝酸盐含量，贡献总 NO$_3^-$ 的 74.4%，同时 NH$_4^+$、OC 的浓度也较高（图 7-5），认为该因子代表 PM$_{2.5}$中的二次硝酸盐，OC 浓度较高与二次无机离子形成过程中促进 SOA 的非均相转化有关。结合时间序列图（图 7-6），该因子在各个站点的时间变化趋势上呈现极大的一致性，冬季贡献最大，表明二次硝酸盐的转化过程可能受到大空间尺度的气象因素控制。冬季大气中的高污染物浓度以及静稳天气使得二次气溶胶浓度增大；夏季温度高、光照强的特点也使得二次气溶胶较易生成，但二次硝酸盐的主要存在形式为 NH$_4$NO$_3$，在夏季高温的环境中易挥发，因此二次硝酸盐在夏季的贡献较小。

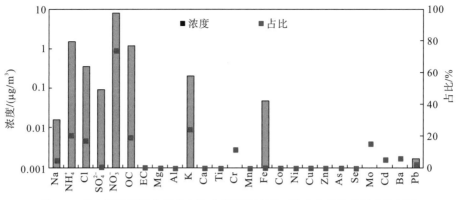

图7-5 正定矩阵因子分解确定的成都平原地区二次硝酸盐化学组成特征谱

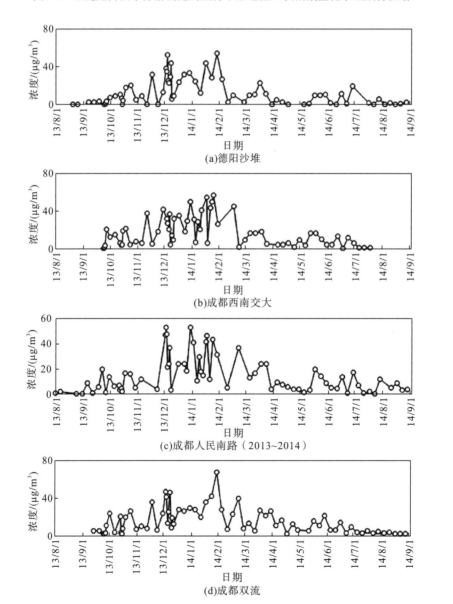

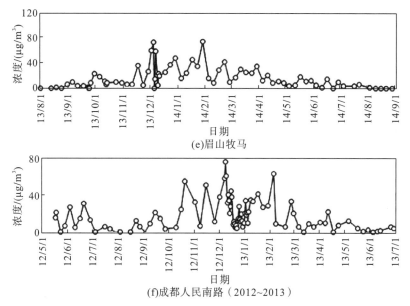

图 7-6　二次硝酸盐对成都平原地区各采样点的 PM$_{2.5}$ 浓度贡献时间变化序列

4. 工业排放

因子 4 中含量高的组分包括 OC、NH$_4^+$、EC、SO$_4^{2-}$、NO$_3^-$、Al、Fe、Zn、Cu、Pb 等，见图 7-7，其中 Al 的贡献为 57.77%，Cu 的贡献超过 65%，Zn 的贡献为 23.7%，金属元素贡献显著。其中，Al 和 NO$_3^-$ 主要来自铝冶炼，Zn、Mn 和 Fe 来自铁锰炼制过程，可以作为冶炼尘的示踪物；Pb 和 Cu 则可能来自冶炼厂和二次有色金属厂，认为因子 4 代表工业排放源。结合各点的时间序列图(图 7-8)可以看出因子 4 对眉山牧马的贡献较大，成都市的两个采样点人民南路与西南交大其次，沙堆较低，结合四川省 2010 年的污染源普查数据，可以发现因子 4 在牧马监测点贡献较大与周边存在铝业企业有关，在因子 4 的污染源廓线中，Al 是主要的特征元素之一，从而导致眉山牧马监测点工业源的贡献较高。此外，各采样点的浓度贡献在时间变化趋势上不完全一致，表明其受局地源排放影响较大，不同地区的工业类别可能存在差异。

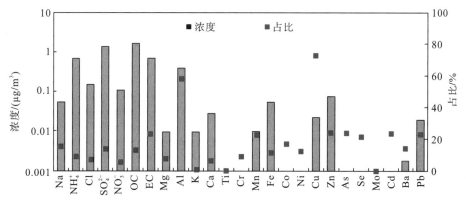

图 7-7　正定矩阵因子分解确定的成都平原地区工业排放源化学组成特征谱

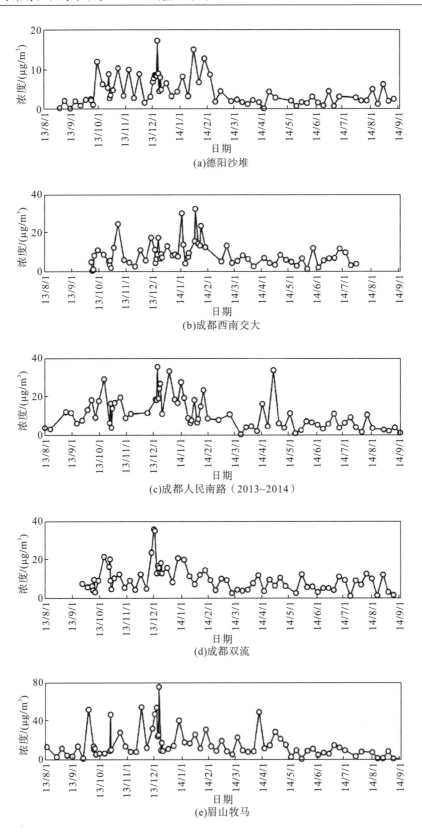

(a)德阳沙堆

(b)成都西南交大

(c)成都人民南路（2013~2014）

(d)成都双流

(e)眉山牧马

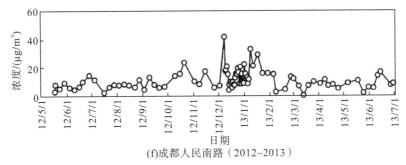

(f)成都人民南路（2012~2013）

图 7-8　工业排放源对成都平原地区各采样点的 $PM_{2.5}$ 浓度贡献时间变化序列

5. 钼金属相关工业

因子 5 中 Fe、Mo、Mn、Ca、Zn、Ni 等金属元素的贡献较大，Mo 元素的含量占其总量的 70%以上，EC、SO_4^{2-}、NO_3^- 等的含量也较高(图 7-9)。大气中 Mo 主要来源于工业活动、交通源以及生物质燃烧，结合因子 5 的源谱，OC 的值远高于 EC，可排除交通源的可能性，Mo 和 Ni 是 Mo 制造业的主要标识元素，因子 5 中 Mo 与 Ni 浓度比为 2.72，与文献报道中大于 2 一致(Tao et al., 2014)，因此可判断因子 5 为钼金属相关工业源。结合其时间序列特征(图 7-10)，因子 5 对各采样点浓度的贡献相对较小，对德阳沙堆采样点贡献最大，这可能是由于其附近存在钨钼冶炼等相关工业活动。此外，因子 5 在成都双流、成都人民南路采样点时间变化趋势呈较大一致性，表明两地受钼相关工业源的影响程度接近。距离德阳沙堆采样点最远的眉山牧马受该源的污染最轻。

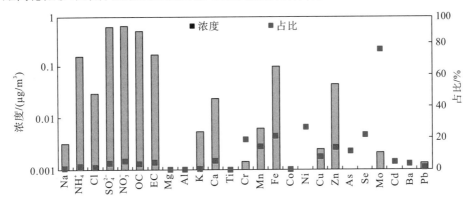

图 7-9　正定矩阵因子分解确定的成都平原地区钼金属相关工业源化学组成特征谱

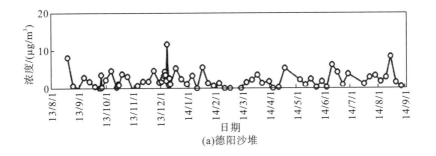

(a)德阳沙堆

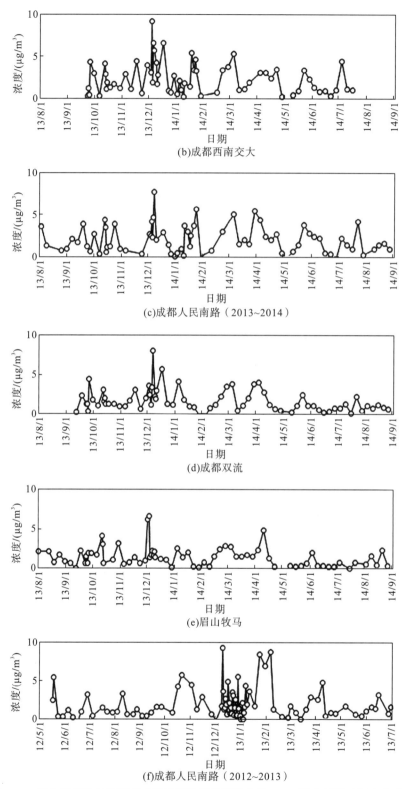

图 7-10 钼金属相关工业源对成都平原地区各采样点的 PM$_{2.5}$ 浓度贡献时间变化序列

6. 生物质燃烧

因子 6 含有较高的 K、OC、EC（图 7-11），K 和 OC 通常作为生物质燃烧的示踪物，因此可以判断此因子为生物质燃烧源。从其贡献的时间变化序列（图 7-12）来看，生物质燃烧在各季节均有贡献，其中郊区采样点眉山牧马的生物质燃烧贡献浓度最高。因子 6 的浓度在 10 月、12 月以及 6 月初较高。成都平原地区是四川乃至全国著名的粮、油基地，9～10 月是收获水稻后焚烧稻草秸秆的高发期，5 月底 6 月初油菜秸秆焚烧情况也比较普遍，而 1 月、12 月则是四川特有风俗——腊月前后熏制香肠、腊肉等的时期，同时 11～2 月农村地区开荒和城区焚烧落叶的情况也比较严重。

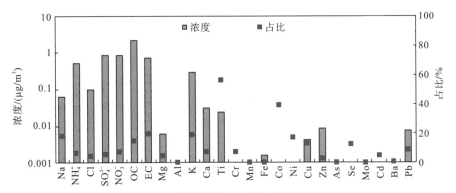

图 7-11　正定矩阵因子分解确定的成都平原地区生物质燃烧源化学组成特征谱

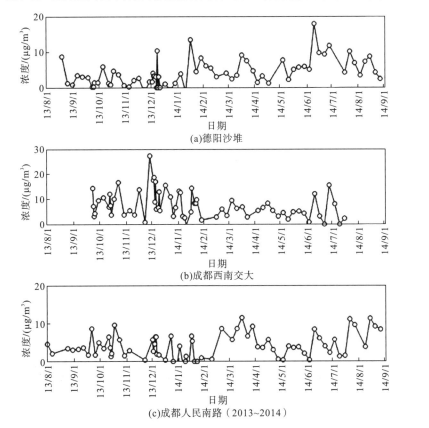

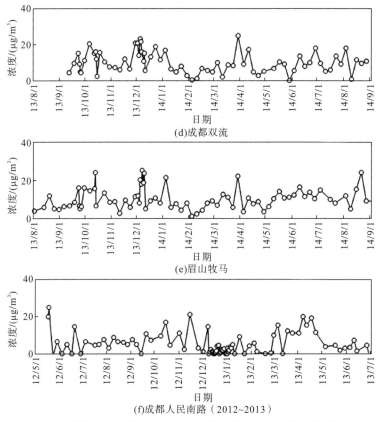

图 7-12 生物质燃烧源对成都平原地区各采样点的 PM$_{2.5}$浓度贡献时间变化序列

7. 二次硫酸盐

因子 7 中含 SO$_4^{2-}$ 和 NH$_4^+$ 贡献较高，OC 含量也相对较高，没有特别典型的人为源示踪物(图 7-13)，加之因子 7 的季节变化特征明显，夏季和冬季都较高，为典型的硫酸盐变化特征，因此认为此因子代表细颗粒物中的二次硫酸盐。结合其时间变化趋势(图 7-14)，因子 7 在各城市间呈现较大的相似性，呈现冬季和夏季高、春季低的特点。各采样点均呈现较高的浓度，这与环境中 SO$_2$ 浓度较高有关。

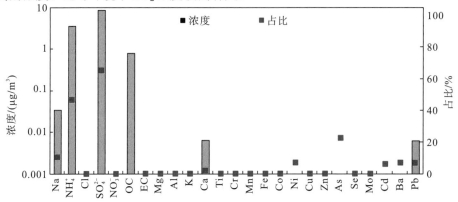

图 7-13 正定矩阵因子分解确定的成都平原地区二次硫酸盐化学组成特征谱

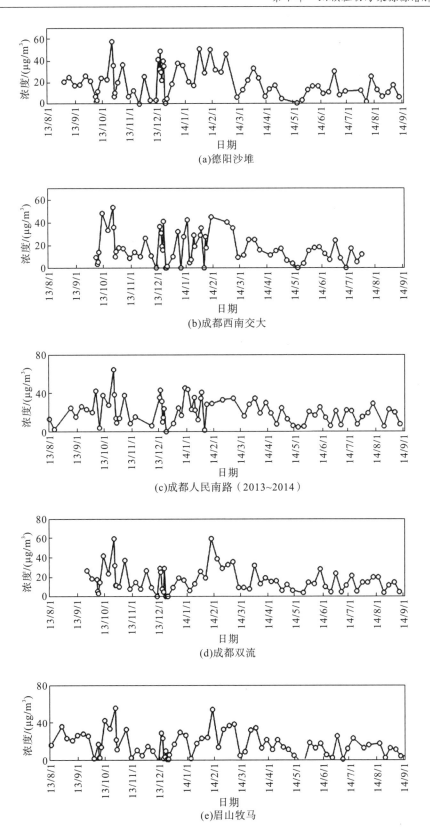

(a)德阳沙堆

(b)成都西南交大

(c)成都人民南路（2013~2014）

(d)成都双流

(e)眉山牧马

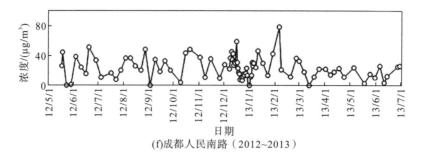

(f)成都人民南路（2012~2013）

图 7-14　二次硫酸盐对成都平原地区各采样点的 $PM_{2.5}$ 浓度贡献时间变化序列

8. 燃煤排放

因子 8 中含有较高浓度的 OC、EC、SO_4^{2-}、Cl、NH_4^+、Na、Ca（图 7-15），Cl 的含量占到总 Cl 的 64.49%，Pb、Se 和 As 比例也较高。Cl 在源解析中常作为燃煤排放的污染源代表物（Song et al., 2006; Zheng et al., 2005），Pb、As 和 Se 也是燃煤排放的示踪物，Pb、As 元素的无机元素富集因子均大于 100，表明其受到人为排放的影响，加之此因子含有较高的 OC 和 EC，可以认为此因子代表燃煤源。因子 8 的季节变化特征明显（图 7-16），冬季较高、夏季较低。虽然成都地区已经禁止使用居民燃煤锅炉（Tao et al., 2014），但工业锅炉的燃煤使用量仍占较大比例，加之四川地区煤炭的品质较差，燃煤源对细颗粒物的贡献较大。因子 8 在冬季贡献较高，与燃煤发电和居民使用散煤行为有关。

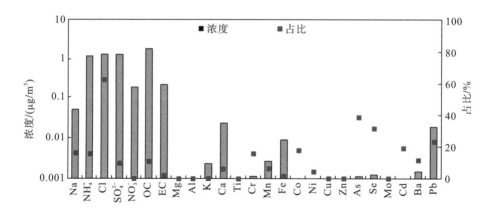

图 7-15　正定矩阵因子分解确定的成都平原地区燃煤排放源化学组成特征谱

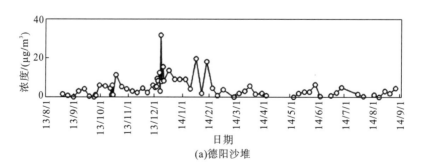

(a)德阳沙堆

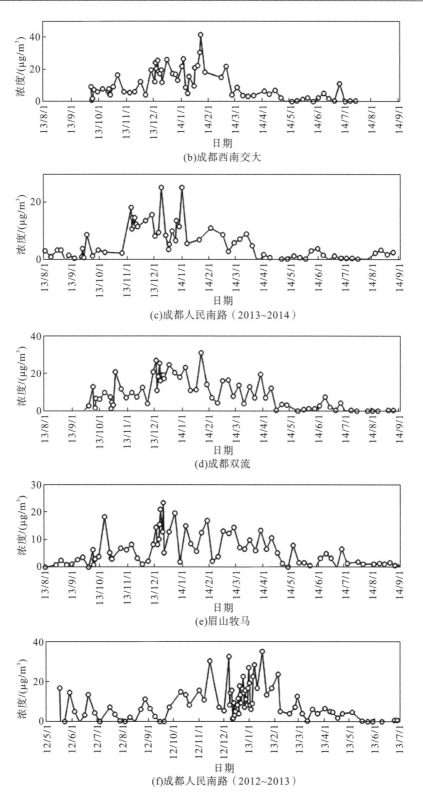

图 7-16　燃煤排放源对成都平原地区各采样点的 $PM_{2.5}$ 浓度贡献时间变化序列

7.2.2 川南地区污染源源谱解析

正定矩阵因子分解模型解析在川南地区共识别出 8 种主要因子，分别为二次硫酸盐、二次硝酸盐、燃煤排放、工业排放、烟花爆竹、机动车排放、生物质燃烧、城市扬尘和浮尘。图 7-17～图 7-32 分别为各因子的污染源廓线及各个污染源对川南地区 10 个采样点贡献的时间序列。

1. 二次硫酸盐

因子 1 中含量较高的组分是 SO_4^{2-} 和 NH_4^+，分别贡献了总 SO_4^{2-} 和 NH_4^+ 的 70.0% 和 57.0%，此外 OC 的含量也较高(图 7-17)，且没有明显的人为源示踪物，因此认为此因子代表细颗粒物中的二次硫酸盐。该因子中含有一定量的 OC，这与二次硫酸根形成过程中促进 SOA 的非均相转化有关(Jang et al., 2002)。图 7-18 表示采样期间二次硫酸盐在川南地区 10 个站点的时间变化序列。因子 1 在冬季(12 月、1 月、2 月)贡献较高，且在川南地区五个城市的时间变化趋势上呈现了极大的一致性，表明二次硫酸盐的转化过程更可能受到大空间尺度的气象因素控制。二次硫酸盐在各采样点的贡献浓度较高，这可能与四川省煤燃烧排放大量的 SO_2 有关。

2. 二次硝酸盐

因子 2 中含有较高浓度的 NH_4^+、NO_3^-，NO_3^- 贡献总 NO_3^- 的 76.8%(图 7-19)，且该因子对川南地区 10 个采样点 $PM_{2.5}$ 的贡献均是冬季高、夏季低，具有典型的硝酸盐特征，故认为其为二次硝酸盐。与二次硫酸盐一样，二次硝酸盐在川南地区五个城市的时间变化趋势上也呈现较大的一致性(图 7-20)，其转化过程也受到大空间尺度的气象因素控制。冬季大气中的高污染物浓度以及静稳天气使得二次气溶胶浓度增大；夏季温度高、光照强的特点也使得二次气溶胶较易生成，然而二次硝酸盐的主要存在形式 NH_4NO_3 在夏季高温的环境中易挥发，因此二次硝酸盐在夏季的贡献较小。

3. 燃煤排放

因子 3 中含有较高的 OC、EC、Cl、Cr、As 和 Se(图 7-21)，还有一定的 K、SO_4^{2-}、NH_4^+，Cl、As 和 Se 含量分别占总量的 59.3%、81.2% 和 67.2%。Cl 和 As 在源解析中常作为燃煤排放的污染源代表物(Song et al., 2006; Zheng et al., 2005)，因此可以认为此因子代表燃煤排放源。由图 7-22 可知，燃煤排放源在 5 个城市间的时间变化具有一定的差异，这说明煤燃烧受局地源的影响较大。燃煤排放源在冬季贡献较高，在其他季节的贡献比较接近，这是因为川南地区火力发电使用的煤燃烧排放的污染物在冬季大量积累，而且冬季居民使用散煤用来取暖及做饭也有较大影响。

4. 工业排放

因子 4 含有一定量的 OC、EC、Cl、NH_4^+、NO_3^- 和 SO_4^{2-}，且 Al、Ti、Cr、V、Ni、Mo、Cu、Zn、Mn、Fe、Cd、Pb 等金属元素对该因子有较高贡献(图 7-23)。Zn、Mn 和

Fe 来自铁锰炼制过程，可以作为冶炼尘的示踪物；Cr 是重要的冶金工业的示踪物。Pb 和 Cu 则可能来自冶炼厂和二次有色金属厂，Ni 和 V 主要来自工业燃油锅炉的重油燃烧排放，Al 可能来自二次有色金属厂，且与砖瓦陶瓷制造有关；Ti 主要来自工厂喷漆器生产和沥青工业中，因此因子 4 代表工业污染源。因子 4 在川南地区五个城市的时间变化趋势不一致（图 7-24），表明其受局地影响较大，不同城市的工业类型可能存在着明显差异。工业源对乐山市两个采样点（市监测站、三水厂）的浓度贡献较大，对自贡市、泸州市、内江市和宜宾市的贡献较小，说明乐山市 $PM_{2.5}$ 受工业源的影响较大。

5. 烟花爆竹

因子 5 含有一定的 OC、EC、Cl，Mg、Al、K、Cu、Pb、Ba、Sr、Bi 的含量也较高（图 7-25），这八种金属都是烟花爆竹的显色金属，燃烧时可产生不同颜色的光，烟花爆竹燃放过程中也会排放 OC、EC 及 Cl 离子，该因子在川南地区采样点具有明显的时间变化特征（图 7-26），只在除夕当天（2016/2/7）有突出贡献，其他时间贡献接近零，因此认为该因子为烟花爆竹源。在 2016 年除夕，烟花爆竹源对川南地区 7 个采样点的贡献浓度有较大差异，这主要与采样点附近烟花爆竹的燃放量有关。

6. 机动车排放

因子 6 含较高浓度的 OC、EC、SO_4^{2-}、Cu、Zn、Ni、V、Pb、Mn、Fe 等（图 7-27）。燃料在机动车引擎的高温燃烧下可释放出大量的 EC（Huang et al.，2006），Cu 和 Zn 主要来自机动车附件，如金属制动磨损、润滑油、制动器和轮胎，Zn 和 EC 被看成汽油机动车的示踪物，因此可认为此因子代表机动车排放源。因子 6 在川南地区 $PM_{2.5}$ 的贡献并没有明显的时间变化特征（图 7-28），在全年对川南地区颗粒物的贡献变化不大。机动车排放源对五个城市的贡献有一定的差异，主要受局地机动车排放源的影响。

7. 生物质燃烧

由图 7-29 可知，因子 7 的 K、OC、EC 含量较高，Watson 和 Chow（2001）测量结果中以 K 和 OC 作为生物质燃烧的示踪物，可以判断此因子为生物质燃烧源。由图 7-30 可以看出，生物质燃烧源对川南地区细颗粒物的贡献在 5 月最高，其次是在 1 月和 10 月。5 月和 10 月是作物收获的季节，大量秸秆焚烧。而冬季生物质燃料的使用会积累大量污染物。因子 7 在川南地区 5 个城市除春季和秋季集中焚烧季节，其他时间变化序列并不完全一致，这可能受局地燃烧源的影响。

8. 城市扬尘和浮尘

因子 8 中 Na、Mg、Al、Ca、Ti、Mn、Fe 等地壳元素浓度较高（图 7-31），其中 Ca、Ti 和 Fe 的贡献均在 50% 以上。Al、Ca、Ti 和 Fe 可作为扬尘的标识元素（Watson et al.，2001），因子 8 的时间变化序列具有明显的时间特征（图 7-32），在 3 月、5 月和 10 月贡献较大，主要是因为春季和秋季风速大，浮尘较多，因此判断此因子代表城市扬尘和浮尘源。城市扬尘和浮尘源在川南地区 10 个采样点具有较好的一致性，受局地影响较小。

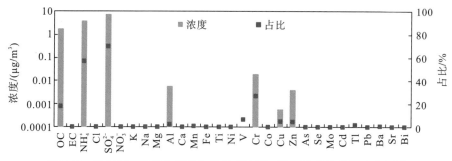

图 7-17　正定矩阵因子分解确定的川南地区二次硫酸盐化学组成特征谱

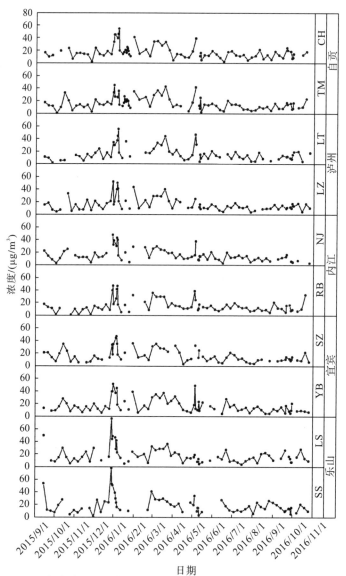

日期

图 7-18　二次硫酸盐对川南地区各采样点的 PM$_{2.5}$ 浓度贡献时间变化序列

CH 代表自贡春华路，TM 代表自贡檀木林；LT 代表泸州兰田宪桥，LZ 代表泸州市监测站；NJ 代表内江市监测站，RB 代表内江日报社；SZ 代表宜宾四中，YB 代表宜宾市政府；LS 代表乐山市监测站，SS 代表乐山三水厂

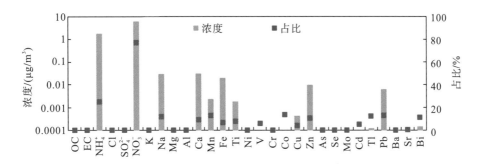

图 7-19　正定矩阵因子分解确定的川南地区二次硝酸盐化学组成特征谱

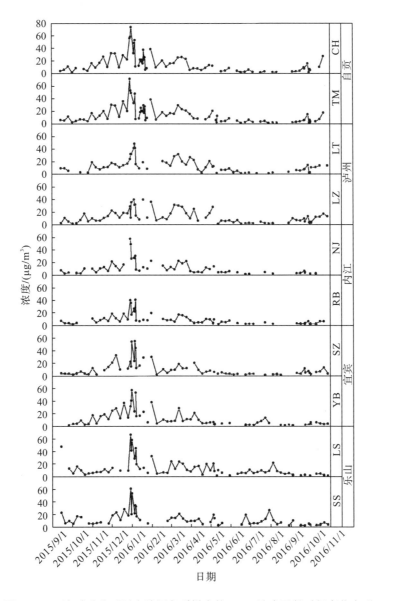

图 7-20　二次硝酸盐对川南地区各采样点的 PM$_{2.5}$ 浓度贡献时间变化序列

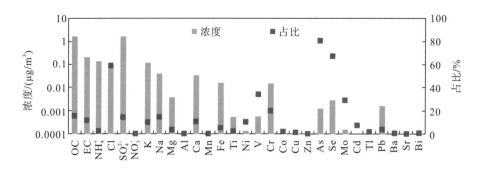

图 7-21 正定矩阵因子分解确定的川南地区燃煤排放源化学组成特征谱

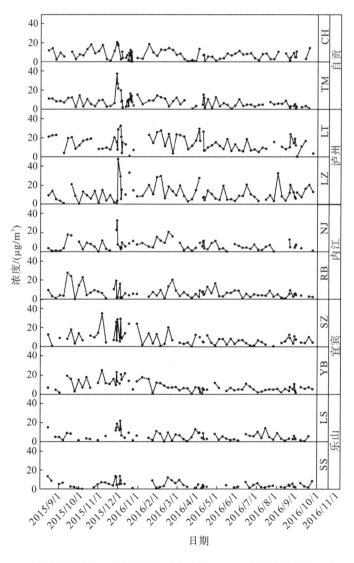

图 7-22 燃煤排放源对川南地区各采样点的 PM$_{2.5}$ 浓度贡献时间变化序列

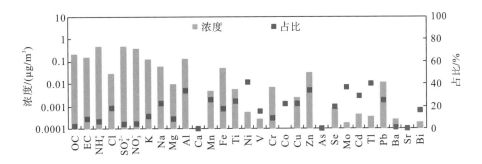

图 7-23 正定矩阵因子分解确定的川南地区工业排放源化学组成特征谱

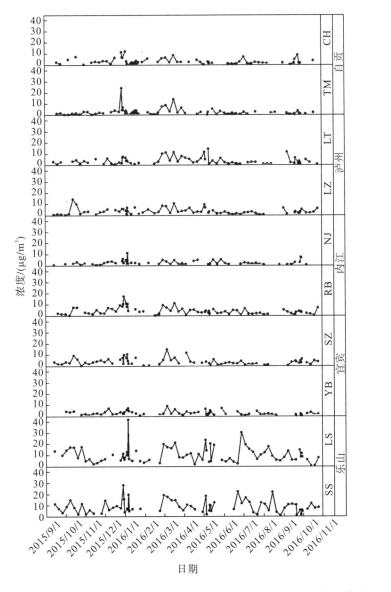

图 7-24 工业排放源对川南地区各采样点的 $PM_{2.5}$ 浓度贡献时间变化序列

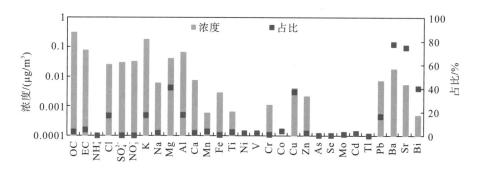

图 7-25　正定矩阵因子分解确定的川南地区烟花爆竹源化学组成特征谱

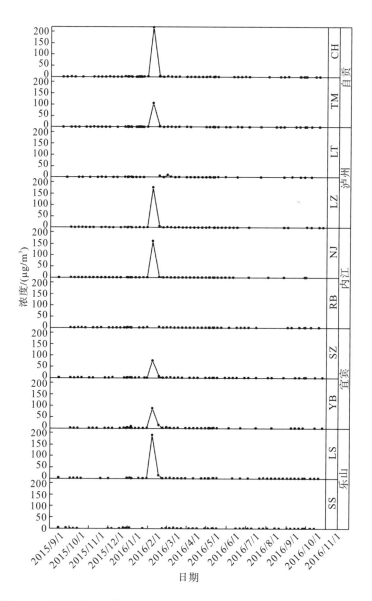

图 7-26　烟花爆竹源对川南地区各采样点的 PM$_{2.5}$ 浓度贡献时间变化序列

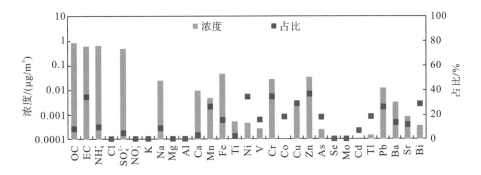

图 7-27　正定矩阵因子分解确定的川南地区机动车排放源化学组成特征谱

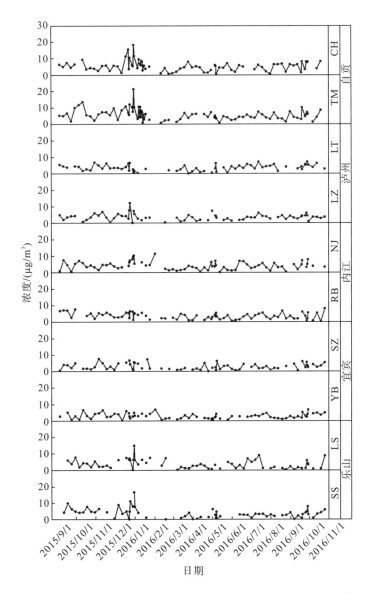

图 7-28　机动车排放源对川南地区各采样点的 PM$_{2.5}$ 浓度贡献时间变化序列

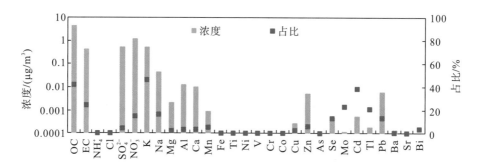

图 7-29　正定矩阵因子分解确定的川南地区生物质燃烧源化学组成特征谱

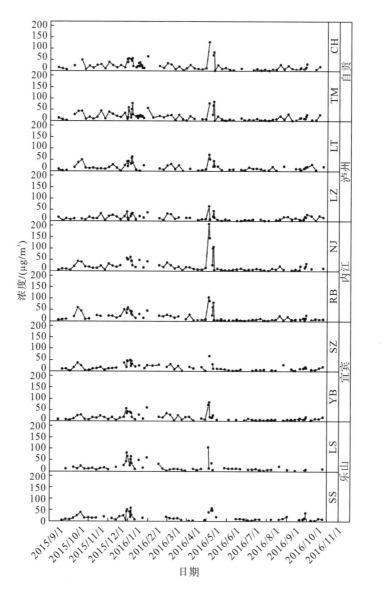

图 7-30　生物质燃烧源对川南地区各采样点的 PM$_{2.5}$ 浓度贡献时间变化序列

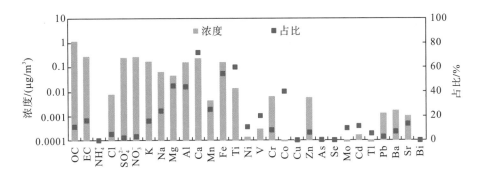

图 7-31　正定矩阵因子分解确定的川南地区城市扬尘和浮尘源化学组成特征谱

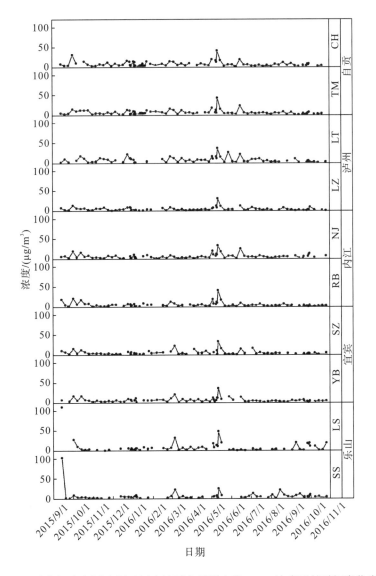

图 7-32　城市扬尘和浮尘源对川南地区各采样点的 PM$_{2.5}$ 浓度贡献时间变化序列

7.2.3 川东北地区污染源源谱解析

正定矩阵因子分解模型解析在川东北地区共识别出 8 种主要的因子, 分别为扬尘、燃煤排放、生物质燃烧、机动车排放、二次硝酸盐、二次硫酸盐、烟花爆竹以及工业排放。图 7-33~图 7-48 分别为各因子的污染源廓线及各个源对川东北地区四个采样点贡献的时间序列。

1. 扬尘

因子 1 中 Mg、Al、Ca、Ti、Mn、Fe 等地壳元素浓度较高 (图 7-33), 其中 Al、Ca、Ti 和 Fe 的贡献分别为 35.0%、31.7%、47.0%、40.2%, 且 Al、Ca、Ti 和 Fe 可作为扬尘的标识元素 (Watson et al., 2001)。因子 1 还有一定量的 OC、EC、Zn、Pb, Zn 主要来自机动车制动器磨损, 这意味着道路再悬浮尘的存在, 因此判断此因子代表扬尘源。因子 1 的时间变化序列具有明显的特征 (图 7-34), 在 3 月和 10 月贡献较大, 主要是因为春季和秋季风速大, 沙尘较多; 除此之外, 因子 1 在冬季 (12 月、1 月、2 月) 也有一定的贡献, 这可能与冬季降雨量少有关。因子 1 在川东北地区四个采样点有较好的一致性。

2. 燃煤排放

因子 2 中含有较高的 OC、EC、Cl、NO_3^-、SO_4^{2-}、NH_4^+、As (图 7-35)。Cl 和 As 在源解析中常作为燃煤排放的污染源代表物 (Song et al., 2006; Zheng et al., 2005), 可以认为此因子代表燃煤排放源。由图 7-36 可知, 燃煤排放源在冬季贡献较高, 且在川东北地区四个采样点的时间变化趋势较为接近。

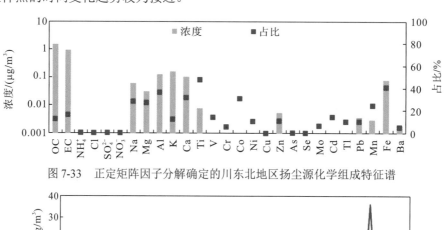

图 7-33 正定矩阵因子分解确定的川东北地区扬尘源化学组成特征谱

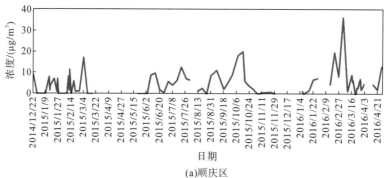

(a)顺庆区

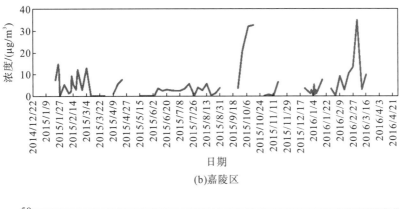

(b)嘉陵区

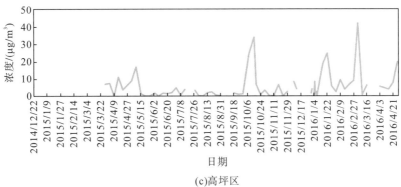

(c)高坪区

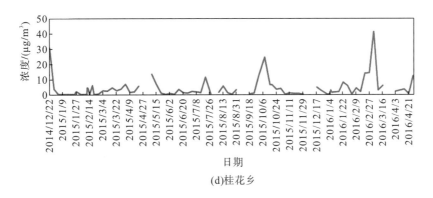

(d)桂花乡

图 7-34　扬尘源对川东北地区各采样点的 PM$_{2.5}$ 贡献时间变化序列

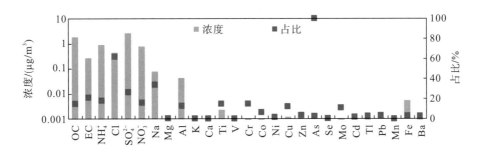

图 7-35　正定矩阵因子分解确定的川东北地区燃煤排放源化学组成特征谱

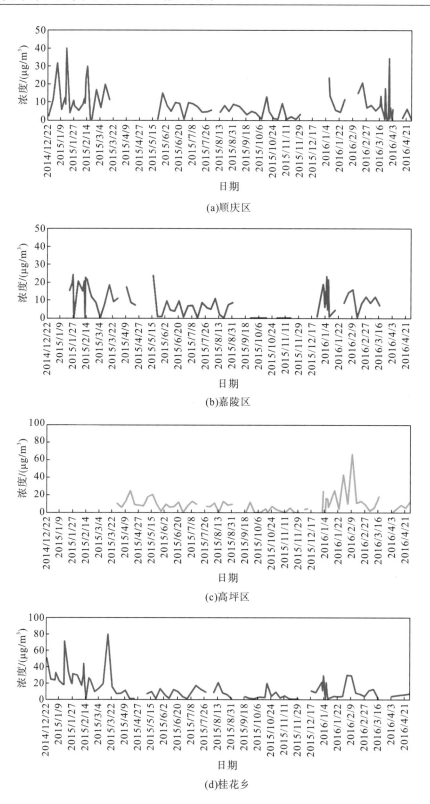

图 7-36　燃煤排放源对川东北地区各采样点的 $PM_{2.5}$ 贡献时间变化序列

3. 生物质燃烧

因子 3 的 K、OC、EC 含量较高，Watson 和 Chow(2001)测量结果中以 K 和 OC 作为生物质燃烧的示踪物，可以判断此因子为生物质燃烧源(图 7-37)。因子 3 还有一定量的 Zn 和 Pb，Zn、Pb、K 和 OC 还作为市政焚烧的示踪物(Xie et al., 2008)，因此因子 3 还可能代表了部分市政焚烧排放的贡献。由图 7-38 可以看出，生物质燃烧对川东北地区四个采样点细颗粒物的贡献在冬季较大，10 月稻谷收获季节后也有一定的贡献。因子 3 在川东北地区四个采样点的时间变化序列并不完全一致，这可能受局地气象因素的影响。

4. 机动车排放

因子 4 含较高浓度的 OC、EC、Zn、Pb、Mn 和 Fe 等(图 7-39)，Cu 和 Zn 主要来自机动车附件，如金属制动磨损、润滑油、制动器和轮胎。Mn 和 Fe 来自道路再悬浮尘，Zn 和 EC 被看成汽油机动车的示踪物，因此可认为此因子代表机动车排放源。因子 4 在川东北地区 PM$_{2.5}$ 的贡献并没有明显的时间变化特征(图 7-40)，且在四个采样点的时间变化趋势大不相同，受局地排放的影响。

5. 二次硝酸盐

因子 5 中含有较高的 OC、NH$_4^+$、Cl、NO$_3^-$(图 7-41)，且该因子对川东北地区四个采样点 PM$_{2.5}$ 的贡献均是冬季高、夏季低，具有典型的硝酸盐特征，故认定其为二次硝酸盐。除二次离子外，OC、EC 浓度也较高，与二次无机离子形成过程中促进 SOA 的非均相转化有关(Jang et al., 2002)。因子 5 在四个采样点的时间变化趋势上呈现出了极大的一致性(图 7-42)，表明二次硝酸盐的转化过程更可能受到大空间尺度的气象因素控制。

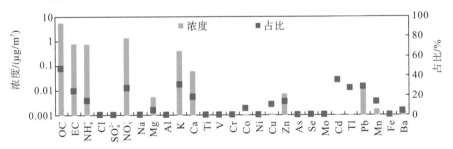

图 7-37　正定矩阵因子分解确定的川东北地区生物质燃烧源化学组成特征谱

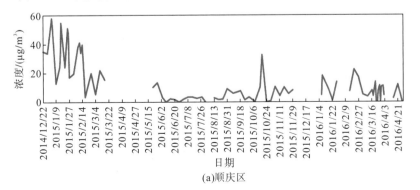

(a)顺庆区

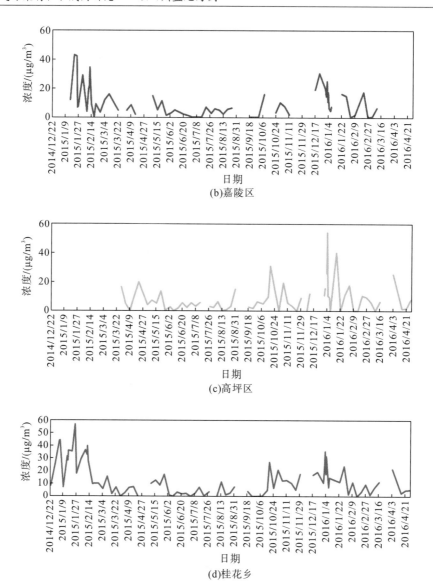

图 7-38　生物质燃烧源对川东北地区各采样点的 PM$_{2.5}$ 贡献时间变化序列

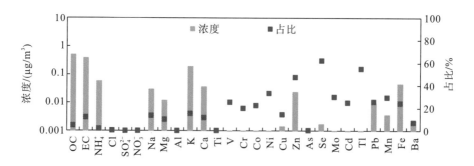

图 7-39　正定矩阵因子分解确定的川东北地区机动车排放源化学组成特征谱

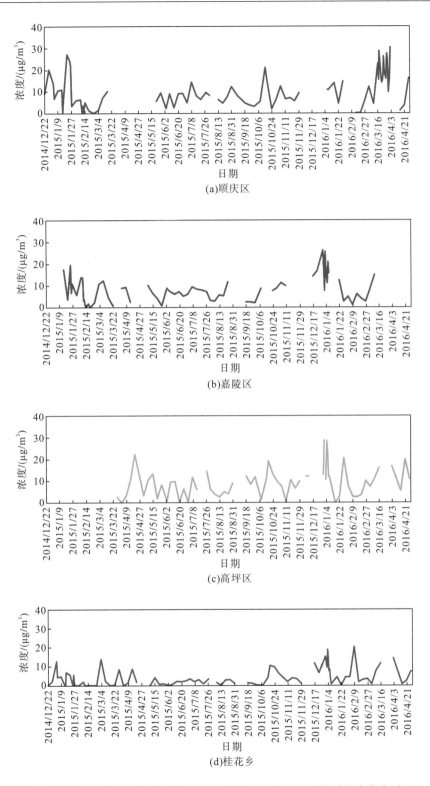

图 7-40　机动车排放源对川东北地区各采样点的 PM$_{2.5}$ 贡献时间变化序列

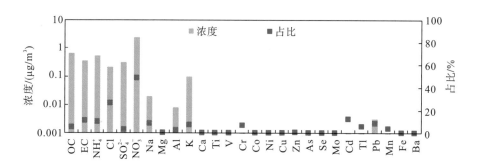

图 7-41　正定矩阵因子分解确定的川东北地区二次硝酸盐化学组成特征谱

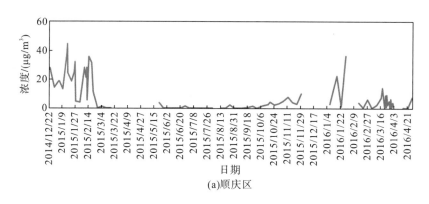

(a)顺庆区

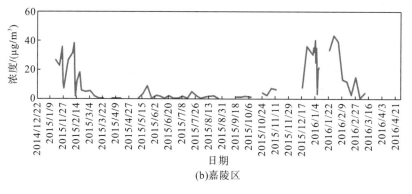

(b)嘉陵区

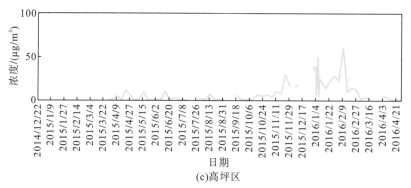

(c)高坪区

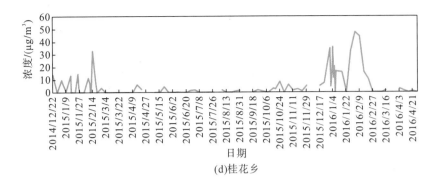

图 7-42　二次硝酸盐对川东北地区各采样点的 $PM_{2.5}$ 贡献时间变化序列

6. 二次硫酸盐

因子 6 中含量高的组分是 SO_4^{2-} 和 NH_4^+，分别贡献了 67.1% 和 54.2%（图 7-43），因此认为此因子代表细颗粒物中的二次硫酸盐。因子 6 的时间变化趋势并无明显的季节特征（图 7-44）。

7. 烟花爆竹

因子 7 的 Mg、Al、K、Cu、Pb、Ba 含量较高（图 7-45），这六种金属都是烟花爆竹的显色金属，燃烧时可产生不同颜色的光，且该因子在川东北地区四个采样点具有明显的时间变化特征（图 7-46），只在春节期间（尤其是除夕）有突出贡献，其他时间贡献接近于零，因此认为该因子为烟花爆竹源。

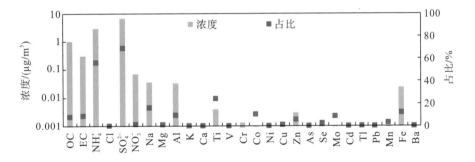

图 7-43　正定矩阵因子分解确定的川东北地区二次硫酸盐化学组成特征谱

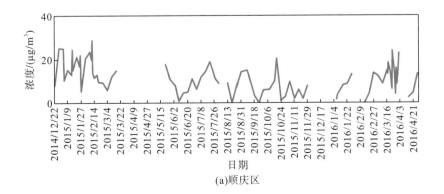

(a)顺庆区

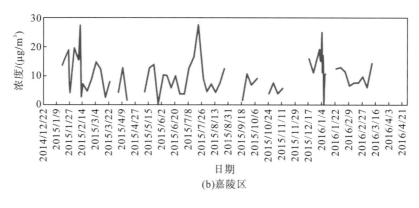

(b)嘉陵区

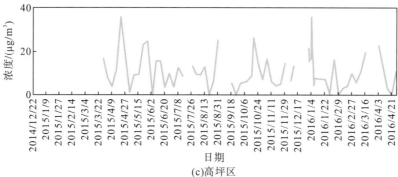

(c)高坪区

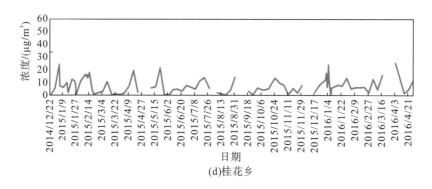

(d)桂花乡

图 7-44　二次硫酸盐对川东北地区各采样点的 $PM_{2.5}$ 贡献时间变化序列

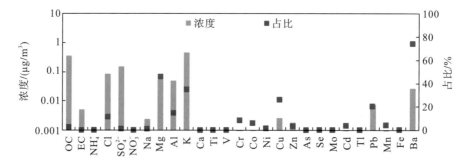

图 7-45　正定矩阵因子分解确定的川东北地区烟花爆竹源化学组成特征谱

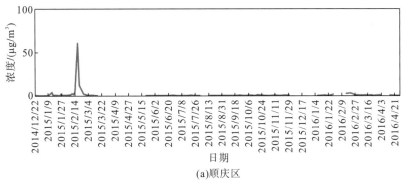

(a)顺庆区

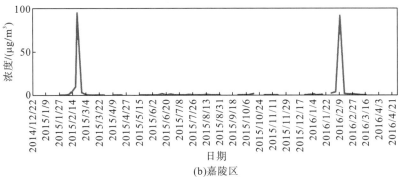

(b)嘉陵区

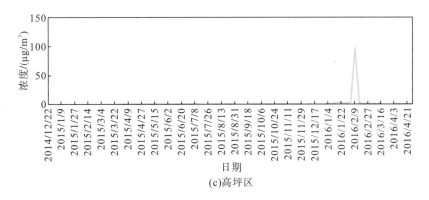

(c)高坪区

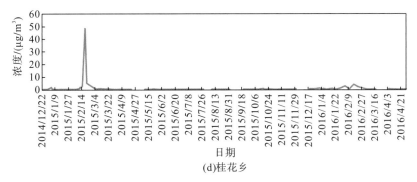

(d)桂花乡

图 7-46　烟花爆竹源对川东北地区各采样点的 PM$_{2.5}$ 贡献时间变化序列

8. 工业排放

因子 8 含有较高浓度的 Al、Ca、Ti、Cr、V、Ni、Mo、Cu、Zn、Mn、Fe、Ba 等（图 7-47）。Ni 和 V 主要来自工业燃油锅炉的重油燃烧排放，Al 和 Ba 主要来自电力工业，因此因子 8 代表工业排放源。因子 8 在四个采样点的时间变化趋势不完全一致（图 7-48），表明因子 8 受局地影响较大。

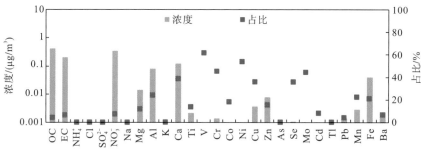

图 7-47　正定矩阵因子分解确定的川东北地区工业排放源化学组成特征谱

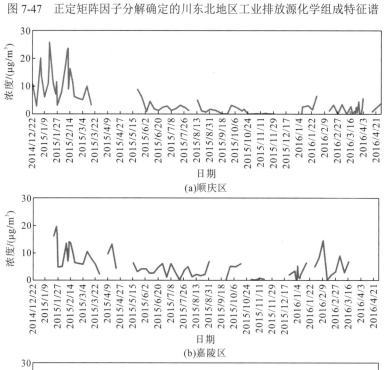

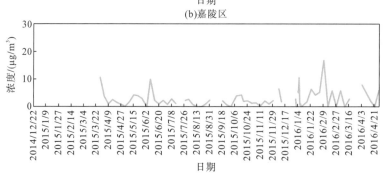

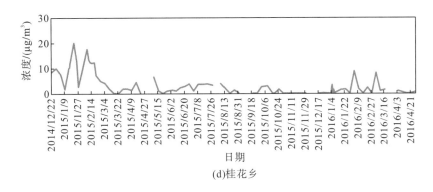

(d)桂花乡

图 7-48　工业排放源对川东北地区各采样点的 $PM_{2.5}$ 贡献时间变化序列

7.3　本章小结

本章所得结论如下:

(1)成都平原地区 $PM_{2.5}$ 源谱解析识别出 8 种主要污染因子:机动车排放源、扬尘源、二次硝酸盐、工业排放源、钼金属相关工业源、生物质燃烧源、二次硫酸盐和燃煤排放源。因子 1 中 Zn 和 EC 被看成汽油机动车的示踪物,可以判断因子 1 为机动车排放源。因子 1 的时间变化趋势也体现得与机动车排放特征较为相似。因子 2 中 Al 元素约占 Al 总量的 41.61%,Ca 元素占 Ca 总量的 59.11%,Al、K、Ca 和 Fe 是扬尘的标识元素,可认为此因子为扬尘源。因子 3 中有较高的硝酸盐含量,贡献总 NO_3^- 的 74.4%,同时 NH_4^+、OC 的浓度也较高,认为该因子代表 $PM_{2.5}$ 中的二次硝酸盐,OC 浓度较高与二次无机离子形成过程中促进 SOA 的非均相转化有关。因子 4 中 Al 的贡献为 57.77%,Cu 的贡献超过 65%,Zn 的贡献高达 23.7%,金属元素贡献显著。其中,Al 和 NO_3^- 主要来自铝冶炼,Zn、Mn 和 Fe 来自铁锰炼制过程,可以作为冶炼尘的示踪物;Pb 和 Cu 则可能来自冶炼厂和二次有色金属厂,认为因子 4 代表工业排放源。因子 5 中 Mo 元素的含量占其总量的 70%以上,EC、SO_4^{2-}、NO_3^- 等的含量也较高,综合判断因子 5 为钼金属相关工业源。因子 6 含有较高的 K、OC、EC,K 和 OC 通常作为生物质燃烧的示踪物,因此可以判断此因子为生物质燃烧源。因子 7 中含 SO_4^{2-} 和 NH_4^+ 贡献较高,OC 含量也相对较高,没有特别典型的人为源示踪物,加之因子 7 的季节变化特征明显,夏季和冬季都较高,为典型的硫酸盐变化特征,因此认为此因子代表细颗粒物中的二次硫酸盐。因子 8 中 Cl 含量占到总 Cl 的 64.49%,Pb、Se 和 As 比例也较高。Cl 在源解析中常作为燃煤排放的污染源代表物,Pb、As 和 Se 也是燃煤排放的示踪物,Pb、As 元素的无机元素富集因子均大于 100,表明其受到人为排放的影响严重,加之此因子含有较高的 OC 和 EC,可以认为此因子代表燃煤源。因子 8 的季节变化特征明显,冬季较高、夏季较低,冬季贡献较高,与燃煤发电和散煤使用有关。

(2)川南地区 $PM_{2.5}$ 源谱解析识别出 8 种主要污染因子:二次硫酸盐、二次硝酸盐、燃煤排放源、工业排放源、烟花爆竹源、机动车排放源、生物质燃烧源、城市扬尘和浮尘源。因子1中含量较高的组分是SO_4^{2-}和NH_4^+，分别贡献了总SO_4^{2-}和NH_4^+的70.0%和57.0%，此外OC的含量也较高，且没有明显的人为源示踪物，因此认为此因子代表细颗粒物中的二次硫酸盐。因子2中含有较高浓度的NH_4^+、NO_3^-，NO_3^-贡献总NO_3^-的76.8%，且该因子对川南地区10个采样点$PM_{2.5}$的贡献均是冬季高、夏季低，具有典型的硝酸盐特征，故认为其为二次硝酸盐。因子3中含有较高的OC、EC、Cl、Cr、As和Se，还有一定的K、SO_4^{2-}、NH_4^+，Cl、As和Se含量分别占总量的59.3%、81.2%和67.2%。Cl和As在源解析中常作为燃煤排放的污染源代表物，因此可以认为此因子代表燃煤排放源。因子4含有一定量的OC、EC、Cl、NH_4^+、NO_3^-和SO_4^{2-}，且Al、Ti、Cr、V、Ni、Mo、Cu、Zn、Mn、Fe、Cd、Pb等金属元素对该因子有较高贡献。Zn、Mn和Fe来自铁锰炼制过程，可以作为冶炼尘的示踪物；Cr是重要的冶金工业的示踪物。Pb和Cu则可能来自冶炼厂和二次有色金属厂，Ni和V主要来自工业燃油锅炉的重油燃烧排放，Al可能来自二次有色金属厂，且与砖瓦陶瓷制造有关；Ti主要来自工厂喷漆器生产和沥青工业中，因此因子4代表工业排放源。因子5含有一定的OC、EC、Cl，Mg、Al、K、Cu、Pb、Ba、Sr、Bi的含量较高，这8种金属都是烟花爆竹的显色金属，燃烧时可产生不同颜色的光，烟花爆竹燃放过程中也会排放OC、EC及Cl离子，该因子在川南地区采样点具有明显的时间变化特征，只在除夕当天(2016/2/7)有突出贡献，其他时间贡献接近零，因此认为该因子为烟花爆竹源。因子6含较高浓度的OC、EC、SO_4^{2-}、Cu、Zn、Ni、V、Pb、Mn、Fe等。Zn和EC被看成汽油机动车的示踪物，可认为此因子代表机动车排放源。因子7的K、OC、EC含量较高，K和OC作为生物质燃烧的示踪物，可以判断此因子为生物质燃烧源。因子8中Na、Mg、Al、Ca、Ti、Mn、Fe等地壳元素浓度较高，其中Ca、Ti和Fe的贡献均在50%以上。Al、Ca、Ti和Fe可作为扬尘的标识元素，因子8在3月、5月和10月贡献较大，主要是因为春季和秋季风速大，浮尘较多，因此判断此因子代表城市扬尘和浮尘源。

(3)川东北地区$PM_{2.5}$源谱解析识别出8种主要污染因子：扬尘源、燃煤排放源、生物质燃烧源、机动车排放源、二次硝酸盐、二次硫酸盐、烟花爆竹源、工业排放源。因子1中Na、Mg、Al、Ca、Ti、Mn、Fe等地壳元素浓度较高，其中Al、Ca、Ti和Fe的贡献分别为35.0%、31.7%、47.0%、40.2%，且Al、Ca、Ti和Fe可作为扬尘的标识元素，因此判断此因子代表扬尘源。因子2中含有较高的OC、EC、Cl、NO_3^-、SO_4^{2-}、NH_4^+、As。Cl和As在源解析中常作为燃煤排放的污染源代表物，可以认为此因子代表燃煤排放源。因子3的K、OC、EC含量较高，K和OC作为生物质燃烧的示踪物，可以判断此因子为生物质燃烧源。因子4含较高浓度的OC、EC、Zn、Pb、Mn和Fe等，Zn和EC被看成汽油机动车的示踪物，因此可认为此因子代表机动车排放源。因子5中含有较高的OC、NH_4^+、Cl、NO_3^-，且该因子对四个采样点$PM_{2.5}$的贡献均是冬季高、夏季低，具有典型的硝酸盐特征，故认定其为二次硝酸盐。因子6中含量高的组分是SO_4^{2-}和NH_4^+，分别贡献了67.1%和54.2%，因此认为此因子代表细颗粒物中的二次硫酸盐。

因子 7 的 Mg、Al、K、Cu、Pb、Ba 含量较高,这六种金属都是烟花爆竹的显色金属,燃烧时可产生不同颜色的光,且该因子在四个采样点具有明显的时间变化特征,只在春节期间(尤其是除夕)有突出贡献,其他时间贡献接近于零,因此认为该因子为烟花爆竹源。因子 8 含有较高浓度的 Al、Ca、Ti、Cr、V、Ni、Mo、Cu、Zn、Mn、Fe、Ba 等。Ni 和 V 主要来自工业燃油锅炉的重油燃烧排放,Al 和 Ba 主要来自电力工业,因此因子 8 代表工业排放源。

第8章　细颗粒物污染来源特征

本章利用正定矩阵因子分解模型解析成都平原地区、川南地区和川东北地区各采样点的PM$_{2.5}$来源贡献，分析烟花爆竹、秸秆焚烧、浮尘等典型污染事件的影响。应用单颗粒气溶胶质谱仪开展细颗粒物在线来源解析，研究细颗粒物的组分和来源贡献，并对不同城市、不同时间段的细颗粒物来源进行重构和比较。

8.1　成都平原地区细颗粒物来源特征

8.1.1　污染来源贡献情况

利用正定矩阵因子分解模型解析出的成都平原地区各类污染来源对PM$_{2.5}$的贡献结果显示(图8-1)，贡献最大的为二次硫酸盐，贡献率为24.49%，其次为二次硝酸盐(19.14%)，二者贡献占到PM$_{2.5}$质量浓度的43.63%，表明二次转化是成都平原地区细颗粒物污染的主要来源；机动车排放源占比也较大，贡献12.48%；扬尘源的贡献为13.28%；工业排放源和钼金属相关工业源贡献分别为9.93%和2.45%；生物质燃烧源贡献9.13%；燃煤排放源贡献9.09%。后文的采样点对应缩写如下：成都人民南路(RN)、德阳沙堆(SD)、成都西南交大(JD)、成都人民南路(RN)、成都双流(SL)和眉山牧马(MM)。

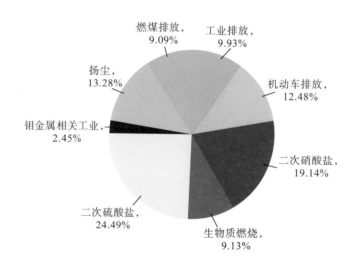

图8-1　成都平原地区PM$_{2.5}$中各污染源贡献比较

8.1.2 污染来源贡献季节变化

图 8-2 比较了不同季节各污染来源贡献特征，同时在表 8-1 中列出了各污染来源在不同季节的贡献比例。

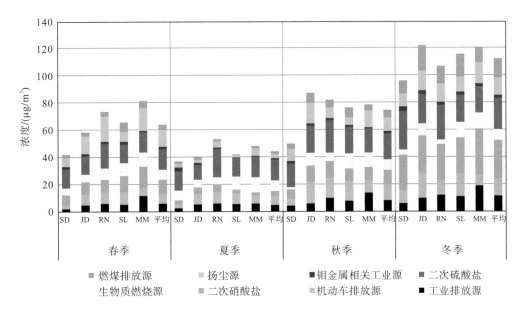

图 8-2 成都平原地区采样点各污染源的季节贡献特征

表 8-1 各污染源贡献的季节变化 （单位：%）

采样点	季节	工业排放源	机动车排放源	二次硝酸盐	生物质燃烧源	二次硫酸盐	钼金属相关工业源	扬尘源	燃煤排放源
德阳沙堆	秋	6.74	10.72	13.69	5.31	34.89	3.37	18.26	7.02
	冬	5.83	10.10	26.80	4.02	30.10	3.04	10.44	9.66
	春	3.58	6.81	17.20	11.82	34.58	4.31	16.36	5.33
	夏	4.79	8.00	7.73	20.49	39.03	7.91	7.93	4.12
	均值	5.24	8.91	16.36	10.41	34.65	4.66	13.25	6.53
成都西南交大	秋	6.45	17.68	13.99	11.01	22.58	2.35	17.45	8.48
	冬	7.42	15.27	22.62	7.45	17.71	2.46	11.74	15.33
	春	7.30	13.77	15.50	9.92	23.23	3.45	21.70	5.13
	夏	11.60	20.34	10.99	14.05	27.29	3.41	6.13	6.19
	均值	8.19	16.77	15.78	10.61	22.70	2.92	14.26	8.78
成都人民南路	秋	11.38	17.74	15.49	7.92	28.60	2.35	9.99	6.52
	冬	10.61	10.19	25.29	2.85	24.00	2.25	12.90	11.91
	春	7.40	11.60	12.19	11.40	24.79	2.68	25.24	4.71
	夏	10.24	15.46	10.77	10.43	38.72	2.53	8.01	3.84
	均值	9.91	13.75	15.94	8.15	29.03	2.45	14.04	6.75

续表

采样点	季节	工业排放源	机动车排放源	二次硝酸盐	生物质燃烧源	二次硫酸盐	钼金属相关工业源	扬尘源	燃煤排放源
成都双流	秋	9.47	18.90	12.30	14.96	24.84	2.14	7.32	10.07
	冬	9.13	13.95	23.32	10.15	16.86	2.01	9.70	14.89
	春	7.59	13.69	18.62	14.05	21.64	2.72	11.95	9.75
	夏	11.07	19.76	6.39	23.25	31.62	1.95	3.48	2.48
	均值	9.32	16.58	15.16	15.60	23.74	2.21	8.11	9.30
眉山牧马	秋	17.20	11.18	12.36	13.79	22.11	1.94	15.61	5.80
	冬	15.10	6.86	28.09	9.65	16.20	1.72	13.02	9.35
	春	13.66	7.08	19.44	12.75	18.09	1.60	21.10	6.28
	夏	10.70	11.09	5.82	24.13	30.84	2.10	11.70	3.61
	均值	14.17	9.05	16.43	15.08	21.81	1.84	15.36	6.26

结合以上图表可以看出，二次来源贡献最大，二次硝酸盐和二次硫酸盐均在冬季出现较大贡献，主要是受到冬季静稳天气影响，污染累积所致，二次硝酸盐在夏季的贡献较低，主要是由于硝酸盐在大气中常以 NH_4NO_3 形式存在，易在较高温度下挥发。

其次为扬尘源，扬尘源在春季的贡献率较大，主要是由于成都平原地区春季降雨较少，对扬尘的清除作用小，细颗粒经过干、湿沉降后仍聚集在地面，容易以扬尘形式再次进入大气。

机动车排放源的贡献具有明显的区域特征，成都西南交大、成都人民南路和成都双流三个城区采样点的贡献较高，均超过 12%，而在德阳沙堆和眉山牧马两个郊区采样点的贡献则相对较小。

解析结果中，工业排放源对眉山牧马的贡献较大，成都人民南路与成都西南交大次之，德阳沙堆较低。在该源的源谱中，Al 是主要的特征元素之一，眉山牧马工业排放源贡献较大与周边存在铝工业相关，此外，眉山牧马附近存在较多的工业园区，从而使得当地工业排放源贡献较大。除工业排放源外，还解析出钼金属相关工业源，该污染源贡献较小(仅为 2.82%)，区域特征明显。该污染源对德阳沙堆的贡献最大，这主要是由附近的钼铁冶炼等相关工业活动造成的，而其他采样点则随着距离的增加，钼金属相关工业源的贡献逐渐减小。燃煤排放源的季节变化特征明显，冬季的贡献最大，这主要是由冬季电厂的排放量增大，加之冬季散煤的使用量增多而导致的。

需要特别说明的是，机动车排放源、工业排放源、燃煤排放源对颗粒物的贡献不仅包括一次排放的颗粒物，还包括大量的气态污染物，如 NO_x、挥发性有机化合物(VOCs)等在大气中进一步反应生成二次气溶胶，因此其整体贡献大于模型解析出的直接贡献结果。

生物质燃烧源在春季和秋季的贡献率高于冬季，这主要是由于成都平原地区春季和秋季的秸秆焚烧活动增强而导致生物质燃烧贡献较高，而冬季生物质燃烧的贡献是由于 12 月、1 月的熏肉、枯枝落叶焚烧等活动的影响，这些活动主要集中在农村地区，城区相对较少，加之冬季其他污染源的浓度大幅升高(如二次硫酸盐、硝酸盐等)，从而导致冬季生物质燃烧源在城区采样点的贡献较小。

8.1.3　PM₂.₅来源解析

本章将污染源分为机动车排放源、燃煤排放源、工业排放源、扬尘源、生物质燃烧源、其他源六大类。其中机动车排放源为机动车船、非道路移动机械等移动源排放，燃煤排放源为以煤为原料的电厂、工业锅炉、集中供暖及居民散烧煤炭等排放，工业排放源为冶金、石油、化工、建材、溶剂生产与使用等工业生产过程的排放，扬尘源为道路扬尘、建筑扬尘、土壤扬尘、风沙等，生物质燃烧源为秸秆、枯叶等生物质燃烧，其他源为餐饮、汽修、建筑涂装等生活服务业以及畜禽养殖业、种植业等。

为更加明晰各类源一次污染源排放对细颗粒物的贡献，依据成都平原地区各类源的SO_2和NO_x排放总量，将细颗粒物二次气溶胶来源按照以下比例分摊到各污染源中：二次硝酸盐转化率为100%，分摊到机动车排放源、燃煤排放源和工业排放源中的比例分别为49%、17%和25%；二次硫酸盐转化率为75%，分摊到工业排放源和燃煤排放源中的比例分别为35%和50%。如图8-3所示，成都平原地区大气中$PM_{2.5}$的来源包括工业排放源、机动车排放源、燃煤排放源、扬尘源、生物质燃烧源和其他源6个污染源。其中，工业排放源贡献最大，为23.60%；机动车排放源和燃煤排放源贡献接近，分别为21.86%和21.53%；扬尘源也有较大贡献，为13.28%；生物质燃烧源贡献为9.13%；其他源贡献为10.60%，可见工业排放源、机动车排放源和燃煤排放源是成都平原地区细颗粒物的主要污染来源。

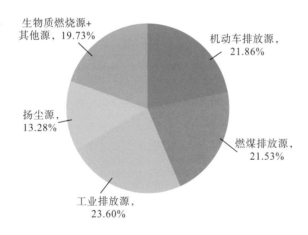

图 8-3　成都平原地区$PM_{2.5}$污染来源贡献比例

进一步分析成都人民南路、成都西南交大和成都双流3个成都市区采样点，如图8-4所示，成都市在工业排放、燃煤排放、机动车排放、扬尘、生物质燃烧、其他6个污染源中，机动车排放源的贡献最大，为23.56%，是大气中细颗粒物的第一大来源；其次为燃煤排放源，贡献为22.42%；再次为工业排放源，贡献为22.08%；扬尘、生物质燃烧和其他源的贡献比与成都平原地区的解析结果接近，分别为12.33%、9.47%和10.14%。成都市大气中$PM_{2.5}$的主要来源依次为机动车排放源、燃煤排放源和工业排放源。

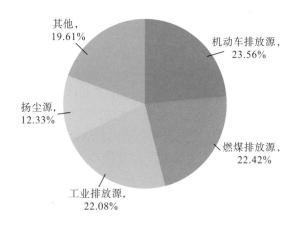

图 8-4　成都市 $PM_{2.5}$ 污染来源贡献比例

8.2　川南地区细颗粒物来源特征

8.2.1　污染来源贡献情况

图 8-5 为正定矩阵因子分解模型解析出的川南地区五个城市各类污染源对 $PM_{2.5}$ 的贡献结果，其中贡献最大的为二次硫酸盐，为 26.0%，其次为生物质燃烧源(23.7%)和二次硝酸盐(15.1%)，二次源的贡献占到总的 $PM_{2.5}$ 质量浓度的 41.1%，结合二次硫酸盐和二次硝酸盐的污染源谱可以发现，二次转化过程伴随着较高浓度 SOA 形成，表明二次转化是川南地区细颗粒物污染的主要来源。燃煤排放、扬尘和浮尘源对细颗粒物也有一定的贡献，分别贡献了 12.8%和 9.3%。工业排放源、扬尘和浮尘源、机动车排放源和烟花爆竹对 $PM_{2.5}$ 的贡献较小，在 10%以下。

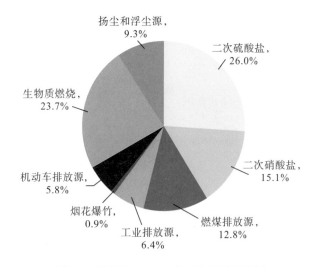

图 8-5　川南地区 $PM_{2.5}$ 各污染源贡献比例

8.2.2　污染来源贡献季节变化

本节比较采样期间各类污染源分别对川南地区自贡、泸州、内江、宜宾和乐山 $PM_{2.5}$ 贡献的时间变化规律。在整个采样期间，二次硫酸盐对 $PM_{2.5}$ 的贡献在冬季较高，在其他季节没有较大的变化；二次硝酸盐在 12 月和 1 月贡献较大，高达 $70.0\mu g/m^3$，占比在 15%～40%，在夏季(6 月、7 月和 8 月)的贡献很小，在 $5\mu g/m^3$ 以下。燃煤排放源贡献在全年的变化不大，贡献大多在 $20\mu g/m^3$ 以下。机动车排放源和工业排放源对自贡细颗粒物的贡献较小，均在 10%以下，且没有明显的时间变化特征；烟花爆竹的贡献在全年接近零，在春节期间略有升高；生物质燃烧源在冬季(12 月、1 月和 2 月)均有较大的贡献，大多在 20%～40%，此外在作物收获季节(5 月和 10 月)的贡献可达到 50%以上；城市扬尘和浮尘源在 10 月、3 月和 5 月的贡献较大。

图 8-6 比较了川南地区不同季节各污染源的浓度贡献，贡献最大的为二次污染源，对颗粒物的贡献在 25%～50%；二次污染源在春季和冬季贡献较大，主要是受到春季和冬季静稳天气影响，使得二次硫酸盐和二次硝酸盐的产量增大，其中，硝酸盐主要由 NO_2 通过气相均相氧化生成，NH_4NO_3 在冬季高湿条件下易存在于颗粒物中，但在夏季高温下易分解，故二次硝酸盐在夏季的贡献较低。二次硫酸盐在自贡(春华路、檀木林)和内江(市监测站、日报社)以及泸州(市监测站)和宜宾(市政府)这 6 个采样点 $PM_{2.5}$ 的贡献比例在夏季最高，分别达到了 32.9%、29.4%、31.3%、36.4%、29.7%和 39.1%，这主要是因为夏季的高温高湿等气象条件有利于 SO_2 与 OH 自由基的气相反应生成硫酸盐。

除二次污染源，生物质燃烧源对川南地区的贡献较大，在不同季节的贡献在 8%～40%。四川是全国著名的粮、油基地，其中水稻、小麦和油菜有着高而稳定的产量，这主要是 10 月为收获水稻后焚烧稻谷秸秆的高发期；5 月是油菜的收获季节，5 月底 6 月初油菜秸秆焚烧活动频繁；而 1 月、12 月则是四川特有风俗——腊月前后熏制香肠、腊肉等的时期，同时 12 月农村地区开荒和城区焚烧落叶的情况也比较严重。生物质燃烧在自贡、

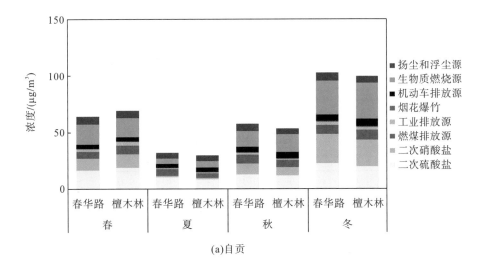

(a)自贡

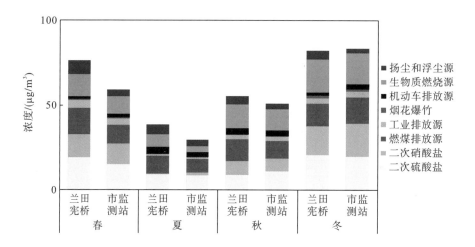

(b)泸州

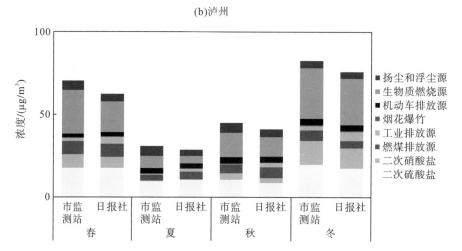

(c)内江

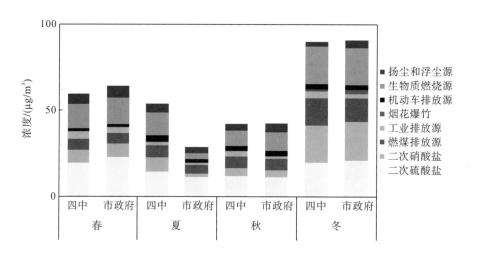

(d)宜宾

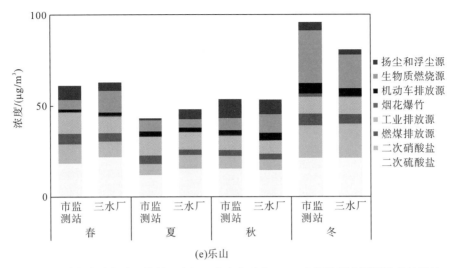

图 8-6　川南地区自贡、泸州、内江、宜宾和乐山 PM$_{2.5}$ 各污染源在不同季节的贡献

乐山和内江(日报社)贡献比例在冬季最大，这可能与冬季用于秸秆和木材等生物质燃料(用于做饭、供暖和制腊肠)使用较多有关，在泸州(兰田宪桥、市监测站)、内江(市监测站)和宜宾(市政府)是在春季或秋季贡献最大，这与 5 月和 10 月农作物收获季节大量秸秆露天燃烧有关；生物质燃烧对宜宾(四中)的颗粒物贡献在夏季最大，这主要与油菜秸秆焚烧密切相关。此外，也因为夏季二次无机盐的生成相对较少，从而使得生物质燃烧源贡献率较高。

　　除了生物质燃烧源，燃煤排放源、机动车排放源、工业排放源、扬尘和浮尘源等一次排放的贡献比例也在夏季较高。燃煤排放源对泸州市(兰田宪桥、市监测站)的贡献较大，在 20%左右；工业排放源的贡献具有明显的城市差异，对乐山(市监测站、三水厂)的贡献较大，在不同季节的贡献均在 10%以上，对其他城市的贡献均在 10%以下；机动车排放源在川南地区颗粒物贡献的差异较小，大多在 10%以下。燃煤排放源、机动车排放源、工业排放源除了排放大量的一次颗粒物以外，还会排放大量的气体污染物，如 SO$_2$、NO$_x$、VOCs 等，这些污染物会在大气中进一步通过气相或液相反应生成二次气溶胶。扬尘和浮尘源对宜宾(四中)和乐山(市监测站、三水厂)PM$_{2.5}$ 的贡献比例在春季和秋季较大，这主要是由于川南地区春季和秋季降雨较少，对扬尘和浮尘源的清除作用减小，细颗粒经过干、湿沉降后仍聚集在地面，且由于春季和秋季常有大风形成，地面上的颗粒物容易以扬尘或传输浮尘的形式再次进入大气。烟花爆竹具有明显的时间特征，在冬季有较大贡献。

8.2.3　PM$_{2.5}$ 来源解析

　　川南地区的细颗粒物中二次气溶胶来源贡献显著，二次硫酸盐贡献为 26.0%，二次硝酸盐贡献率为 15.1%，二次污染源的贡献占到总 PM$_{2.5}$ 质量浓度的 41.1%，与成都平原地区 43.63%(二次硫酸盐与二次硝酸盐的贡献分别为 24.49%和 19.14%)基本相当。细颗粒物中的二次气溶胶源主要就是指排放到大气中的气态或颗粒态污染物发生化学反应形成新的大气颗粒物。依据二次气溶胶的源谱来看，硫酸盐、硝酸盐和铵盐为其主要离子成分，由气体前体物 SO_2、NO_x 和 NH_3 在大气中经二次转化而形成，并且受到温度和湿度等气象要素的影响，其形成机制较为复杂。SO_2 在大气中通过气相均相氧化、液相氧化以及在气溶胶表面的非均相氧化形成 SO_4^{2-}；NO_x 主要以气相均相氧化形成 NO_3^-；NH_3 与大气中的 $HNO_3(g)$ 和 $H_2SO_4(g)$ 反应生成 NH_4NO_3 和 $(NH_4)_2SO_4$（或 NH_4HSO_4），或直接在酸性颗粒物表面上反应而成 NH_4^+。大气中的 SO_2 主要来源于工业排放源和燃煤排放源；NO_x 的来源主要为工业排放源、燃煤排放源、机动车排放源。

依据川南地区各种源的 SO_2 和 NO_x 排放总量，按表 8-2 将川南地区细颗粒物二次气溶胶来源按照以下比例分摊到工业源、移动源及其他源中，其中二次硝酸盐转化率为 100%，二次硫酸盐转化率为 75%。对于解析出来的燃煤排放源，将 80% 计入工业源中，20% 计入其他源中。

表 8-2 川南地区各种源的 SO_2 和 NO_x 排放比例 （单位：%）

城市	NO_x			SO_2		
	工业源	移动源	其他源	工业源	移动源	其他源
自贡	33	54	13	90	0	10
泸州	67	25	8	88	0	12
内江	62	31	7	90	0	10
乐山	66	26	8	91	0	9
宜宾	75	19	6	90	0	10

川南地区细颗粒物来源解析结果如图 8-7 和表 8-3 所示，川南地区大气中 $PM_{2.5}$ 的来源包括工业排放源、机动车排放源、生物质燃烧源、扬尘源、其他源 5 大类。其中，工业排放源贡献最大，为 43.3%；生物质燃烧源贡献次之，为 23.8%；机动车排放源和扬尘源贡献接近，分别为 10.5% 和 9.3%；其他源贡献为 13.1%。工业排放源和生物质燃烧源是自贡、泸州、内江、宜宾和乐山细颗粒物的主要来源，分别贡献了 60.2%、68.7%、69.3%、69.4% 和 67.9%。工业排放源中工业燃煤的贡献占细颗粒物来源的 10.3%，占整个工业排放源贡献的 25%。

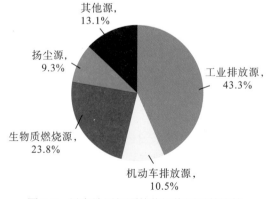

图 8-7 川南地区细颗粒物污染源贡献比较

表 8-3　川南地区 10 个采样点细颗粒物污染源贡献比较　（单位：%）

	站点	工业排放源	机动车排放源	生物质燃烧源	扬尘源	其他源
自贡	春华路	34.4	16.6	25.6	10.2	13.2
	檀木林	32.9	17.5	27.7	9.3	12.6
	平均	33.6	17.0	26.6	9.8	12.9
泸州	兰田宪桥	46.7	8.6	21.1	9.6	14.0
	市监测站	49.6	9.8	20.0	6.2	14.5
	平均	48.1	9.2	20.6	7.9	14.2
内江	市监测站	34.3	9.5	34.7	10.0	11.6
	日报社	40.1	9.5	29.5	8.8	12.2
	平均	37.2	9.5	32.1	9.4	11.9
宜宾	四中	48.6	7.1	21.9	8.2	14.2
	市政府	45.9	7.7	22.5	9.6	14.4
	平均	47.2	7.4	22.2	8.9	14.3
乐山	市监测站	50.6	9.1	17.2	11.0	12.2
	三水厂	49.9	9.6	17.9	9.9	12.6
	平均	50.3	9.3	17.6	10.5	12.4

8.3　川东北地区细颗粒物来源特征

8.3.1　污染来源贡献情况

如图 8-8 所示，川东北地区燃煤排放、生物质燃烧、机动车排放、二次硝酸盐和二次硫酸盐对 $PM_{2.5}$ 的贡献较大，基本在 10% 以上，工业排放源、扬尘源和烟花爆竹贡献较小。南充顺庆区监测点贡献最大的来源是生物质燃烧源（20.5%），其次是二次硫酸盐和机动车排放源，分别贡献 17.9% 和 16.5%；嘉陵区贡献较大的是二次硝酸盐、生物质燃烧源和二次硫酸盐，分别贡献 17.5%、16.2% 和 16.1%，二次硝酸盐和二次硫酸盐比例占总 $PM_{2.5}$ 质量浓度的 33.6%；高坪区贡献较大的是二次硫酸盐和机动车排放源，分别贡献 18.8% 和 16.3%，二次硝酸盐和燃煤排放源的贡献一样，均贡献了 15.7%。上风向郊区的桂花乡 $PM_{2.5}$ 贡献较大的是生物质燃烧源和燃煤排放源，分别贡献了 26.3% 和 25.2%，占总 $PM_{2.5}$ 质量浓度的 51.5%，高于顺庆区、嘉陵区和高坪区中生物质燃烧源和燃煤排放源的贡献（分别为 34.8%、30.4% 和 30.7%）。

生物质燃烧会排放大量的 OC 和 EC，且会产生较高的 OC 与 EC 浓度比值，顺庆区和桂花乡较高的生物质燃烧贡献与这两个采样点较高的 OC 与 EC 浓度比值相符合。燃煤排放源在桂花乡细颗粒物中的贡献最大，高于其他三个监测点，这可能与周边民用生活用燃煤较多有关。机动车排放源在顺庆区、嘉陵区、高坪区和桂花乡四个采样点细颗粒物中分别贡献 16.5%、13.8%、16.3% 和 7.9%，三个市区监测点机动车排放源的贡献明显高于郊区的桂花乡。二次硫酸盐和二次硝酸盐二次转化在嘉陵区和高坪区的贡献高于顺庆区和桂花乡，分别占到 PM$_{2.5}$ 质量浓度的 33.6% 和 34.5%，这说明嘉陵区和高坪区的二次污染较严重。扬尘源在四个采样点中分别贡献 7.5%、8.4%、10.0% 和 7.2%。烟花爆竹只在春节期间有贡献，对顺庆区、嘉陵区、高坪区和桂花乡 PM$_{2.5}$ 的贡献分别为 2.0%、5.2%、3.3% 和 1.9%，其中嘉陵区的烟花爆竹贡献最大，这是因为在 2015 年和 2016 年春节烟花爆竹燃放对嘉陵区 PM$_{2.5}$ 有很大的贡献。工业排放源在嘉陵区贡献最大，为 8.6%。

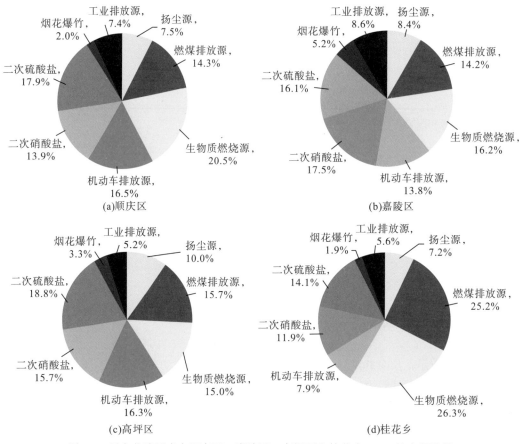

图 8-8　川东北地区南充顺庆区、嘉陵区、高坪区和桂花乡 PM$_{2.5}$ 的来源贡献

8.3.2　污染来源贡献季节变化

表 8-4 比较了川东北地区四个采样点 PM$_{2.5}$ 贡献的季节变化规律。扬尘源和生物质燃烧源、二次硝酸盐、二次硫酸盐和烟花爆竹具有典型的季节变化特征，扬尘源在四个采样点对春季和秋季贡献较大，这与春季和秋季沙尘较多有关，顺庆区夏季扬尘源贡献也较大，这可能与顺庆区本地建筑活动较多有关；生物质燃烧源在秋季和冬季的贡献较大，主要与秋季秸秆焚烧和冬季生物质燃烧有关；二次硝酸盐和二次硫酸盐的季节变化趋势明显相反，二次硝酸盐的贡献在冬季最高，对四个采样点 PM$_{2.5}$ 分别贡献了 19.8%、23.7%、26.3% 和 15.5%，这与冬季不利污染气象条件下的二次转化加剧有关，在顺庆区和嘉陵区的夏季贡献最低，这是因为硝酸铵在高温下易挥发；二次硫酸盐的贡献在夏季最高，对顺庆、嘉

陵、高坪和桂花的贡献达到了 26.8%、28.4%、29.8%和 23.0%，这与夏季的高温气象条件有利于二次硫酸盐的生成有关；烟花爆竹主要在冬季有较大贡献，分别贡献了 3.2%、7.7%、7.0%和 2.6%，其他季节贡献接近为零。

表 8-4　川东北地区各采样点 PM$_{2.5}$的源贡献季节变化规律　（单位：%）

采样点	季节	扬尘源	燃煤排放源	生物质燃烧源	机动车排放源	二次硝酸盐	二次硫酸盐	烟花爆竹	工业源
顺庆	春	10.1	13.5	13.8	27.4	6.4	23.5	0.3	5.0
	夏	15.7	19.6	7.6	23.1	0.7	26.8	0.1	6.4
	秋	16.4	10.5	20.6	22.2	9.2	18.8	0.3	2.0
	冬	3.8	14.5	25.2	10.1	19.8	14.1	3.2	9.3
嘉陵	春	11.3	19.5	15.5	16.1	5.9	19.4	0.3	12.0
	夏	8.3	18.1	10.0	20.5	3.5	28.4	0.9	10.3
	秋	34.0	0.5	13.8	19.3	8.2	17.3	0.8	6.1
	冬	5.5	13.4	17.6	11.6	23.7	12.9	7.7	7.6
高坪	春	15.5	17.0	15.8	17.9	3.8	23.3	0.4	6.3
	夏	5.1	24.3	11.8	18.3	4.5	29.8	0.0	6.2
	秋	14.1	5.9	18.5	20.8	15.8	20.5	0.3	4.1
	冬	6.6	15.9	14.3	13.1	26.3	12.2	7.0	4.6
桂花	春	15.1	28.1	19.2	11.1	2.4	19.2	0.3	4.6
	夏	9.7	33.5	13.2	8.3	2.6	23.0	0.0	9.7
	秋	15.1	11.6	31.5	12.3	8.8	18.3	0.5	1.9
	冬	3.8	24.7	28.3	6.4	15.5	11.1	2.6	7.6

8.4　典型污染事件来源解析

8.4.1　烟花爆竹燃放

烟花爆竹的主要成分是硫黄、木炭粉、硝酸钾、氯酸钾、镁粉、铁粉、铝粉和无机盐等。烟花中含有的非金属燃料（如炭、硫黄以及红磷）燃烧时能产生大量的污染气体，如 SO_2、NO、NO_2 等。烟花爆竹燃放会对细颗粒物的浓度产生明显影响，能造成短时间的高浓度现象；在 2016 年除夕夜，由于烟花爆竹的大量燃放，川南地区的颗粒物浓度上升到 110.6～234.7μg/m^3（表 8-5），使川南地区空气质量达到污染甚至重污染程度。川南地区除夕夜的 OC 和 EC 浓度分别是非燃放期的 1.4～2.5 倍和 1.5～2.5 倍，为了使爆竹响度增加，生产商在爆竹中添加了蔗糖等物质，这可能是 OC 浓度升高的主要原因。烟花中作为氧化剂的钾盐主要以硝酸盐、氯酸盐、高氯酸盐的形式存在，烟花燃放时排放的颗粒物中 K$^+$ 和 Cl$^-$ 的浓度大大增加，川南地区除夕夜 K$^+$ 和 Cl$^-$ 的浓度是非燃放期的 14～32 倍和 10～26 倍（除了市监测站 Cl$^-$ 变化较小）。除此以外，烟花燃放时也会使颗粒物中金属元素的含量增加，除夕夜川南地区 Mg、Al、K、Cu、Pb、Ba、Sr 和 Bi 等金属的元素浓度是非燃放期的几十倍，甚至上百倍。

如图 8-9 所示,在 2016 年除夕夜,川南地区 PM$_{2.5}$ 贡献最大的是烟花爆竹,在泸州(兰田宪桥)、内江(市监测站)、宜宾(宜宾四中、市政府)和乐山(市监测站)的 5 个监测点的贡献分别为 84.9%、84.6%、62.9%、67.4%和 87.1%。

表 8-5 川南地区除夕夜与非燃放日颗粒物及其化学组分的浓度 　　　　(单位:μg/m³)

城市	站点	时期	PM$_{2.5}$	OC	EC	K$^+$	Cl$^-$	Mg	Al	K	Ba	Sr	Bi	Pb	Cu
自贡	春华路	除夕夜	234.7	27.2	4.9	38.2	24.5	6.4	12.4	46.1	3.185	0.702	0.062	0.691	0.411
		非燃放日	75.3	12.8	2.5	1.2	1.3	0.078	0.301	1.404	0.012	0.033	0.004	0.053	0.008
	檀木林	除夕夜	153.1	23.0	3.9	18.5	11.9	2.6	6.7	26.6	1.236	0.293	0.022	0.397	0.189
		非燃放日	72.3	13.6	2.1	1.3	1.2	0.067	0.413	1.521	0.011	0.040	0.006	0.054	0.011
泸州	兰田宪桥	除夕夜	181.6	24.4	3.1	25.8	15.0	4.0	4.1	24.5	2.365	0.614	0.146	0.966	0.716
		非燃放日	68.7	9.8	1.8	0.9	0.7	0.061	0.242	0.994	0.008	0.002	0.001	0.042	0.010
内江	市监测站	除夕夜	224.6	30.3	7.8	34.8	1.1	5.8	5.7	43.7	2.226	0.417	0.028	2.079	0.526
		非燃放日	67.1	15.2	3.1	1.6	1.0	0.158	0.348	2.208	0.013	0.006	0.001	0.058	0.010
宜宾	四中	除夕夜	110.6	24.6	3.4	19.7	13.1	1.7	3.9	13.8	0.914	0.189	0.018	0.321	0.148
		非燃放日	60.9	10.4	1.6	0.8	0.7	0.069	0.334	0.887	0.009	0.003	0.001	0.034	0.010
	市政府	除夕夜	164.6	20.4	3.3	30.2	15.8	4.2	5.7	3.0	2.111	0.554	0.051	1.026	0.345
		非燃放日	60.5	14.2	2.1	1.0	0.6	0.105	0.320	1.272	0.016	0.003	0.001	0.042	0.011
乐山	市监测站	除夕夜	182.9	20.7	3.0	26.5	17.0	5.2	6.5	30.0	2.587	0.596	0.181	1.261	0.644
		非燃放日	80.2	11.3	2.0	1.0	1.7	0.136	1.216	1.264	0.012	0.004	0.002	0.059	0.016

(a)泸州兰田宪桥,PM$_{2.5}$为181.6μg/m³　　　　　　(b)内江市监测站,PM$_{2.5}$为224.6μg/m³

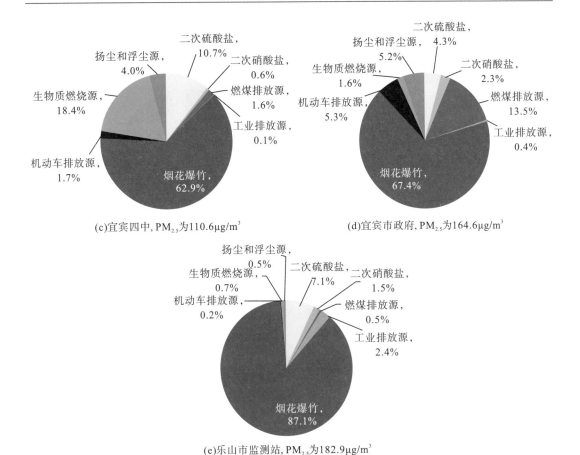

(c)宜宾四中, PM$_{2.5}$为110.6μg/m^3　　(d)宜宾市政府, PM$_{2.5}$为164.6μg/m^3

(e)乐山市监测站, PM$_{2.5}$为182.9μg/m^3

图 8-9　2016 年除夕夜(2016 年 2 月 7 日)川南地区 PM$_{2.5}$ 的来源解析

由图 8-10 可知,春节期间南充市细颗粒物来源贡献最大的是烟花爆竹,贡献均在 35% 以上。这与春节期间细颗粒物化学组成相符合,烟花爆竹燃放时会排放较多的 OC、EC、Mg、Al、K、Cu、Pb、Ba 等,这就使细颗粒物中有机质、地壳元素、微量元素及 K$^+$在细颗粒物中比例增加。

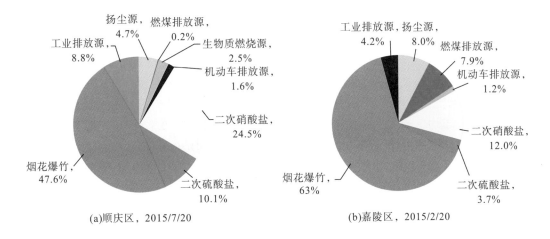

(a)顺庆区, 2015/7/20　　　　　　(b)嘉陵区, 2015/2/20

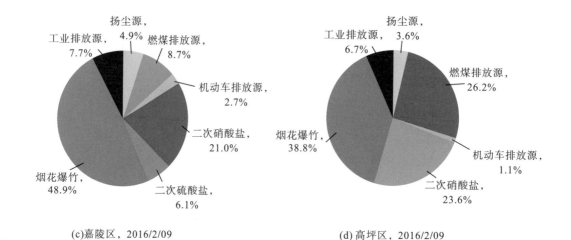

(c)嘉陵区，2016/2/09　　　　　　　　　　(d) 高坪区，2016/2/09

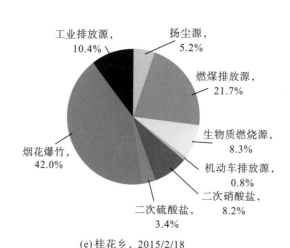

(e)桂花乡，2015/2/18

图 8-10　春节期间川东北地区 4 个采样点 $PM_{2.5}$ 的源贡献(南充市)

8.4.2　秸秆焚烧

从 2016 年 5 月 4 日到 5 月 11 日,川南地区的五个城市出现秸秆集中焚烧污染过程,秸秆焚烧排放的颗粒物多为细颗粒物,细颗粒物中的一些组分, 如 K^+、左旋葡聚糖、BC 等可以作为生物质燃烧的示踪物。由表 8-6 可知,在 2016 年 5 月 4 日,K^+增加到 3.7~42.6μg/m³,是年均值的 4~28 倍; OC 与 EC 浓度比值在 4.7~9.5,接近在成都农田测量小麦和油菜秸秆燃烧源排放值(9.35) (Tao et al., 2013a)。Duan 等在北京的生物质燃烧事件中发现,K^+与 OC 浓度比值为 0.19~0.21 可代表野外小麦秸秆露天焚烧。在 2016 年 5 月 4 日,川南地区 K^+与 OC 浓度比值在 0.15~2.03,这表明生物质燃烧对颗粒物有较大贡献。

表 8-6　2016 年 5 月 4 日川南地区 PM$_{2.5}$ 和 K$^+$ 浓度及 K$^+$ 与 OC、K$^+$ 与 EC、OC 与 EC 浓度比值

城市	站点	PM$_{2.5}$/(μg/m^3)	K$^+$/(μg/m^3)	K$^+$/OC	K$^+$/EC	OC/EC
自贡	春华路	248.3	26.4	0.51	4.8	9.5
	檀木林	290.1	42.6	0.76	6.6	8.6
泸州	兰田宪桥	206.2	4.9	0.15	1.1	7.0
	市监测站	171.2	6.5	0.27	2.1	7.6
内江	市监测站	239.8	23.5	0.47	3.4	7.3
	日报社	202.9	16.3	0.41	2.6	6.5
宜宾	四中	132.1	3.7	0.16	0.7	4.7
	市政府	124.3	6.2	0.31	2.3	7.4
乐山	市监测站	189.3	9.8	0.33	2.4	7.1
	三水厂	153.0	8.8	2.03	15.5	7.6

　　由图 8-11 可知，自贡的秸秆焚烧主要集中在 2016 年 5 月 4 日、5 月 10 日和 5 月 11 日，对春华路 PM$_{2.5}$ 的贡献为 59.6%、60.7% 和 64.5%，对檀木林的 PM$_{2.5}$ 贡献为 46.3%、60.6% 和 59.1%；泸州兰田宪桥受秸秆焚烧的影响较大，生物质燃烧在 2016 年 5 月 4 日、5 月 5 日和 5 月 11 日均有较大的贡献，贡献比例在 40% 以上；泸州市监测站在 2016 年 5 月 4 日和 5 月 11 日生物质燃烧的贡献在 40% 以上。内江秸秆焚烧的持续时间较长，且强度较大，尤其是在内江市监测站附近，在 2016 年 5 月 4 日、5 月 5 日、5 月 10 日和 5 月 11 日对 PM$_{2.5}$ 的贡献达 81.9%、66.5%、71.8% 和 71.4%。宜宾秸秆焚烧主要集中在 2016 年 5 月 4 日和 5 月 5 日，对 PM$_{2.5}$ 的贡献在 50% 以上。乐山两个采样点受秸秆燃烧影响的差异较大，乐山市监测站 PM$_{2.5}$ 在 5 月 4 日和 5 月 9 日主要来自生物质燃烧，贡献在 50% 以上；生物质燃烧对乐山市三水厂 PM$_{2.5}$ 在 2016 年 5 月 4 日、5 月 5 日、5 月 9 日、5 月 10 日和 5 月 11 日均有较大的贡献。生物质燃烧在不同采样点的持续时间及贡献比例都不同，这表明生物质燃烧对 PM$_{2.5}$ 的贡献受局地秸秆焚烧的影响较大。

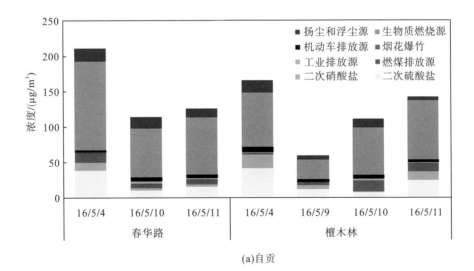

(a) 自贡

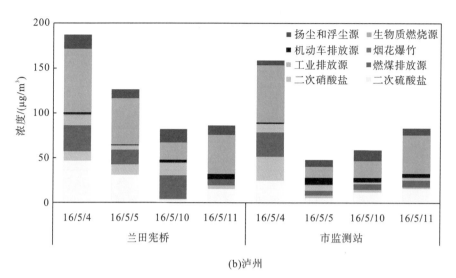

(b)泸州

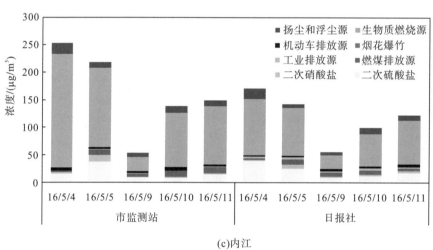

(c)内江

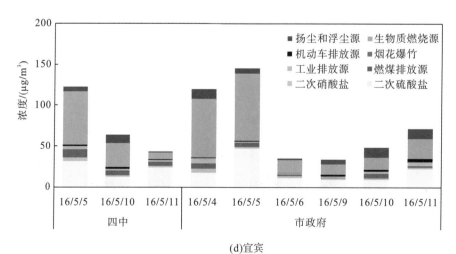

(d)宜宾

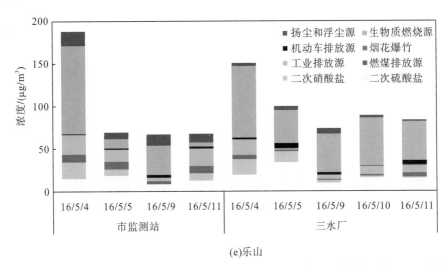

(e)乐山

图 8-11　2016 年 5 月 4 日至 5 月 11 日川南地区自贡、泸州、内江、宜宾和乐山 PM$_{2.5}$ 的来源

8.4.3　浮尘传输影响

2016 年 5 月 12 日，川南地区受到一次浮尘天气的影响，浮尘气团伴随着高风速进入盆地并形成沉降影响，使颗粒物中地壳元素增多，Ca、Mg、Na、Al、Ti、Fe、Mn 等地壳元素的浓度是非浮尘天气的 1～7 倍(表 8-7)。2016 年 5 月 12 日，城市扬尘和浮尘源对自贡(春华路、檀木林)、泸州(兰田宪桥、市监测站)、内江(市监测站、日报社)、宜宾(四中、市政府)和乐山(市监测站、三水厂)PM$_{2.5}$ 的贡献分别为 79.5%、78.7%、47.2%、49.1%、53.9%、65.8%、63.8%、61.0%、70.6%和 65.5%，这表明川南地区的浮尘传输具有明显的区域特征。

表 8-7　川南地区浮尘天气(2016 年 5 月 12 日)与非浮尘天气地壳元素的浓度比较　(单位：μg/m^3)

城市	站点	时期	Na	Mg	Al	Mn	Fe	Ca	Ti
自贡	春华路	浮尘天	0.385	0.517	1.417	0.037	1.067	1.776	0.076
		非浮尘天	0.280	0.148	0.431	0.024	0.325	0.397	0.022
	檀木林	浮尘天	0.428	0.524	1.483	0.037	1.217	1.731	0.065
		非浮尘天	0.275	0.090	0.469	0.026	0.310	0.355	0.020
泸州	兰田宪桥	浮尘天	0.498	0.430	1.258	0.030	0.957	1.532	0.067
		非浮尘天	0.428	0.078	0.299	0.018	0.344	0.349	0.027
	市监测站	浮尘天	0.449	0.359	1.055	0.024	0.783	1.212	0.055
		非浮尘天	0.386	0.108	0.279	0.015	0.234	0.252	0.019
内江	市监测站	浮尘天	0.358	0.379	1.054	0.027	0.922	1.436	0.058
		非浮尘天	0.296	0.228	0.401	0.021	0.346	0.417	0.025
	日报社	浮尘天	0.403	0.478	1.516	0.032	1.089	1.886	0.076
		非浮尘天	0.247	0.079	0.445	0.015	0.304	0.258	0.019

续表

城市	站点	时期	Na	Mg	Al	Mn	Fe	Ca	Ti
宜宾	四中	浮尘天	0.380	0.602	1.929	0.037	1.102	1.975	0.090
		非浮尘天	0.258	0.083	0.357	0.012	0.263	0.267	0.017
	市政府	浮尘天	0.340	0.482	1.535	0.033	0.978	1.438	0.078
		非浮尘天	0.298	0.153	0.373	0.016	0.292	0.369	0.022
乐山	市监测站	浮尘天	0.498	0.725	2.147	0.043	1.355	2.115	0.102
		非浮尘天	0.402	0.188	1.275	0.036	0.427	0.389	0.035
	三水厂	浮尘天	0.311	0.333	1.461	0.025	0.687	1.046	0.045
		非浮尘天	0.320	0.090	0.831	0.029	0.324	0.317	0.033

为了进一步探明 2016 年 5 月 12 日浮尘天气的影响，在这里通过用当天城市扬尘和浮尘源总贡献减去城市扬尘的贡献(取除了 2016 年 5 月 12 日以外的所有天的平均值)来获得浮尘源对 $PM_{2.5}$ 的贡献。由图 8-12 可知，在 2016 年 5 月 12 日浮尘源是川南地区 $PM_{2.5}$ 的最大来源，对自贡(春华路、檀木林)、泸州(兰田宪桥、市监测站)、内江(市监测站、日报社)、宜宾(四中、市政府)和乐山(市监测站、三水厂)$PM_{2.5}$ 的贡献分别为 67.0%、66.5%、39.0%、43.3%、44.2%、58.5%、52.9%、53.9%、62.2%和51.7%。

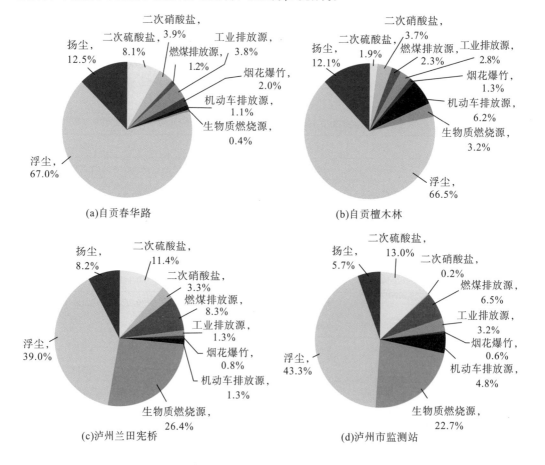

(a)自贡春华路　　(b)自贡檀木林　　(c)泸州兰田宪桥　　(d)泸州市监测站

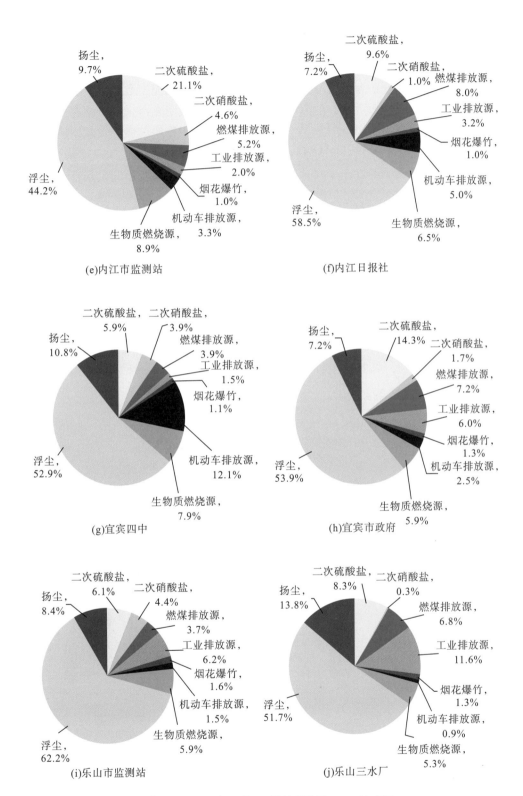

图 8-12　2016 年 5 月 12 日川南地区 PM$_{2.5}$ 的来源

8.4.4 重度污染天气

图 8-13 和图 8-14 分别为重度污染天气、清洁天气时，南充市顺庆区、嘉陵区、高坪区和桂花乡 $PM_{2.5}$ 的各种源贡献。由图可知，重度污染天气南充市采样点燃煤排放源贡献比例是清洁天气的 1.36 倍、1.05 倍、5.28 倍和 1.67 倍，生物质燃烧源贡献比例是清洁天气的 4.02 倍、3.02 倍、4.70 倍、41.33 倍，二次硫酸盐贡献比例下降了 25.7 个百分点、14.6 个百分点、29.7 个百分点、28.1 个百分点。与清洁天气相比，南充市四个采样点重度污染天气的共同特点是生物质燃烧源与燃煤排放源贡献比例增加，二次硝酸盐、二次硫酸盐比例下降。

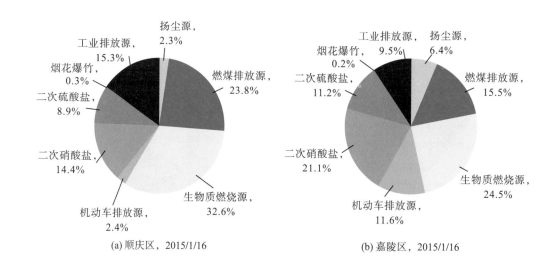

(a) 顺庆区，2015/1/16　　　　　　(b) 嘉陵区，2015/1/16

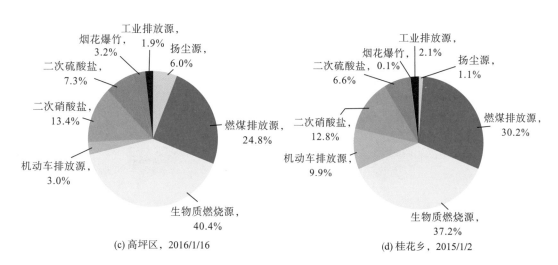

(c) 高坪区，2016/1/16　　　　　　(d) 桂花乡，2015/1/2

图 8-13　重度污染天气川东北地区各采样点 $PM_{2.5}$ 的各种源的贡献(南充)

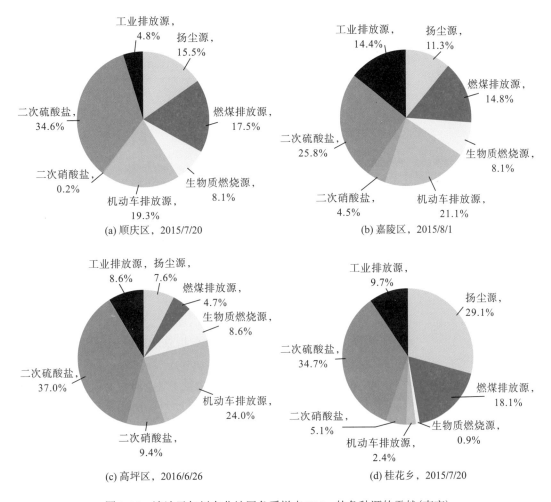

图 8-14　清洁天气川东北地区各采样点 $PM_{2.5}$ 的各种源的贡献(南充)

8.5　在线来源解析

8.5.1　在线监测基本情况

本次监测旨在进一步说清四川盆地内细颗粒物的组分和来源贡献,选取了盆地内具有代表性的 6 个城市,分别为代表成都平原地区的乐山、资阳、雅安,代表川南地区的自贡、宜宾,以及代表东北地区的广安。数据获取方式如下。

(1)监测仪器:单颗粒气溶胶质谱仪(SPAMS0515)。

(2)采样方式:环境空气经 $PM_{2.5}$ 切割头切割后直接进入 SPAMS 分析。

(3)质量保证与控制:为了保证数据的有效性,监测期间对仪器进行定期维护。

各监测点监测信息如表 8-8 所示。

表 8-8 各监测点监测信息

监测点	监测时间	测径颗粒物个数	有谱图信息的颗粒物个数	平均细颗粒物个数	平均 PM$_{2.5}$ 质量浓度/(μg/m³)
乐山	2016/11/3～2016/11/18	4867010	315014	13519	85
广安	2016/12/14～2016/12/27	4488986	425664	12469	61
资阳	2016/11/25～2016/12/10	3137144	292781	10054	56
雅安	2017/11/2～2017/12/1	685.3 万	172.6 万	25764	58.4
乐山	2017/5/25～2017/6/8, 2017/12/22～2018/1/5	1270.1 万	376.0 万	18872	78.1
自贡	2017/12/14～2017/12/27	818.6 万	322.5 万	24966	95.6
资阳	2018/1/9～2018/1/18	557.8 万	174.7 万	25587	86.6
宜宾	2018/1/24～2018/2/6	813.0 万	208.0 万	29165	68.9

为了验证数据的可靠性，将 SPAMS 采集到的数据与监测点上的 PM$_{2.5}$ 在线监测质量浓度数据进行比对，如表 8-9 所示。比较各监测点 PM$_{2.5}$ 分析仪所监测到的 PM$_{2.5}$ 质量浓度与 SPAMS 采集的数浓度之间的趋势和相关性。PM$_{2.5}$ 质量浓度与数浓度的变化趋势始终保持一致，且相关性均较好，说明使用颗粒物数浓度来表征 PM$_{2.5}$ 的污染情况是可行的。

表 8-9 各监测点 PM$_{2.5}$ 数据对比

监测点	监测时间	PM$_{2.5}$ 小时数浓度范围/个	PM$_{2.5}$ 小时质量浓度范围/(μg/m³)	相关系数
乐山	2016/11/3～2016/11/18	300～40050	5～241	0.88
资阳	2016/11/25～2016/12/10	919～32057	17～105	0.66
广安	2016/12/14～2016/12/27	340～25665	11～125	0.79
雅安	2017/11/2～2017/12/1	6404～44078	4～146	0.64
乐山	2017/5/25～2017/6/8, 2017/12/22～2018/1/5	13136～48043	17～251	0.72
自贡	2017/12/14～2017/12/27	387～43576	38～176	0.62
资阳	2018/1/9～2018/1/18	1366～11981	19～174	0.90
宜宾	2018/1/24～2018/2/6	4015～49727	3～122	0.50

8.5.2 在线来源解析结果

利用自适应共振神经网络分类方法(Art-2a)对整体 PM$_{2.5}$ 进行了成分分类，分类过程中使用的分类参数为相似度 0.7、学习效率 0.05。将颗粒物进行分类后再合并，考虑到基本能够囊括大气颗粒物的主要成分，且能够更好地辅助颗粒物的溯源，因此最终确定了 9

类颗粒物，此 9 类颗粒物分别为元素碳(EC)、混合碳(ECOC)、有机碳(OC)、高分子有机碳(HOC)、左旋葡聚糖(LEV)、富钾(K)、重金属(HM)、矿物质(MD)、其他。

图 8-15 为不同监测点细颗粒物组成情况，从图中可以看出，2016 年对乐山、资阳、广安等三个城市的监测中，细颗粒物中的元素碳和富钾颗粒数浓度较高，广安的元素碳数浓度所占比例最高，为 39.7%，资阳所占比例最小，为 30.3%；富钾颗粒数浓度乐山较低，仅为 22.3%，其他两个城市的比例都在 30% 以上，其中资阳最高，达到了 48.1%；左旋葡聚糖数浓度比例乐山最高，说明监测期间该城市受生物质燃烧源的影响较大；广安细颗粒物中重金属数浓度在三市中最少，仅为 0.2%，其他两市占比也不大，乐山重金属数浓度占 1.0%，资阳重金属数浓度比例为 1.1%；乐山、资阳、广安三市高分子有机碳浓度分别为 4.1%、2.0%、1.6%，乐山占比相对较高。

图 8-16 为 2017～2018 年雅安、乐山、自贡、资阳、宜宾的 $PM_{2.5}$ 成分分布情况，从图中可以看出，五个城市 $PM_{2.5}$ 中的主要成分均为元素碳，占比均在 25% 以上，其中占比最高的为雅安，最低的为资阳。对比 5 个城市其余各成分，有机碳：自贡和宜宾的占比明显高于雅安、乐山和资阳。混合碳：自贡和资阳明显高于其他三市。富钾颗粒：资阳最高，雅安最低，乐山、自贡和宜宾占比均在 17% 或 18% 左右。左旋葡聚糖：乐山和资阳的占比明显高于其余三市，说明乐山和资阳受到生物质燃烧(示踪物为左旋葡聚糖)的影响较大。

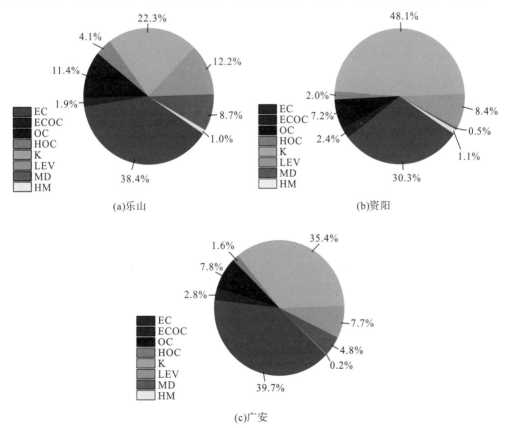

图 8-15　细颗粒物成分分布(2016 年)

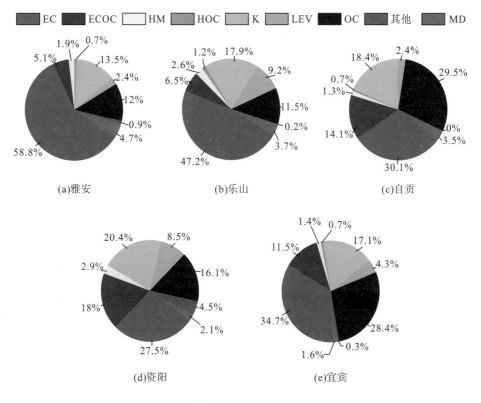

图 8-16　细颗粒物成分分布(2017~2018 年)

汇总乐山、资阳、广安三市的解析结果来反映 2016 年秋季和冬季四川盆地的细颗粒物组成情况。从图 8-17 中可以看出，影响污染物颗粒的前两位是元素碳和富钾颗粒，其数浓度分别占 36.6%和 35.2%；其次是左旋葡聚糖，其数浓度占 9.3%；有机碳浓度排第四，占 8.7%；矿物质数浓度占比 4.7%；高分子有机碳和混合碳的数浓度比例相当，都在 2%左右。

图 8-18 为 2017~2018 年雅安、乐山、自贡、资阳和宜宾五市 PM$_{2.5}$ 组成的平均结果。

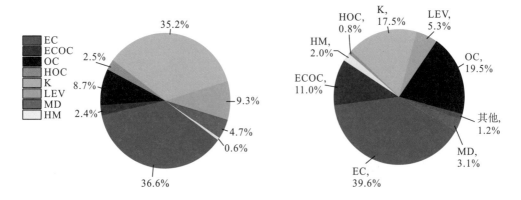

图 8-17　2016 年秋季和冬季四川盆地细颗粒物数
浓度占比

图 8-18　2017~2018 年雅安、乐山、自贡、资阳
和宜宾五市 PM$_{2.5}$ 平均成分分布

由图 8-18 可见，五市总 PM$_{2.5}$ 中的主要成分为元素碳、有机碳及富钾颗粒，三者占比之和占总颗粒物的 76.6%。除混合碳以外的其余成分占比均在 6% 以下。

颗粒物的分类结果在一定程度上可反映受污染源影响的情况，由于元素碳主要来源于机动车排放、燃煤排放、生物质燃烧等污染源，有机碳主要来自燃煤排放、生物质燃烧、工业工艺等，富钾颗粒主要来自生物质燃烧、二次无机源及其他。由此推测，五市大气 PM$_{2.5}$ 主要受机动车排放、燃煤排放、生物质燃烧及二次无机源等的影响。

8.5.3　PM$_{2.5}$ 来源解析

图 8-19 是不同城市细颗粒物来源分布图。2016 年三市中，乐山首要污染来源是机动车排放，资阳、广安首要污染来源为二次无机源。乐山燃煤排放比例相对其他城市较少，为 16.0%，但生物质燃烧和机动车排放方面是三市中最高的城市，分别为 17.3% 和 25.0%；广安二次无机源的比例最大，为 25.9%，机动车排放占比达到 20.6%，仅次于乐山，燃煤排放占 18.4%，是三市中最高的。另外，广安的工业工艺和生物质燃烧占比在三市中最低，分别为 8.7% 和 11.9%。三市中，资阳各类污染源占比分布相对平均，前三名污染来源分别是二次无机源、燃煤排放和机动车排放，占比分别为 24.9%、17.7% 和 16.7%。三市的扬尘、工业工艺和其他占比接近，相差较小。

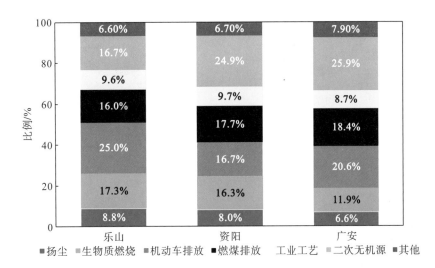

图 8-19　2016 年不同城市细颗粒物来源分布

图 8-20 是 2017～2018 年雅安、乐山、自贡、资阳、宜宾五市 PM$_{2.5}$ 来源分布图。从图中可见，五市的来源分布差别较大。其中，雅安的首要污染来源是机动车排放，占比为 35.9%。自贡和宜宾的首要污染来源为燃煤排放，占比均在 30% 左右。乐山和资阳的燃煤排放和机动车排放占比接近。

对比五市的各污染源占比,机动车排放源为雅安>乐山>资阳>自贡>宜宾,燃煤排放源为自贡>宜宾>乐山>雅安>资阳;资阳和乐山的生物质燃烧占比明显较大,与五市组分结果中的左旋葡聚糖规律一致;自贡和宜宾的工业工艺源占比明显较大。

乐山夏季和冬季监测的平均结果如图 8-21 所示,夏季和冬季的结果差别较大,夏季和冬季的首要污染源分别为机动车排放和燃煤排放,使得全市平均结果的燃煤排放和机动车排放占比接近。表 8-10 为 2016~2018 年各城市 PM$_{2.5}$ 在线来源解析结果。

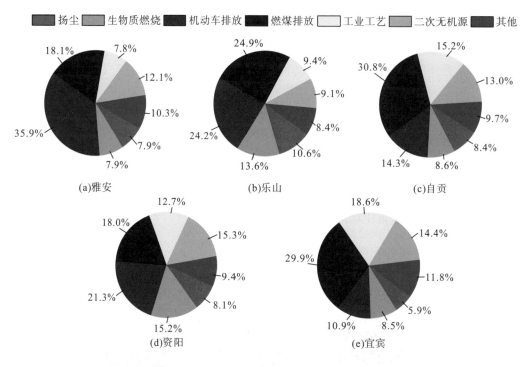

图 8-20　2017~2018 年五市 PM$_{2.5}$ 来源分布

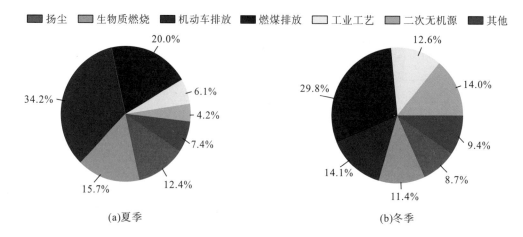

图 8-21　乐山夏季和冬季 PM$_{2.5}$ 来源分布

表 8-10　2016～2018 年各城市 PM_{2.5} 在线来源解析结果 （单位：%）

PM_{2.5}来源	2016 年							2017～2018 年					
	成都	自贡	达州	南充	乐山	广安	资阳	乐山	雅安	自贡	乐山	资阳	宜宾
	12～1月	1月	1～3月	3月	11月	11～12月	12月	5～6月	11月	12月	12～1月	1月	1～2月
机动车排放	27.1	27.3	16.4	32.6	25	20.6	16.8	34.3	36	14.3	14.1	21.2	10.9
燃煤排放	14.6	23.5	17.9	13	16	18.4	17.8	20	18.1	30.7	29.7	18.0	29.9
二次无机源	9.5	12.9	9.2	15.9	16.7	25.9	25	4.2	12.1	13	14	15.3	14.4
生物质燃烧	12.1	3.9	19.1	10	17.3	11.9	16.3	15.7	7.9	8.6	11.4	15.2	8.5
工业工艺	15.1	16.7	15.1	9.7	9.6	8.7	9.7	6.1	7.8	15.2	12.6	12.7	18.6
扬尘	15.2	11.1	17.1	8.5	8.8	6.6	8	12.4	7.9	8.4	8.7	8.1	5.9
其他	6.4	4.5	5.1	10.3	6.7	7.9	6.7	7.4	10.3	9.7	9.4	9.4	11.8

8.5.4　细颗粒物来源重构及比较

　　根据四川省环境统计数据，80%的燃煤主要来源于工业生产过程，将燃煤源按工业来源占 80%、其他占 20%的比例进行细颗粒物来源重构。此外，因二次无机源主要由 SO_2 和 NO_x 经过二次转化生成，结合四川省环境统计数据的机动车、工业及其他来源的 SO_2 和 NO_x 的排放量，将二次无机源重新分配至机动车源、工业和其他源，最终得到细颗粒物来源重构结果。

　　表 8-11 为 2016 年和 2017～2018 年四川省各城市的来源解析重构结果。重构后的来源解析结果中，首要污染源为机动车排放的城市有成都、南充、乐山（2017～2018 年的 5～6 月）、雅安，占比均在 35%以上，其中雅安市的机动车尾气占比高达 44.1%。首要污染源为工业源的城市有自贡、达州、乐山（2016 年、2017～2018 年的 12～1 月）、广安、资阳（2016 年、2017～2018 年）、宜宾，占比均在 37%以上，其中宜宾的占比高达 63.8%。成都、南充、乐山（2017 年）、雅安等城市的工业源虽不是首要污染源，但其工业源占比均在 29%以上，可见四川受工业源的影响突出。此外，多个城市工业燃煤为工业源的重要来源，在工业源中占比在 30%以上（表 8-12）。

表 8-11　四川各城市 PM_{2.5} 在线来源解析重构结果 （单位：%）

PM_{2.5}来源	2016 年							2017～2018 年					
	成都	自贡	达州	南充	乐山	广安	资阳	乐山	雅安	自贡	乐山	资阳	宜宾
	12～1月	1月	1～3月	3月	11月	11～12月	12月	5～6月	11月	12月	12～1月	1月	1～2月
机动车排放	35.2	31.9	18.9	39.4	27.8	23.4	23.1	35.7	44.1	20.3	16.9	26.2	13.2
生物质燃烧	12.1	3.9	19.1	10.0	17.3	11.9	16.3	15.7	7.9	8.6	11.4	15.2	8.5
工业源	32.5	44.4	37.8	31.4	38.1	46.7	40.5	29.8	31.6	51.4	52.2	43.0	63.8
扬尘	15.2	11.1	17.1	8.5	8.8	6.6	8.0	12.4	7.9	8.4	8.7	8.1	5.9
其他	4.9	8.7	7.0	10.7	8.0	11.4	12.1	6.4	8.5	11.4	10.8	7.5	8.6

表 8-12　各城市工业燃煤及工业工艺占工业源的比例 　　　　　（单位：%）

城市	2016 年		城市	2017～2018 年	
	工业燃煤占比	工业工艺占比		工业燃煤占比	工业工艺占比
成都	35.9	64.1	乐山	53.6	46.4
自贡	42.3	57.7	雅安	45.9	54.1
达州	37.9	62.1	自贡	47.8	52.2
南充	33.1	66.9	乐山	45.6	54.4
乐山	33.6	66.4	资阳	33.5	66.5
广安	31.5	68.5	宜宾	37.5	62.5
资阳	35.2	64.8	—	—	—

　　重构后 2016 年和 2017～2018 年来源解析结果如图 8-22 所示。对比来源重构结果，两次结果接近，主要污染源均为工业源和机动车尾气。2017～2018 年四川省细颗粒物总体来源中，首要污染源为工业源，占比高达 45.2%，其中工业燃煤占工业源的 43.1%；其次为机动车排放，占比 26.1%；生物质燃烧、扬尘和其他源占比接近，分别为 11.2%、8.6% 和 8.9%。

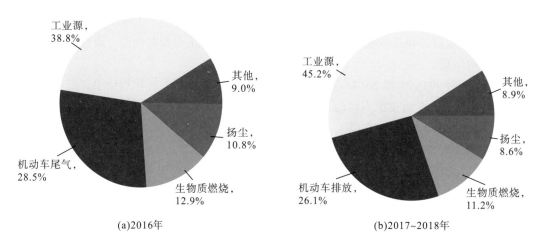

(a)2016年　　　　　　　　　　(b)2017~2018年

图 8-22　2016 年和 2017～2018 年 $PM_{2.5}$ 来源重构结果

8.6　本　章　小　结

　　本章所得结论如下：

　　(1)成都平原地区大气中 $PM_{2.5}$ 的来源包括工业排放源、机动车排放源、燃煤排放源、扬尘源、生物质燃烧源和其他源 6 个污染源。其中，工业排放源贡献最大，为 23.60%；机动车排放源和燃煤排放源贡献接近，分别为 21.86% 和 21.53%；扬尘源也有较大贡献，为 13.28%；生物质燃烧源贡献为 9.13%；其他源贡献为 10.60%。$PM_{2.5}$ 污染源贡献的季节变化特征为：二次硝酸盐和二次硫酸盐均在冬季贡献大；二次硝酸盐在夏季的贡献较低；生物质燃烧源在 1 月、10 月、12 月浓度较高；扬尘源在春季的比例较高；机动车排放源季节变化特征不明显；燃煤排放源在冬季贡献较大。

(2) 川南地区大气中 $PM_{2.5}$ 的来源包括工业排放源、机动车排放源、生物质燃烧源、扬尘源、其他源 5 大类。其中，工业排放源贡献率最大，为 43.3%；生物质燃烧源贡献次之，为 23.8%；机动车排放源和扬尘源贡献接近，分别为 10.5% 和 9.3%；其他源贡献为 13.1%。$PM_{2.5}$ 污染源贡献的季节变化特征为：二次硝酸盐和二次硫酸盐均在冬季贡献最大；二次硝酸盐在夏季的贡献较低；生物质燃烧源在 5 月、10 月、12 月浓度较高；扬尘源在春季和秋季的比例较高；机动车排放源和工业排放源季节变化特征不明显。燃煤排放源在冬季贡献较大。

(3) 川东北地区大气中 $PM_{2.5}$ 的污染来源中，燃煤排放源分别贡献南充顺庆区、嘉陵区、高坪区和桂花乡的 14.3%、14.2%、15.7% 和 25.2%。生物质燃烧源分别贡献 20.5%、16.2%、15.0% 和 26.3%。二次转化 (二次硝酸盐和二次硫酸盐) 分别贡献 31.8%、33.6%、34.5% 和 26.0%。机动车排放源分别贡献 16.5%、13.8%、16.3% 和 7.9%。扬尘源分别贡献 7.5%、8.4%、10.0% 和 7.2%。扬尘源和生物质燃烧源、二次硝酸盐、二次硫酸盐和烟花爆竹具有典型的季节变化特征，扬尘源春季和秋季贡献较大；生物质燃烧源在秋季和冬季的贡献较大；二次硝酸盐的贡献在冬季最高，在夏季贡献最低；二次硫酸盐的贡献在夏季最高。

(4) 烟花爆竹燃放对空气质量影响较大，2016 年除夕夜，烟花爆竹大量燃放使得川南地区的颗粒物浓度上升到 110.6～234.7μg/m³，城市空气质量达到污染甚至重污染程度。春节期间南充市细颗粒物来源贡献最大的是烟花爆竹，贡献比例均在 35% 以上。在秸秆焚烧季节，生物质燃烧对成都平原、川南和川东北地区颗粒物有较大贡献。浮尘传输对四川盆地有着明显的区域影响。

(5) 2017～2018 年开展的细颗粒物在线来源解析监测结果表明，四川盆地首要污染来源为工业源，占比高达 45.2%，其中工业燃煤占工业源的 43.1%；其次为机动车排放，占比 26.1%；生物质燃烧源、扬尘源和其他源占比接近，分别为 11.2%、8.6% 和 8.9%。

第9章　大气污染防治对策建议

本章对四川省"十三五"期间出台的大气污染防治政策、污染防治措施和污染减排成效进行分析，指出环境空气质量改善形势依然严峻，需要付出更大努力。以 2025 年空气质量持续改善、2030 年前实现碳达峰和 2035 年基本建成美丽四川为目标，提出推动减污降碳协同增效的大气污染防治对策建议。

9.1　"十三五"期间大气污染防治成效

"十三五"期间，四川省委省政府认真贯彻落实党中央、国务院决策部署，将生态环境保护摆在更加突出的战略位置，突出环境空气质量改善的核心地位。由省长担任污染防治攻坚领导小组组长，把打赢蓝天保卫战作为四川省污染防治攻坚八大战役之首，把成都平原地区、川南地区大气环境质量改善作为全省环境保护"一号工程"，从顶层设计到推动落实，采取有力措施，加快环境空气质量改善。

9.1.1　政策推陈出新

1. 统筹力度不断加大

围绕国家大气污染防治总体部署，出台一系列大气污染防治重大政策文件，主要包括《四川省大气污染防治行动计划实施细则》《四川省打赢蓝天保卫战实施方案》《四川省打好"散乱污"企业整治攻坚战实施方案》和《四川省打好柴油货车污染治理攻坚战实施方案》，印发《四川省挥发性有机物污染防治实施方案(2018—2020 年)》。

2. 制度体系不断完善

修订《四川省〈中华人民共和国大气污染防治法〉实施办法》《四川省机动车和非道路移动机械排气污染防治办法》和《四川省重污染天气应急预案》，出台《四川省大气污染防治考核暂行办法》和《四川省环境空气质量激励约束考核办法》，制定《四川省固定污染源大气挥发性有机物排放标准》《成都市锅炉大气污染物排放标准》《四川省挥发性有机物泄漏检测与修复(LDAR)实施技术规范》《四川省施工场地扬尘排放标准》《四川省加油站大气污染物排放标准(征求意见稿)》和《四川省水泥工业大气污染物排放标准(征求意见稿)》，编制石化、汽车制造、制药、家具、印刷行业挥发性有机物控制 5 个技术指南。划定成都平原、川南、川东北地区 15 市的 77 个县(市、区)为全省大气污染防治重点区域，执行特别排放限值要求。

3. 质量目标管控机制

编制 21 个市(州)城市大气环境质量限期达标规划或城市大气环境质量持续改善规划，明确各城市空气质量改善目标和路径。制订年度计划，将目标任务分解到各部门，明确完成时限，严格目标考核。将各市(州)年度目标按月分解，加强常态化管控。实行环境空气质量月通报、季调度、年考核。

4. 联防联控机制

建立联席会议制度，定期召开成都平原经济区大气污染防治"一把手"市长联席会议和成都平原、川南、川东北地区大气污染防治片区会。与重庆市签订深化川渝两地大气污染联合防治协议，定期召开川渝联席会议，开展毗邻地区城市大气交叉执法检查。召集钢铁、水泥、石化、家具、喷涂、汽车等重点行业协会、企业座谈，加强重点行业大气污染联防联控。

5. 信息公开机制

加强政策解读，聚焦打赢蓝天保卫战，做到重大政策文件与解读方案、解读材料同步起草、同步发布，解读好相关政策措施、执行情况和工作成效。完善空气质量信息发布机制，利用官方网站、政务微博、微信公众号等平台发布空气质量预报，每月发布 21 个市(州)和 183 个县(区)环境空气质量排名情况。

6. 全民参与机制

在"6·5"世界环境日、"4·22"世界地球日等重要节日，开展环保公众开放日活动。在《四川日报》《华西都市报》等主流媒体开设专栏，加强环保政策法规宣传，普及环境保护科学知识，鼓励社会参与和监督大气污染防治工作，及时回应群众关心的问题。

9.1.2　产业结构调整深入实施

1. 增量中调结构，发展中促升级

2020 年全省地区生产总值 48598.8 万亿元，按可比价格计算，比 2015 年增长 61%。三次产业结构比例由 2015 年的 12.4∶50.9∶36.7 调整为 11.4∶36.2∶52.4。

2. 促进化解过剩产能

全省累计压减粗钢产能 497 万 t、炼铁产能 227 万 t，淘汰退出水泥产能 186 万 t、平板玻璃产能 275.53 万重量箱，压减水泥产能 400 万 t，压减煤炭产能 30 万 t，淘汰落后产能企业 1218 家，完成危化品生产企业关停、异地迁建 33 家，完成全省化工企业关停 26 家，搬迁改造 186 家。

3. 重点行业深度治理

实施《四川省燃煤电厂超低排放和节能改造实施方案》，全省累计完成燃煤机组超低排放改造 690 万 kW，约占 88%。印发《四川省推动钢铁行业超低排放改造实施清单》，启动全省 13 家 74 个钢铁超低排放改造项目，完成德钢、攀钢烧结机（一期）超低排放改造。完成水泥行业深度治理 40 家，约占总产能的 50%。生态环境厅、发展改革委、经济和信息化厅、财政厅等部门组织制订了《四川省工业炉窑大气污染综合治理实施清单》，排查工业炉窑 4290 家，建立管控清单，整治 206 个工业炉窑重点治理项目。

4. 持续开展挥发性有机物综合整治

大力推广使用低（无）VOCs 原料的原辅材料、生产工艺和设备，在全省 3316 家汽车维修企业推广使用低挥发性水性漆。对石油炼制、制药等 9 个重点行业开展现场核查。完成 36 家重点企业 VOCs 高效治理工艺改造，处理效率达 95% 以上。列出 12 个涉 VOCs 园区、494 家重点企业、230 个重点项目清单，加快治理。加快推动重点城市汽车维修行业集中钣喷。

5. 清理整治"散乱污"企业

自 2017 年，全省开展产业政策、无证无照违规生产经营、违法用地、环境污染、违法建设、安全生产六大专项整治。全省累计排查"散乱污"企业 3.3 万家，完成整治 3.29 万家，整治完成率接近 100%。

9.1.3　能源结构调整措施有力

1. 能源结构进一步优化

"十三五"期间非化石能源装机容量占电力总装机容量的 85.9%，非化石能源发电量占比达到 88.5%，分别比 2015 年提高了 3.8 个百分点和 1.8 个百分点。新建充电桩约 4.3 万个、岸电设施 48 套，"电烤烟"试点成功，累计实现替代电量 445 亿 kWh。实施煤炭减量替代和清洁利用，推动煤电机组实施节能改造，关停落后煤电机组 17 台，装机容量 169.975 万 kW。淘汰煤炭落后产能力度加大，关闭煤矿 339 余处、退出产能 4397 万 t/年。大力推进金沙江白鹤滩、雅砻江两河口、大渡河双江口等水电基地建设，猴子岩、长河坝等水电站建成投产。2020 年，全省清洁能源消费占比达 54.5%，煤炭消费总量减少到 6000 万 t，比 2015 年降低 8.37 个百分点。

2. 燃煤锅炉整治

"十三五"期间，加快推进清洁替代、电能替代，全省整治燃煤锅炉窑炉 1040 蒸吨，共淘汰燃煤小锅炉 2883 台。

9.1.4　交通运输结构调整稳步推进

1. 运输结构不断优化

"十三五"期间，多式联运货运量年均增长 20%，重点港口集装箱铁水联运量年均增长 10% 以上，公路运输占比 91.7%，铁路运输占比 4.5%，水路运输占比 3.8%。2020 年，全省机动车保有量增至 1890 万辆，累计增幅 36%，汽车保有量增至 1291 万辆，累计增幅 68%，其中新能源汽车保有量突破 20 万辆，占汽车总量的 1.5%。加快氢燃料汽车试点示范，累计投入燃料电池汽车 220 辆，安全运行约 650 万 km，配套建成 5 座加氢站。成都市成为全国首批"绿色货运配送示范城市"。

2. 移动源污染整治工作稳步进行

"十三五"期间，全省淘汰黄标车、老旧车辆 125 万辆。开展油品质量监督检查专项行动，累计抽查 4896 家企业 5419 批次产品。完成全省加油站油气回收改造 4299 座，14 座储油库安装在线监测系统。提前实施新车国六排放标准，按期供应国六标准车用燃油。开展柴油货车专项整治，建立"环保检测、公安处罚、交通治理"联合治理机制，累计抽查柴油车尾气 500 余万辆次，查处排放超标柴油车近 1 万辆。建成尾气治理维修企业(M站)1147 个，累计开展 72 万次尾气治理维修，加强排放检验机构和尾气治理维修企业日常监管，查处出具有虚假排放检验报告违法检验机构 64 家，虚假尾气治理维修企业 13 家，累计罚款 1351 万余元。加强生产、销售、注册登记等环节抽查，全覆盖核查整车生产企业。全面实施非道路移动机械编码登记，登记完成超过 10 万台。对 2 万余台在用非道路移动机械排放抽测，依法查处超标违法行为，累计处罚 54 万元。建成在用车尾气遥感监测系统平台，并与国家平台实现数据联网。

9.1.5　用地结构调整初见成效

"十三五"期间，持续开展"工地蓝天行动"，开展专项检查，督促落实"六必须六不准"，全省累计检查 21820 个工地，检查 23850 余次，责令停工整改 436 个项目，处罚企业 241 家，处罚金额 201.85 万元，不良行为记录扣分企业 450 家，通过媒体曝光企业 24 家。加大城市道路养护管理力度，优化配置清扫设备，城市道路机械化清扫率达到 72.8%。开展城管执法领域生态环境保护专项执法行动，共排查受理道路扬尘污染事件 18605 件、城区露天腊肉熏制事件 903 件、垃圾/落叶露天焚烧事件 3375 件、餐饮油烟污染事件 20015 件。开展露天矿山综合整治项目 702 个。

1. 加强秸秆综合利用

省政府出台《四川省秸秆综合利用工作推进方案》《四川省支持推进秸秆综合利用政策措施》，省发展改革委、农业厅印发《四川省秸秆全域综合利用试点行动方案(2017—

2020 年)》《四川省秸秆综合利用规划(2016—2020)》,创新"机械化收集、专合社储运、市场运作、财政奖补"模式,完善综合利用产业体系。累计安排专项资金 4.23 亿元,建设秸秆综合利用重点县 62 个,培育发展秸秆综合利用市场主体 2006 家,全省秸秆综合利用率达到 92%。

2. 持续减少化肥使用量

大力推广缓控释肥、化肥减施、有机肥替代化肥,有效控制化肥氨挥发等技术。在 11 个县(区)开展有机肥替代试点,在 15 个县(市、区)开展化肥减量增效示范,打造化肥减量增效和有机肥替代示范区 30 万亩(1 亩=666.7m^2)以上,连续三年实现化肥使用量负增长。

9.1.6 大气环境管理水平持续提升

1. 重污染天气应对体系逐渐完善

"十三五"期间,原环境保护部西南环境空气质量区域预警中心建成,空气质量预报准确率超 90%。加密重污染天气会商研判,每日分析空气质量状况,一对一提出管控措施,区域内统一预警,城市间统一行动。污染形成前"提前吃药",区域联动"集体吃药",极端不利天气"加大剂量吃药"。2019 年圆满完成第八次中日韩领导人会议大气质量保障。多次修订完善重污染天气应急预案,组织实施重点行业绩效分级,建立完善应急减排清单,纳入应急减排管控企业 1.9 万家,编制重点企业"一厂一策"方案 900 家。

2. 天地人车一体化监测网络初步建立

"十三五"期间,加快空气质量监测网络建设,建成国控站 104 个、省控站 161 个、区域传输通道站 21 个、超级站 6 个、空气质量网格化微站 2750 个、雷达走航车 25 辆。加强移动污染源监管能力建设,全面完成在用车排放检验数据三级联网,搭建尾气遥感监测网络系统平台,安装固定式机动车尾气遥感监测和黑烟抓拍设备 81 套,配备便携式尾气抽测设备 200 余套。

3. 科技治污能力明显增强

整合四川省科研院校技术力量,邀请院士专家团队常年指导。先后开展"成渝地区大气污染联防联控技术与集成示范"等国家级项目 8 项、省级项目 24 项。联合北京大学等 11 家国家级科研机构开展成都平原地区臭氧联合观测。针对重点区域,开展"一对一"攻坚,驻点跟踪帮扶,指导精准治污。针对重点企业,组织专家现场指导、解剖"麻雀"。结合第二次污染源普查的涉气企业数据,动态更新全省大气污染源清单。充分运用大气环境超级观测,建立在线来源解析系统,实现逐小时动态源解析。建成"四川省空气质量调控综合决策支持平台"。

4. 攻坚帮扶制度初步建立

针对夏季臭氧污染和秋冬季 PM$_{2.5}$ 污染，开展攻坚帮扶指导：一是提前印发攻坚帮扶方案，明确攻坚目标和任务；二是开展厅领导带队驻点帮扶；三是送政策、送方案、送技术到企业，开展现场培训和专项执法；四是加强工作调度和通报。已连续 3 年开展秋冬季 PM$_{2.5}$ 污染防治攻坚督查或帮扶。

5. 资金投入不断加大

省级财政不断加大对大气污染治理和空气质量改善激励约束资金投入，投入资金共计约 8.5 亿元；争取中央大气污染防治资金 1.5 亿元；带动全省各市（州）财政、企业用于大气污染防治资金约 500 亿元。

9.1.7　大气污染减排成效

"十三五"期间，全省 PM$_{2.5}$、SO$_2$、NO$_x$ 和 VOCs 减排量分别为 15.0 万 t、34.8 万 t、9.4 万 t 和 8.7 万 t，分别占 2015 年基准排放量的 25.7%、48.4%、17.5% 和 8.0%，详见表 9-1。重点从产业结构调整、能源结构调整、交通运输结构调整、用地结构调整等方面提取细化措施，将其梳理汇总为非电行业提标升级改造、能源结构调整、火电行业超低排放改造、产业结构调整、移动源整治和扬尘治理具体措施减排量。

表 9-1　四川省"十三五"期间各措施污染物减排量及减排比例

措施归类	PM$_{2.5}$		SO$_2$		NO$_x$		VOCs	
	减排量/万 t	减排比例/%	减排量/万 t	减排比例/%	减排量/万 t	减排比例/%	减排量/万 t	减排比例/%
火电行业超低排放改造	1.7	2.9	6.6	9.2	2.6	4.9	0.0	0.0
非电行业提标升级改造	4.4	7.6	14.9	20.7	3.1	5.8	5.6	5.2
移动源整治	1.3	2.2	0.0	0.0	1.0	1.8	0.7	0.6
能源结构调整	2.1	3.6	8.5	11.8	1.7	3.1	0.8	0.7
产业结构调整	2.4	4.1	4.8	6.7	1.0	1.9	1.6	1.5
扬尘整治	3.1	5.3	0.0	0.0	0.0	0.0	0.0	0.0
合计	15.0	25.7	34.8	48.4	9.4	17.5	8.7	8.0

9.2　环境空气质量改善形势分析

9.2.1　形势依然严峻

1. PM$_{2.5}$ 浓度距离先进水平差距巨大

2020 年，全省 PM$_{2.5}$ 平均浓度为 31μg/m^3，虽然总体达标，但是距发达国家、世界卫生组织标准仍然有巨大差距(表 9-2)，$PM_{2.5}$ 浓度大致是欧美国家当前水平的 1.8~3.4 倍，是世界卫生组织基于健康影响的准则值($10\mu g/m^3$)的 3.1 倍。相比周边省份也存在不小差距，云南($21\mu g/m^3$)、贵州($22\mu g/m^3$)的 $PM_{2.5}$ 浓度均低于四川省水平近 1/3。全省 $PM_{2.5}$ 浓度未达标城市仍有 7 个，其中自贡、成都、宜宾 $PM_{2.5}$ 浓度超过 $40\mu g/m^3$。

表 9-2　中国与部分发达国家人均 GDP 水平及 $PM_{2.5}$ 浓度比较

国家或地区	2019 年人均 GDP /万美元	2019 年 $PM_{2.5}$ 浓度 /($\mu g/m^3$)	人均 GDP 达 2 万~2.5 万美元年份	$PM_{2.5}$ 浓度 /($\mu g/m^3$)
中国四川省	0.90*	31*	2035 年	25
全国	1.05*	33*	2035 年	25
韩国	3.18	24.9	2006 年	30 左右
意大利	3.3	17.1	1990~2002 年	22 左右
西班牙	2.96	9.74	2003~2005 年	13 左右
法国	4.04	12.3	1990~2002 年	18~23
日本	4	11.4	1987~1989 年	26 左右
德国	4.63	11	1990~1991 年	31 左右
英国	4.23	10.5	1995~1996 年	21 左右
美国	6.5	9	1987~1991 年	19 左右
欧盟 27 国	3.2	13.1	2002~2010 年	16(2010 年)

*标注的是 2020 年的数值。

2. 优良天数比例提升任重道远

2020 年，全省环境质量优良天数比例 90.8%，21 个城市出现轻度及以上污染共 705 天，其中严重、重度、中度、轻度污染分别为 2 天、11 天、81 天、611 天。全省环境空气总体质量明显改善，但臭氧作为首要污染物的天数急剧增加，2020 年 1890 天，同比 2015 年增加 619 天，增幅 48.7%。进一步降低 $PM_{2.5}$ 浓度，遏制并改善臭氧污染，减少污染天数，提升优良天数比例任务异常艰巨。

3. 蓝天雪山成为美好生活新期盼

随着大气污染防治工作的深入推进，蓝天成为常态，雪山抬头可见，蓝天雪山同框盛景频现，公众的蓝天幸福感、获得感、安全感大幅提升。随着成渝地区双城经济圈建设的加快推进，生活质量和品位的不断提升，人民群众对清新空气的需求持续增长，对深入打好蓝天雪山保卫战提出了更朴实、更高质的要求，进一步体现出人民群众对高品质宜居生活的向往。

9.2.2　需要付出更大努力

1. 结构调整仍然"筚路蓝缕"

四川传统资源型产业占比高，化工、钢铁、有色金属等六大高耗能行业占工业总能耗的比例高达 77.2%，高于全国近 7 个百分点，且呈逐年上升趋势。以公路货运为主的运输结构没有根本转变，2019 年全省公路货运量占比 92%，铁路货运量占比仅 4.4%，低于全国水平近 6 个百分点。新能源汽车占比仅为 3%。

2. 污染减排亟待"研精极虑"

随着火电行业超低排放改造、工业炉窑专项整治、"散乱污"企业动态清零、燃煤小锅炉淘汰等重点任务的基本完成，大量粗放式的排放得到较为有效的控制。未来亟待从非电行业超低排放改造、工业炉窑深度治理、燃气锅炉低氮改造、VOCs 综合治理、新能源车大力推广等方面的源头减排、工程减排、政策减排和管理减排上进一步挖掘潜力。

3. 环境监管普遍"力有不及"

新形势下深入打好大气污染防治攻坚战是一场现代化的战役，从科学研究到技术装备都需要完成从粗放式向精细化转型。但目前大气环境监管仍存在技术、人才和能力短板，科技治气"最后一公里"现象突出，科学研究与行政管理没有实现深度融合。环保部门单打独斗的局面依然存在，监测、执法水平急需提升，地区之间差距较大。

4. 气象条件决定"荆棘塞途"

深处西部内陆的盆地地形决定了四川省污染气象条件较差，盆地内城市的空气质量均未摆脱"气象影响型"，成都、自贡、宜宾等城市大气污染物排放总量超过其环境承载能力的一倍以上，一旦出现不利污染气象条件，易出现大面积、长时间的 $PM_{2.5}$ 和臭氧污染。只有更努力，采取更大的减排力度、付出更多的代价才能获得蓝天雪山。

9.2.3　深入打好蓝天雪山保卫战面临新机遇

1. "十四五"时期经济社会建设大步迈进

全省经济实力大幅提升，经济结构持续优化，现代产业体系加快构建，数字化智能化绿色化转型全面提速，更高水平开放型经济新体制基本形成。科技创新对经济增长贡献显著增强，治理效能显著增强，社会治理新格局加快形成。

2. 2035 年共同富裕取得实质进展

我省经济实力大幅跃升，建成现代产业体系，经济总量和城乡居民人均可支配收入迈上新的台阶，人均地区生产总值在 2020 年基础上翻一番。人民生活更加美好，人的全面发展、全体人民共同富裕取得更为明显的实质性进展。

3. 碳达峰、碳中和成为新的动力引擎

中国秉持人类命运共同体理念，继续做出艰苦卓绝努力，提高国家自主贡献力度，采取更加有力的政策和措施，二氧化碳排放力争于 2030 年前达到峰值，努力争取 2060 年前实现碳中和，为实现应对气候变化《巴黎协定》确定的目标做出更大的努力和贡献，这为未来空气质量改善提供了强有力的动力保障。

9.3 大气污染防治政策建议

9.3.1 建立基于降碳治气协同增效的政策体系

空气质量改善需要建立以 2025 年空气质量持续改善、2030 年前实现碳达峰和 2035 年基本建成美丽四川为目标的减污降碳协同增效政策库。"十四五"时期：突出源头防治、综合施策，煤炭消费达峰后稳步下降，持续推进大气污染防治攻坚行动，以 $PM_{2.5}$ 和臭氧协同控制为主线，加快补齐臭氧治理短板，强化以 VOCs 减排为主、NO_x 减排为辅的多污染物协同控制和区域协同治理，推动主要大气污染排放量削减，协同减少碳排放。"十五五"时期：突出降碳治气并轨，不断强化产业结构、交通运输结构、能源结构调整政策，力争实现油品消费达峰，实现降碳政策对环境空气质量改善的有效接力，推动 VOCs 和 NO_x 减排并重的多污染物协同控制和区域协同治理。"十六五"时期：降碳提气双赢，力争天然气消费早日达峰，碳排放进入稳定下降通道，NO_x 进入快速下降通道，实现蓝天常现、雪山常在。

9.3.2 构建绿色低碳循环发展产业体系

"十四五"期间：强化"三线一单"约束管控，严禁新增"两高"产能，遏制规上六大高耗能行业能耗占规上工业比重上升态势，力争控制在 75% 以内。加大小火电、钢铁、焦化、铸造、建材、水泥、砖瓦等落后产能淘汰力度，持续清理 6000 余家"散乱污"企业，完成全省超过 80% 钢铁产能(5 家长流程钢铁企业的 1600 万 t 炼铁和 1800 万 t 炼钢产能)和超过 50% 水泥产能(约 16 万 t)超低排放改造，推动约 8000 万 t 平板玻璃产能实施深度治理，推进 80% 燃气锅炉(约 6000 台超过 1.5 万蒸吨)实现低氮燃烧改造，力争所有国家级园区、75% 的省级园区进行设施循环化改造。战略性新兴产业增加值占地区生产总值比重达到 20% 左右，第三产业增加值占地区生产总值比重达到 55%，万元 GDP 能耗较 2020 年下降 16%，单位工业增加值能耗下降 15%。预计减排 NO_x 约 13.4 万 t、SO_2 约 17 万 t。

"十五五"和"十六五"期间：推动达到服役年限的火电机组淘汰，短流程电弧炉炼钢产能的占比从 2020 年的 30% 提升至超过 50%，成都平原地区逐步整合退出"两高"产能，成都市退出玻璃、水泥、钢铁、砖瓦等产能。加快推进园区循环化、绿色化改造，构建循环型产业体系，全面提升资源产出率。产业低碳化水平大幅提升，第三产业增加值占比约 70%，战略性新兴产业增加值占地区生产总值比重超过 30%。

9.3.3 建设清洁低碳安全高效能源体系

"十四五"期间：推动煤炭减量替代和清洁高效利用，重点推动"以气代煤"，持续推进 10 蒸吨/h 及以下燃煤小锅炉淘汰，县级及以上城市建成区基本淘汰 35 蒸吨/h 以下燃煤锅炉，煤炭消费总量控制在 5600 万 t 以内，煤炭消费总量减少 6%以上，煤炭占一次能源消费比重下降至 22%，天然气占一次能源消费比重达到 18%。推进金沙江、雅砻江、大渡河"三江"水电基地建设，有序推进凉山州风电基地和"三州一市"光伏基地建设。"十四五"期间力争新增可再生能源装机容量 5000 万 kW，可再生能源装机达到 1.25 亿 kW 左右。到 2025 年，建成光伏、风电发电装机容量各 1000 万 kW 以上，可再生能源发电装机容量和发电量分别占全省的 85%和 90%。实施能耗总量和强度"双控"行动，"十四五"期间单位地区生产总值能耗下降 14.5%。促进绿色电能替代，到 2025 年，电能占终端能源消费比重达到 35%。预计减排 NO_x 约 5.3 万 t、SO_2 约 14.7 万 t。

"十五五"和"十六五"期间：全面推动电能替代，大力推动工业生产、商业消费、餐饮消费、家庭电气化等领域实施"以电代煤""以电代气"，形成清洁、安全、高效的新型能源消费体系。成都平原地区电气化率超过 50%，氢能等清洁能源使用比例明显提升。

9.3.4 加快建设绿色交通运输体系

"十四五"期间：大力推动交通运输结构"除旧革新"。全省基本淘汰国三及以下柴油货车、国一及以下排放标准或使用 15 年以上的工程机械、不具备油气回收条件的运输船舶，鼓励淘汰国四营运柴油货车、提前淘汰 20 年以上的老旧内河船舶，淘汰 100 万辆以上老旧车船。推动新能源汽车发展，力争 2025 年，全省新能源汽车销售量达到汽车新车销售总量的 20%左右，成都市达到 40%左右，城市公交车基本实现新能源化，新增或更新的轻型物流车、网约车、出租车、中短途客运车、环卫清扫车、3t 以下叉车、市政园林机械使用新能源比例达到 90%以上，新增或更新的公务用车使用新能源比例达到 60%以上，成都市达到 80%；加快推进专线运输车、短距离转运车、城建用车、场（厂）内运输车等载货汽车新能源化；除消防、救护等应急保障外，港口、机场、铁路货场、物流园区等新增或更新的场内作业车辆和机械基本实现新能源化，推广 100 万辆以上新能源汽车。长江、沱江、嘉陵江、岷江、金沙江等内河主要港口岸电使用率达到 50%以上，机场岸电使用率达到 95%以上。加快港口集疏运铁路、物流园及大型工矿企业铁路专用线等"公转铁"线路建设，大力发展长江干线等重点水域运力，力争公路货运量占比降至 90%以下。预计减排 NO_x 约 9.8 万 t、VOCs 约 11 万 t。

"十五五"和"十六五"期间：力争公路货运量占比降至 70%以下。港口、机场、工业园区等区域基本实现电动化。铁路外部集中输送、新能源车内部配送的城市绿色配送体系建设取得明显进展。老旧车船基本淘汰，新能源车船占比大幅提升，城市交通基本实现新能源化，新能源汽车销售占比达到 50%以上，成都市达到 80%以上，燃油车船保有量及碳排放量进入下降通道、污染物排放量进入快速下降通道。

9.3.5 加快构建绿色空间体系

"十四五"期间：全面构建"四区八带多点"生态安全战略格局，实施重点生态功能区生态系统保护与修复重大工程，建设成渝地区双城经济圈城市群生态廊道和长江干支流"两岸青山·千里林带"沿江生态廊道，林草碳汇多元化发展格局基本形成，林草碳汇项目总规模力争达到 3000 万亩。加强绿色低碳建筑材料、建造方式、建筑用能的供给和节能改造，提升节能和绿色建筑占比，营造绿色人居环境。到 2025 年，全省城镇新建建筑 50% 达到绿色建筑标准，成都市所有城镇新建建筑达到绿色建筑标准。完成公共建筑节能改造、既有居住建筑节能改造 500 万 m^2、1000 万 m^2。大力发展绿色低碳循环农业，提升秸秆、畜禽养殖等农业废弃物综合利用水平。

"十五五"和"十六五"期间："绿化全川行动"持续深入推进，绿色空间格局基本形成。

9.3.6 抓住协同减排关键密钥

$PM_{2.5}$ 和臭氧协同控制的关键是 NO_x 和 VOCs 协同减排。"十四五"期间应以减排 VOCs 为主，减排约 54 万 t。

治本之策是推动低无 VOCs 原辅材料替代，大力推广使用水性、高固体分、无溶剂、粉末等低 VOCs 含量涂料，汽车整车制造底漆、中涂、色漆，以及室外构筑物防护和道路交通标识替代率 100%；汽车零部件、工程机械、船舶制造替代率 50% 以上，成都市达到 80% 以上；木质家具制造、钢结构制造替代率 30% 以上，成都市达到 50% 以上。推广使用水性、辐射固化等低 VOCs 含量油墨，塑料软包装印刷、印铁制罐、平版纸包装印刷替代率分别达到 30%、80%、90% 以上。推广使用水基、本体型等低 VOCs 含量胶黏剂，塑料软包装印刷替代率达到 75%，家具制造替代率 100%。

提升末端治理效率是当前 VOCs 控制的有效手段，建议加大储罐选型和部件密封性检测；汽车罐车装载应采用底部装载方式；完成万吨级及以上原油、成品油码头油气回收治理；开展敞开液面废气专项治理；推动企业规范开展泄漏检测与修复（LDAR）工作；开展现有 VOCs 废气收集率、治理设施同步运行率和去除率的排查，实施分类整治，全面提升治理设施"三率"；取消非必要的旁路，加强非正常工况废气排放控制。

9.3.7 着力提升大气治理现代化水平

修订《四川省重污染天气应急预案》，出台《四川省水泥工业大气污染物排放标准》和《四川省加油站大气污染物排放标准》，加快制定《四川省锅炉大气污染物排放标准》，研究制定钢铁、玻璃、砖瓦、陶瓷等行业排放标准，评估《四川省固定污染源大气挥发性有机物排放标准》实施成效。全省及各地制订"十四五"空气质量改善行动计划，未达标城市编制限期达标规划。

　　完善监测网络，加强超级站、国标站建设，建设港口、机场、铁路货场及全省城市路边交通空气质量监测网；地级及以上城市开展非甲烷总烃监测，盆地重点城市开展 VOCs 组分、紫外辐射强度等光化学监测；积极开展遥感能力建设。

　　加强 $PM_{2.5}$ 和臭氧协同控制科技研究，构建复合污染机理成因、监测预报、精准溯源、深度治理、智慧监管、科学评估的闭环支撑体系。动态更新污染源排放清单；加强重点行业领域管控政策和治理技术研究；深入实施成都"一市一策"驻点跟踪研究，总结推广成功经验。

参 考 文 献

包贞, 冯银厂, 焦荔, 等. 2010. 杭州市大气 $PM_{2.5}$ 和 PM_{10} 污染特征及来源解析. 中国环境监测, 26(2): 44-48

陈添, 华蕾, 金蕾, 等. 2006. 北京市大气 PM_{10} 源解析研究. 中国环境监测, 22(6): 59-63

成海容, 王祖武, 冯家良, 等. 2012. 武汉市城区大气 $PM_{2.5}$ 的碳组分与源解析. 生态环境学报, 21(9): 1574-1579

程萌田, 金鑫, 温天雪, 等. 2013. 天津市典型城区大气碳质颗粒物的粒径分布特征和来源. 环境科学研究, 26(2): 115-120

崔明明, 王雪松, 苏杭, 等. 2008. 广州地区大气可吸入颗粒物的化学特征及来源解析. 北京大学学报(自然科学版), 44(3): 459-465

丁问微, 王英, 李令军, 等. 2010. 基于 PMF 模式的北京大气污染特征分析. 中央民族大学学报(自然科学版), 19(1): 5-11

段慧玲. 2012. 北方某市区大气颗粒物污染特征与化学组分解析. 哈尔滨: 哈尔滨工业大学硕士学位论文

段卿, 安俊琳, 王红磊, 等. 2014. 南京北郊夏季大气颗粒物中有机碳和元素碳的污染特征. 环境科学, 35(7): 2460-2467

范雪, 波刘卫, 王广华, 等. 2011. 杭州市大气颗粒物浓度及组分的粒径分布. 中国环境科学, 31(1): 13-18

方小珍, 孙列, 毕晓辉, 等. 2014. 宁波城市扬尘化学组成特征及其来源解析. 环境污染与防治, 36(1): 55-59

高晓梅. 2012. 我国典型地区大气 $PM_{2.5}$ 水溶性离子的理化特征及来源解析. 济南: 山东大学博士学位论文

郝明途. 2005. 城市大气颗粒物来源解析研究. 济南: 山东大学硕士学位论文

贺克斌, 杨复沫, 段凤魁, 等. 2011. 大气颗粒物与区域复合污染. 北京: 科学出版社

胡敏, 唐倩, 彭剑飞, 等. 2011. 我国大气颗粒物来源及特征分析. 环境与可持续发展, (5): 15-18

黄丽坤. 2011. 典型寒地城市大气颗粒物污染特性与源解析研究. 哈尔滨: 哈尔滨工业大学博士学位论文

黄丽坤, 王琨, 王广智, 等. 2010. 哈尔滨市 PM_{10} 季节性污染来源分析. 黑龙江大学自然科学学报, 27(1): 121-124

黄晓锋, 云慧, 宫照恒, 等. 2014. 深圳大气 $PM_{2.5}$ 来源解析与二次有机气溶胶估算. 中国科学: 地球科学, 44(4): 723-733

姬洪亮. 2011. 天津市 PM_{10} 和 $PM_{2.5}$ 污染特征及来源解析. 天津: 南开大学硕士学位论文

姜郡亭, 刘琼玉. 2013. 大气细颗粒物源解析技术研究进展. 江汉大学学报(自然科学版), 41(6): 21-24

李伟芳, 白志鹏, 史建武, 等. 2010. 天津市环境空气中细粒子的污染特征与来源. 环境科学研究, 23(4): 394-399

李杨, 曹军骥, 张小曳, 等. 2005. 2003 年秋季西安大气中黑碳气溶胶的演化特征及其来源解析. 气候与环境研究, 10(2): 229-236

刘浩, 张家泉, 张勇, 等. 2014. 黄石市夏季昼间大气 PM_{10} 与 $PM_{2.5}$ 中有机碳、元素碳污染特征. 环境科学学报, 34(1): 36-41

刘莉, 邹长武. 2013. 耦合 PMF、CMB 模型对大气颗粒物源解析的研究. 成都信息工程学院学报, 28(5): 557-561

刘文君. 2012. 天津市大气颗粒物污染的变化历程. 天津: 南开大学硕士学位论文

刘晔, 甘小兵. 2014. 镇江市冬季 $PM_{2.5}$ 的来源解析. 环境科学导刊, 33(2): 57-61

罗清泉. 2005. 重庆主城区大气可吸入颗粒物与雾水污染特征研究. 重庆: 重庆大学博士学位论文

齐立强, 原永涛, 纪元勋. 2003. 燃煤飞灰化学成分随粒度分布规律的试验研究. 煤炭转化, (2): 87-90

钱冉冉. 2012. 厦门岛城区大气 $PM_{2.5}$ 的污染特征和来源解析及灰霾预报初探. 厦门: 厦门大学硕士学位论文

芮冬梅, 陈建江, 冯银厂. 2008. 南京市可吸入颗粒物(PM_{10})来源解析研究. 环境科学与管理, 33(4): 56-61

单美, 王训, 元华. 2004. 泰安市城区环境空气可吸入颗粒物源解析研究. 泰山学院学报, 26(6): 91-96

宋宇, 唐孝炎, 方晨, 等. 2002. 北京市大气细粒子的来源分析. 环境科学, 23(6): 11-16

陶俊, 柴发合, 朱李华, 等. 2011. 2009年春季成都城区碳气溶胶污染特征及其来源初探. 环境科学学报, 31(12): 2756-2760

汪安璞, 杨淑兰, 沙因, 等. 1996. 电厂煤飞灰单个颗粒的化学表征. 环境化学, (6): 496-504

吴国平, 胡伟, 滕恩江, 等. 1999. 我国四城市空气中PM$_{2.5}$和PM$_{10}$的污染水平. 中国环境科学, (2): 133-137

肖致美, 毕晓辉, 冯银厂, 等. 2012. 宁波市环境空气中PM$_{10}$和PM$_{2.5}$来源解析. 环境科学研究, 25(5): 549-554

杨复沫, 马永亮, 贺克斌. 2000. 细微大气颗粒物PM$_{2.5}$及其研究概况. 世界环境, (4): 32-34

杨复沫, 贺克斌, 马永亮, 等. 2002. 北京PM$_{2.5}$浓度的变化特征及其与PM$_{10}$、TSP的关系. 中国环境科学, (6): 27-31

杨凌霄. 2008. 济南市大气PM$_{2.5}$污染特征、来源解析及其对能见度的影响. 济南: 山东大学博士学位论文

杨新兴, 尉鹏, 冯丽华. 2013. 大气颗粒物PM$_{2.5}$及其源解析. 前沿科学(季刊), 7(26): 12-17

叶平. 2012. CMB模型在大气颗粒物源解析中的应用进展研究. 湖北函授大学学报, 25(7): 103-104

尹洧. 2012a. 大气颗粒物及其组成研究进展(上). 现代仪器, 18(2): 1-5

尹洧. 2012b. 大气颗粒物及其组成研究进展(下). 现代仪器, 18(3): 1-5

于娜, 魏永杰, 胡敏, 等. 2009. 北京城区和郊区大气细粒子有机物污染特征及来源解析. 环境科学学报, 29(2): 243-250

张彩艳, 吴建会, 张普, 等. 2014. 成都市冬季大气颗粒物组成特征及来源变化趋势. 环境科学研究, 27(7): 782-787

张灿, 周志恩, 翟崇治, 等. 2014. 基于重庆本地碳成分谱的PM$_{2.5}$碳组分来源分析. 环境科学, 35(3): 810-817

张丹, 翟崇治, 周志恩, 等. 2012. 重庆市主城区不同粒径颗粒物水溶性无机组分特征. 环境科学研究, 25(10): 1099-1106

张帆, 成海容, 王祖武, 等. 2013. 武汉秋季灰霾和非灰霾天气细颗粒物PM$_{2.5}$中水溶性离子的特征. 中国粉体技术, 19(5): 31-33

张国文, 刘厚凤, 等. 2012. 大气细粒子元素特征研究进展综述. 绿色科技, (3): 188-190

张仁健, 石磊, 刘阳. 2007. 北京冬季PM$_{10}$中有机碳与元素碳的高分辨率观测及来源分析. 中国粉体技术, (6): 1-4

张懿华, 王东方, 赵倩彪, 等. 2014. 上海城区PM$_{2.5}$中有机碳和元素碳变化特征及来源分析. 环境科学, 35(9): 3263-3269

张智胜, 陶俊, 谢绍东, 等. 2013. 成都城区PM$_{2.5}$季节污染特征及来源解析. 环境科学学报, 33(11): 2947-2952

赵普生, 张小玲, 孟伟, 等. 2011. 京津冀区域气溶胶中无机水溶性离子污染特征分析. 环境科学, 32(6): 1546-1549

赵晴. 2010. 典型地区无机细粒子污染特征及成因研究. 北京: 清华大学博士学位论文

赵旭东, 杨永顺, 马晓涓. 2012. 二重源解析技术在西宁市PM$_{10}$来源解析中的应用研究. 青海环境, 24(3): 138-141

郑玫, 张廷君, 闫才青, 等. 2013. 上海PM$_{2.5}$工业源谱的建立. 中国环境科学, 33(8): 1354-1359

朱坦, 吴琳, 毕晓辉, 等. 2010. 大气颗粒物源解析受体模型优化技术研究. 中国环境科学, 30(7): 865-870

朱先磊, 张远航, 曾立民, 等. 2005. 北京市大气细颗粒物PM$_{2.5}$的来源研究. 环境科学研究, 18(5): 1-5

庄马展. 2007. 厦门大气细颗粒PM$_{2.5}$化学成分谱特征研究. 现代科学仪器, (5): 113-115

Ammann M, Kalberer M, Arens F, et al. 1998. Nitrous acid formation on soot particles: Surface chemistry and the effect of humidity. Journal of Aerosol Science, 29(98): S1031-S1032

Andreae M O, Schmid O, Hong Y, et al. 2008. Optical properties and chemical composition of the atmospheric aerosol in urban Guangzhou, China. Atmospheric Environment, 42(25): 6335-6350

Andrews E, Saxena P, Musarra S, et al. 2000. Concentration and composition of atmospheric aerosols from the 1995 SEAVS experiment and a review of the closure between chemical and gravimetric measurements. Journal of the Air and Waste Management Association, 50(5): 648-664

Bao Z, Feng Y C, Jiao L, et al. 2010. Characteristics and sources of atmospheric PM$_{2.5}$ and PM$_{10}$ pollution in Hangzhou. Environmental Monitoring and Assessment, 26: 44-48

Cao J J, Lee S C, Ho K F, et al. 2003. Spatial and seasonal distributions of atmospheric carbonaceous aerosols in pearl river delta region, China. China Particuology, 1(3): 33-37

Cao J J, Wu F, Chow J C, et al. 2005. Characterization and source apportionment of atmospheric organic and elemental carbon during fall and winter of 2003 in Xi'an, China. Atmospheric Chemistry and Physics, 5(11): 3127-3137

Cao J, Xu H, Xu Q, et al. 2012. Fine particulate matter constituents and cardiopulmonary mortality in a heavily polluted Chinese city. Environmental Health Perspectives, 120(3): 373-378

Christoforou C S, Salmon L G, Hannigan M P, et al. 2000. Trends in fine particle concentration and chemical composition in Southern California. Journal of the Air and Waste Management Association, 50(1): 43-53

Countess R J, Wolff G T, Steven H C. 1980. The denver winter aerosol: A comprehensive chemical characterization. Journal of the Air and Waste Management Association, 30(11): 1194-1200

Countess R J, Cadle S H, Groblicki P J, et al. 1981. Chemical analysis of size-segregated samples of Denver's ambient particulate. Journal of the Air Pollution Control Association, 31(3): 247-252

Feng Y, Chen Y, Guo H, et al. 2009. Characteristics of organic and elemental carbon in $PM_{2.5}$ samples in Shanghai, China. Atmospheric Research, 92(4): 434-442

Geng F, Jing H, Zhe M, et al. 2013. Differentiating the associations of black carbon and fine particle with daily mortality in a Chinese city. Environmental Research, 120: 27-32

Hagler G S W. 2007. Measurement and analysis of ambient atmospheric particulate matter in urban and remote environments. Atlanta: Ph.D. of Georgia Institute of Technology

Hagler G S W, Bergin M H, Salmon L G, et al. 2006. Source areas and chemical composition of fine particulate matter in the Pearl River Delta region of China. Atmospheric Environment, 40: 3802-3815

Han B, Kong S, Bai Z, et al. 2010. Characterization of elemental species in $PM_{2.5}$ samples collected in four cities of Northeast China. Water Air and Soil Pollution, 209(1): 15-28

He K, Hong H A, Zhang Q. 2011. Urban air pollution in China: Current status, characteristics, and progress. Annual Review of Energy and the Environment, 27(1): 397-431

Hu M, He L Y, Zhang Y H, et al. 2002. Seasonal variation of ionic species in fine particles at Qingdao, China. Atmospheric Environment, 36(38): 5853-5859

Huang X F, Yu J Z, He L Y, et al. 2006. Size distribution characteristics of elemental carbon emitted from Chinese vehicles: Results of a tunnel study and atmospheric implications. Environmental Science and Technology, 40 (17): 5355-5360

Huang S, Tu J, Liu H, et al. 2009. Multivariate analysis of trace element concentrations in atmospheric deposition in the Yangtze River Delta, East China. Atmospheric Environment, 43(36): 5781-5790

Jang M, Czoschke N M, Lee S, et al. 2002. Heterogeneous atmospheric aerosol production by acid-catalyzed particle-phase reactions. Science, 298(5594): 814-817

Kaneyasu N, Ohta S, Murao N. 1995. Seasonal variation in the chemical composition of atmospheric aerosols and gaseous species in Sapporo, Japan. Atmospheric Environment, 29(13): 1559-1568

Kim B M, Teffera S, Zeldin M D. 2000. Characterization of $PM_{2.5}$ and PM_{10} in the South Coast Air Basin of Southern California: part 1–Spatial variations. Journal of the Air and Waste Management Association, 50: 2034-2044

Kumar N, Chu A, Foster A. 2008. Remote sensing of ambient particles in Delhi and its environs: Estimation and validation. International Journal of Remote Sensing, 29(12): 3383-3405

Lee E, Chan C K, Paatero P. 1999. Application of positive matrix factorization in source apportionment of particulate pollutants in Hong Kong. Atmospheric Environment, 33(19): 3201-3212

Li X, Wang S, Hao J, et al. 2009. Carbonaceous aerosol emissions from household biofuel combustion in China. Environmental Science and Technology, 43: 6076-6081

Louie P, Watson J G, Chow J C, et al. 2005. Seasonal characteristics and regional transport of $PM_{2.5}$ in Hong Kong. Atmospheric Environment, 39(9): 1695-1710

Malm W C, Sisler J F, Huffman D, et al. 1994. Spatial and seasonal trends in particle concentration and optical extinction in the United States. Journal of Geophysical Research: Atmospheres, 99(D1): 1347-1370

Norris G, Vedantham R, Wade K, et al. 2008. EPA Positive Matrix Factorization (PMF) 3.0 Fundamentals and User Guide. Washington: United States Environmental Protection Agency

Norris G, Duvall R, Brown S, et al. 2014. EPA Positive Matrix Factorization (PMF) 5.0 Fundamentals and User Guide. Washington: United States Environmental Protection Agency

Novakov T, Menon S, Kirchstetter T W, et al. 2005. Aerosol organic carbon to black carbon ratios: Analysis of published data and implications for climate forcing. Journal of Geophysical Research, D. Atmospheres: JGR, 2005, 110(d21): D21205-1-D21205-12

Paatero P. 1997. Least squares formulation of robust non-negative factor analysis. Chemometrics and Intelligent Laboratory System, 37: 23-35

Paatero P, Tapper U. 1994. Positive matrix factorization: A non-negative factor model with optimal utilization of error estimates of data values. Environmetrics, 5: 111-126

Pandis S N, Seinfeld J H. 1989. Development of a state-of-the-art acid-deposition model for the South Coast Air Basin of California. Patras: University of Patras

Pathak R K, Tao W, Ho K F, et al. 2011. Characteristics of summertime $PM_{2.5}$ organic and elemental carbon in four major Chinese cities: Implications of high acidity for water-soluble organic carbon (WSOC). Atmospheric Environment, 45(2): 318-325

Polissar A V, Hopke P K, Poirot R L. 2001. Atmospheric aerosol over vermont: Chemical composition and sources. Environmental Science and Technology, 35(23): 4604-4621

Quinn P K, Bates T S. 2005. Regional aerosol properties: Comparisons of boundary layer measurements from ACE 1, ACE 2, Aerosols99, INDOEX, ACE Asia, TARFOX, and NEAQS. Journal of Geophysical Research: Atmospheres, 110(D14): DOI: 10. 1029/2004JD004755

Riggin R M, Winberry W T, Tilley N V, et al. 1999. Compendium of methods for the determination of toxic organic compounds in ambient air. Washington: United States Environmental Protection Agency

Robarge W P, Walker J T, Mcculloch R B, et al. 2002. Atmospheric concentrations of ammonia and ammonium at an agricultural site in the southeast United States. Atmospheric Environment, 36(10): 1661-1674

Seinfeld J H, Pandis S N. 1998. Atmospheric Chemistry and Physics. New York: John Wiley and Sons Inc

Shen Z, Cao J, Arimoto R, et al. 2009. Ionic composition of TSP and $PM_{2.5}$ during dust storms and air pollution episodes at Xi'an, China. Atmospheric Environment, 43(18): 2911-2918

Simon H, Bhave P V, Swall J L, et al. 2011. Determining the spatial and seasonal variability in OM/OC ratios across the US using multiple regression. Atmospheric Chemistry and Physics, 11: 2933-2949

Song Y, Xie S, Zhang Y, et al. 2006. Source apportionment of $PM_{2.5}$ in Beijing using principal component analysis/absolute principal component scores and UNMIX. Science of the Total Environment, 372(1): 278-286

Tao J, Cheng T, Zhang R, et al. 2013a. Chemical composition of PM$_{2.5}$ at an urban site of Chengdu in southwestern China. Advances in Atmospheric Sciences, 30(4): 1070-1084

Tao J, Zhang L, Engling G, et al. 2013b. Chemical composition of PM$_{2.5}$ in an urban environment in Chengdu, China: Importance of springtime dust storms and biomass burning. Atmospheric Research, 122: 270-283

Tao J, Gao J, Zhang L, et al. 2014. PM$_{2.5}$ pollution in a megacity of southwest China: Source apportionment and implication. Atmospheric Chemistry and Physics, 14: 8679-8699

Taylor S R, McLennan S M. 1995. The geochemical evolution of the continental crust. Reviews of Geophysics, 33: 241-265

Tsai Y I, Kuo S C. 2005. PM$_{2.5}$ aerosol water content and chemical composition in a metropolitan and a coastal area in southern Taiwan. Atmospheric Environment, 39(27): 4827-4839

Turpin B J, Lim H J. 2001. Species contribuions to PM$_{2.5}$ mass concentration: Revisiting commonassumputions for establishing organic mass. Aerosol Science and Technology, 35: 602-610

Wang Y, Zhuang G, Zhang X, et al. 2006. The ion chemistry, seasonal cycle, and sources of PM$_{2.5}$ and TSP aerosol in Shanghai. Atmospheric Environment, 40(16): 2935-2952

Wang Q, Cao J, Shen Z, et al. 2013. Chemical characteristics of PM$_{2.5}$ during dust storms and air pollution events in Chengdu, China. Particuology, 11(1): 70-77

Watson J G, Chow J C. 2001. Source characterization of major emission sources in the Imperial and Mexicali Valleys along the US/Mexico border. Science of The Total Environment, 276(1-3): 33-47

Watson J G, Chow J C, Houck J E. 2001. PM$_{2.5}$ chemical source profiles for vehicle exhaust, vegetative burning, geoglogical material, and coal burning in Northwestern Colorado during 1995. Chemospere, 43: 1141-1151

Wilson J G, Kingham S, Pearce J, et al. 2005. A review of intraurban variations in particulate air pollution: Implications for epidemiological research. Atmospheric Environment, 39: 6444-6462

Wongphatarakuol V, Freidlander S K, Pinto J P. 1998. A comparative study of PM$_{2.5}$ ambient aerosol chemical database. Environment Science and Technology, 32: 3926-3934

Xie S D, Liu Z, Chen T, et al. 2008. Spatiotemporal variations of ambient PM$_{10}$ source contributions in Beijing in 2004 using positive matrix factorization. Atmospheric Chemistry and Physics, 8(10): 2701-2716

Yang F, Tan J, Zhao Q, et al. 2011. Characteristics of PM$_{2.5}$ speciation in representative megacities and across China. Atmospheric Chemistry and Physics, 11: 5207-5219

Zabalza J, Ogulei D, Hopke P K, et al. 2006. Concentration and sources of PM$_{10}$ and its constituents in Alsasua, Spain. Water Air and Soil Pollution, 174(1-4): 385-404

Zhang Z Q, Friedlander S K. 2000. A comparative study of chemical databases for fine particle Chinese aerosols. Environmental Science and Technology, 34: 4687-4694

Zhang X Y, Wang Y Q, Zhang X C, et al. 2008. Carbonaceous aerosol composition over various regions of China during 2006. Journal of Geophysical Research, https://doi.org/10.1029/2007JD009525

Zhang F, Zhao J, Chen J, et al. 2011a. Pollution characteristics of organic and elemental carbon in PM$_{2.5}$ in Xiamen, China. Journal of Environmental Sciences, 23(8): 1342-1349

Zhang T, Cao J J, Tie X X, et al. 2011b. Water-soluble ions in atmospheric aerosols measured in Xi'an, China: Seasonal variations and sources. Atmospheric Research, 102(1-2): 110-119

Zhang R, Jing J, Tao J, et al. 2013. Chemical characterization and source apportionment of $PM_{2.5}$ in Beijing: Seasonal perspective. Atmospheric Chemistry and Physics, 13(14): 7053-7074

Zhao X, Zhang X, Xu X, et al. 2009. Seasonal and diurnal variations of ambient $PM_{2.5}$ concentration in urban and rural environments in Beijing. Atmospheric Environment, 43(18): 2893-2900

Zhao P S, Dong F, He D, et al. 2013. Characteristics of concentrations and chemical compositions for $PM_{2.5}$ in the region of Beijing, Tianjin, and Hebei, China. Atmospheric Chemistry and Physics, 13(9): 4631-4644

Zheng M, Salmon L G, Schauer J J, et al. 2005. Seasonal trends in $PM_{2.5}$ source contributions in Beijing, China. Atmospheric Environment, 39(22): 3967-3976

Zhou J, Zhang R, Cao J, et al. 2012. Carbonaceous and ionic components of atmospheric fine particles in Beijing and their impact on atmospheric visibility. Aerosol and Air Quality Research, 12(4): 492-502